# Pflanzenschutz im Obstgarten

Joachim Mayer

# PFLANZENSCHUTZ
# IM OBSTGARTEN

# Inhaltsverzeichnis

**47**
Saug- und Fraß-
schäden: Welche
Tiere an Blättern
und Früchten
schmarotzen

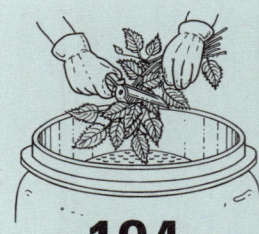

**194**
Selbst gemacht:
Flüssige Pflanzenaus-
züge gegen Schädlin-
ge und Krankheiten

**27**
Pflanzennahrung:
Welche Symptome
auf Mineralstoff-
mangel hinweisen

**19**

Gegen die Kälte:
Welche Frostschutz-
maßnahmen sich
bewährt haben

**33**

Schädliche Pilze:
So erkennen Sie die
häufigsten Erkrankungen

**185**

Pflanzenschutz:
Warum Nistkästen in
Obstbäumen helfen

# Was wollen Sie wissen?

Es gibt kaum Köstlicheres als frisches Obst aus dem eigenen Garten. Leider sehen das viele tierische Mitesser ähnlich. Ebenso können zahlreiche Schadpilze den Früchten und allen anderen Pflanzenteilen zusetzen. Lassen Sie sich dadurch nicht entmutigen. Der folgende Schnelleinstieg zeigt, wie Ihnen dieses Buch weiterhelfen kann.

> **Die Johannisbeeren hatten schon früh verfärbte Blätter, jetzt werfen sie Früchte ab. Was kann das sein?**

Ihre Johannisbeersträucher haben vermutlich Frost abbekommen. Die jungen Blätter verfärben sich dann gelb bis rötlich, bei stärkerem Frost sogar schwärzlich. Teils bekommen sie auch glasige Flecken. Spätfröste können außerdem zum „Rieseln" führen, das heißt, noch grüne Beeren werden abgestoßen, meist von der Spitze der Fruchttrauben her. Das Rieseln kann auch durch starke Temperaturschwankungen während der Blüte, Trockenheit, nasskaltes Wetter oder unausgewogene Nährstoffversorgung ausgelöst werden.

Das Phänomen des (Ver-)Rieselns kennt man bei Johannisbeeren sowie bei Weintrauben. Es wird im Kapitel „Was haben meine Sträucher und Beeren?" auf Seite 127 (Weinrebe auf Seite 167) beschrieben.

## Was sind das für Flecken auf den Blättern des Apfelbaums?

Die Antwort finden Sie mit großer Wahrscheinlichkeit im Kapitel „Was haben meine Obstbäume?" bei „Apfel, Birne, Quitte" (ab Seite 72). Die Krankheiten und Schädlinge sind dort in der zeitlichen Reihenfolge ihres üblichen Auftretens angeordnet – beginnend mit dem recht häufigen Apfelschorf, der sich schon an jungen Blättern mit Flecken zeigt. Haben die Blätter kleine gelbliche bis weiße Flecken oder sehen wie ge-scheckt aus, deutet das auf die selteneren Mosaikviren (Seite 78) hin. Der ebenfalls seltenere Bakterienbrand (Seite 90) ruft kleine, braunschwarze, ausbrechende Blattflecken hervor.

Meist erst ab Sommer treten verschiedene Blattfleckenpilze auf (Seite 34), die oft nur mäßigen Schaden anrichten. Fleckenähnlich wirken auch die Saugschäden von Spinnmilben und Weißen Fliegen (ab Seite 75).

## Warum bekommen meine Erdbeeren jedes Jahr hellgelbe Blätter; ebenso der Birnbaum und die Weinrebe?

Das deutet auf Eisenmangel hin. Können die Pflanzen zu wenig Eisen aufnehmen, färben sich zuerst die jüngeren Blätter gelb, teils fast weiß – aber die Blattadern bleiben grün. Ursache ist meist ein zu hoher Kalkgehalt im Boden (hoher pH-Wert; siehe Seite 16). Kurzfristig lässt sich das durch Eisen-Blattdünger beheben. Treten die Mängel immer wieder auf, mit nachteiligen Folgen für die Ernte, empfehlen sich eine Bodenuntersuchung (Seite 23) und eine nachhaltige Verbesserung. Im Kapitel „Unausgewogene Nährstoffversorgung" (ab Seite 23) sind solche Mangelsymptome bei allen wichtigen Nährstoffen beschrieben und gut vergleichbar. Dort finden Sie auch entsprechende Tipps zum Düngen.

## Am Stamm meines Kirschbaums tritt immer wieder Baumharz aus. Kann ich dagegen etwas tun?

Dieser „Gummifluss" kommt beim Steinobst recht häufig vor, besonders bei der Süßkirsche. Auslöser sind Rindenverletzungen, durch Schnittwunden ebenso wie durch Frost, Schädlinge oder Krankheiten. Hauptursache ist aber meist ein zu schwerer, oft nasser Boden.

Sie können den Gummifluss reduzieren, indem Sie den Kirschbaum gleich nach der Ernte schneiden und größere Schnittwunden sorgfältig nachbehandeln. Nähere Hinweise finden Sie im Kapitel „Sauer- und Süßkirschen" ab Seite 105.

## Spritzmittel sind doch alle giftig und belasten die Umwelt. Die sollte man doch ganz weglassen?

Auf jeden Fall verdient alles den Vorzug, das einen Einsatz von chemischen Spritzmitteln unnötig macht – angefangen bei der Wahl robuster, widerstandsfähiger Sorten, stärkenden Pflanzenauszügen (Seite 192) sowie Abwehr- und Abfangmethoden (ab Seite 189). Doch selbst mit den besten Vorkehrungen wird der „Befallsdruck" manchmal so groß, dass höchstens noch Pflanzenschutzmittel die Ernte retten können. Die heute käuflichen Mittel werden (im Gegensatz zu früheren Jahrzehnten) sehr gründlich geprüft, und als Hobbygärtner erhält man kaum noch richtige „Giftkeulen". Außerdem basieren mehrere dieser Mittel auf Naturstoffen, die sich schnell wieder abbauen. Tatsächlich sind manche Haushaltsreiniger und Heimwerkermittel gefährlicher als viele Pflanzenschutzmittel, sofern diese nach Vorschrift verwendet werden.

**Seit Ende April sind die Blätter am Pflaumenbaum immer stärker zerfressen, teils sogar Blütenknospen. Wer war das?**

Sehr wahrscheinlich der Kleine Frostspanner; genauer gesagt: die grünen Raupen dieses unauffälligen, kleinen Falters. Die flugunfähigen Frostspanner-Weibchen kriechen schon im Herbst an den Stämmen hoch, um ihre Eier in Rindenritzen und jungen Trieben abzulegen. Dabei kann man sie mit rechtzeitig angelegten Leimringen gut abfangen.

Der Frostspanner ist einer der häufigsten Schädlinge, auch an Apfel, Birne, Kirsche, Beerenobst und verschiedenen Ziergehölzen. Er wird im Kapitel „Verbreitete Schädlinge" (auf Seite 46) näher vorgestellt, ebenso wie andere Allerweltsschädlinge, etwa Blattläuse und Spinnmilben.

**Ich wüsste gern, welche Pflanzenschutzmittel helfen. Warum finde ich in diesem Buch nur „abstrakte" Wirkstoffnamen?**

Zugegeben, Markennamen wie „XY Schädlingsfrei" kann man sich besser merken als Wirkstoffnamen wie Thiacloprid. Aber Mittel mit dem Namen „Schädlingsfrei" können zum Beispiel auch Rapsöl, Pyrethrum oder Kaliseife enthalten. Präparate mit Pyrethrum wiederum sind nur gegen Blattläuse an Kernobst zugelassen, aber nicht gegen andere Schädlinge und nicht bei Steinobst oder Erdbeeren. Auch die Wartezeiten bis zur Ernte sind je nach Wirkstoff verschieden. Andererseits gibt es oft Mittel mit unterschiedlichen Markennamen, aber demselben Wirkstoff. Wenn Sie einem (sachkundigen) Verkäufer den Wirkstoff nennen können, erhalten Sie am einfachsten das passende Präparat.

# Was fehlt meinem Obst?

Pilzkrankheiten, Viren, Bakterien, winzige und größere Tiere: Sie alle können dem Obst schaden. Doch häufig leiden die Pflanzen und die Ernte auch unter Standortproblemen, Wetterstress oder unpassender Pflege. Da lässt sich vielem vorbeugen.

**Beim Obst ist es besonders wichtig,** geeignete Arten und ihren Standort mit Bedacht auszuwählen – schließlich sind Sträucher und erst recht Bäume langfristige Anschaffungen, die einen manchmal ein ganzes Gärtnerleben lang begleiten. Und Probleme, die aus einer unüberlegten Pflanzen- oder Platzwahl resultieren, zeigen sich teils erst nach Jahren. Häufig sind solche „Missgriffe" auch ein Grund dafür, dass verstärkt Probleme mit Schädlingen und Krankheiten auftreten. Deshalb geht es in diesem Kapitel zum guten Teil darum, Störungen zu erkennen, die zunächst nichts mit Schaderregern zu tun haben, und diese nach Möglichkeit zu beseitigen. Aber auch die belebten Schadursachen kommen hier nicht zu kurz. Ab Seite 32 finden Sie Beschreibungen von verbreiteten Pilzkrankheiten. Die spezielleren Krankheiten werden in den folgenden Kapiteln vorgestellt. Ebenso verhält es sich mit den Viren- und Bakterienkrankheiten (ab S. 41) und schließlich mit den tierischen Schädlingen (ab S. 46).

Zwei Symbole zeigen an, welche Schadursachen besonders häufig auftreten � und welche besonders bedrohlich für die Pflanzen ⚠ sind.

# Den Schäden auf der Spur

Frostspanner, Echter Mehltau und andere verbreitete Plagen sind recht einfach zu identifizieren. Es gibt aber auch etliche Schadursachen, die einem Kopfzerbrechen bereiten können.

**Wenn Pflanzen kränkeln,** möchte man schon möglichst genau wissen, an was es liegt. Doch zahlreiche Schaderreger rufen ähnliche und oft eher undeutliche Symptome hervor. Es ist aber auch nicht immer nötig, exakt den Verursacher zu bestimmen. Viele Pilzkrankheiten zum Beispiel haben nicht nur ähnliche Auswirkungen, sondern lassen sich auch mit denselben Vorbeugungs- und Bekämpfungsmaßnahmen eindämmen. Teils reicht es schon aus, wenn man die Schadursache ungefähr eingrenzen kann. So ist es etwa bei Wuchsstörungen oder gelben Blättern zunächst einmal gut zu wissen, ob tatsächlich ein Krankheitserreger oder Schädling am Werk ist – oder ob das eventuell mit dem Boden und ungeeigneter Düngung zusammenhängt.

### Diagnosemöglichkeiten und -hilfen

Teils hilft schon ein sorgfältiges Untersuchen der Pflanzen, um die Ursachen für beschädigte Blätter, kümmerliche Neutriebe oder missgestaltete Früchte herauszufinden. Viele Schädlinge verstecken sich zum Beispiel gern an den Blattunterseiten oder in Baumritzen. Wenn bei winzigen Übeltätern der bloße Augenschein nicht ausreicht, kann eine gute Lupe weiterhelfen. Manchmal kommt man der Sache aber erst näher, wenn man vorsichtig den Boden aufgräbt, um einen Teil der Wurzeln zu begutachten.

Gehölze, und besonders Bäume, machen einem die Diagnose nicht gerade einfach. Je nach Alter und Entwicklung, teils auch je nach Sorte (Züchtung), können unterschiedliche Schädlinge und Krankheiten auftreten. Zudem machen sich viele Schaderreger sowohl an den Blättern und Trieben als auch an Blüten und Früchten bemerkbar – oft abhängig davon, zu welchem Zeitpunkt der Befall erfolgt.

### Beratungsangebote nutzen

Besondere Aufmerksamkeit ist geboten, wenn Pflanzen plötzlich aus unerfindlichen Gründen welken oder ungewöhnliche Beläge oder Wucherungen auftreten. Dann kann es wichtig werden, die Ursache genau zu bestimmen. Denn möglicherweise handelt es sich um eine gefährliche, ansteckende Krankheit. Vielleicht ist aber auch „nur" der Boden nicht ganz in Ordnung, oder es haben sich darin hartnäckige Bodenpilze oder -schädlinge eingenistet.

In solchen konkreten Fällen kann eine fachliche Beratung weiterhelfen. Dafür stehen in Deutschland die Pflanzenschutzdienste der Bundesländer zur Verfügung; in sieben Bundesländern speziell die Gartenakademien, die eigens für die Beratung von Freizeitgärtnern eingerichtet wurden. Teils bieten auch Gartenbauvereine eine Beratung für Nichtmitglieder an.

Zudem trifft man in guten Gärtnereien und Gartencentern oft fachkundiges, hilfsbereites Personal an, das einen unterstützen kann. Nicht zuletzt sollte man auch die Möglichkeit einer professionellen Bodenuntersuchung (siehe S. 23) nutzen, die Aufschluss über eventuelle Ungleichgewichte und Störungen im Boden gibt.

▶ **Im Internet** finden Sie unter **www.gartenakademien.de** nicht nur die aktuellen Telefonnummern der Gartenakademien, sondern auch Infos zum Pflanzenschutz und anderen Gartenthemen. Noch mehr dazu gibt es bei **www.hortipendium.de** im Portal „Freizeitgartenbau", das in Zusammenarbeit mit Gartenakademien und Landwirtschaftskammern entstanden ist.

# Standortprobleme, Wetterschäden, Pflegefehler

Die sogenannten unbelebten Schadursachen spielen bei den Obstgehölzen eine besonders wichtige Rolle. Wer sie stets gut im Auge behält, erspart sich so manchen Ärger.

**Alles beginnt mit dem Boden** – mit der Grundlage des Wachstums. Ein gut strukturierter, durchlässiger, humoser Boden bietet den Wurzeln Raum und Luft für ihre optimale Entwicklung, speichert reichlich Wasser und Nährstoffe und gibt diese nach Bedarf an die Pflanzen ab. So wachsen sie zügig über das empfindliche Jugendstadium hinaus, werden widerstandsfähiger gegen Schädlinge und Krankheiten und liefern schließlich gute Ernten. Damit der Obstanbau gelingt, sollten möglichst sonnige Standorte gewählt werden, idealerweise geschützt vor starken Frösten und heftigen Winden.

Hat der Baum oder Strauch schließlich seinen Platz gefunden, gehören eine gut angepasste Nährstoff- und Wasserversorgung zu den wesentlichen Voraussetzungen für gesundes Wachstum und einen prall gefüllten Erntekorb. Nicht zuletzt gilt es dann auch, dem Schnitt die nötige Aufmerksamkeit zu schenken. Der verhilft jungen Gehölzen zu einem vorteilhaften Astgerüst und sorgt bei älteren dafür, dass genug Licht und Luft in die Krone kommt. Im Kapitel „Crashkurs Obstbaumschnitt" (ab S. 201) sind die wichtigsten Grundlagen der Schnittpraxis verständlich zusammengefasst.

### Schwierige Böden ❌

Werden Obstgehölze in ungeeignete, schlecht vorbereitete Böden gepflanzt, machen sie auf Dauer wenig Freude. Sofern sie überhaupt noch passabel wachsen und fruchten, sind sie recht anfällig für Schaderreger und altern früh. Eine sorgfältige Bodenvorbereitung ist deshalb stets empfehlenswert; ganz besonders bei sehr tonreichen, zu Staunässe neigenden Böden und andererseits bei sehr sandigen, oft trockenen und nährstoffarmen Böden.

Obstbäume brauchen für ihr Wurzelwerk einen möglichst tiefgründigen, gut durchlässigen Boden. Die meisten Beerensträucher wurzeln zwar flach; aber wenn sich unter den Wurzeln das Wasser staut, kann das verheerende Folgen haben.

**Schadbild:** Gehemmter Wuchs. Gelbe, aufgehellte, teils bräunliche, oft klein bleibende Blätter. Geringer Blüten- und Fruchtansatz, kleine Früchte. Bei Staunässe werden die Blätter oft blassgelb, weich, welk und fallen teils ab; schlimmstenfalls faulen die Wurzeln, sodass das Gehölz komplett abstirbt.

> 66 **Verpflanze den schönen Baum, Gärtner, er jammert mich; Glücklicheres Erdreich verdiente der Stamm.**
>
> Johann Wolfgang von Goethe, „Oden an meinen Freund"

**Abhilfe:** Stellt sich vor dem Einpflanzen heraus, dass der Unterboden von Natur aus oder durch untergebaggerten Bauschutt stark verdichtet ist, muss notfalls ein Fachbetrieb eine Sanierung durchführen – oder man weicht auf Obst in Kübeln aus.

Gibt es keine solch grundlegenden Probleme, ist der Boden vor dem Pflanzen möglichst tief zu lockern. Dies nicht nur für die Pflanzgrube selbst, sondern auch in der näheren Umgebung – bei einem Baum am besten so weit, wie später einmal die Krone reichen wird. Wenn nötig, eine leistungsstarke Motorhacke zur Hilfe nehmen (im Bau- oder Landmaschinenhandel ausleihen). Lockern Sie nach dem Ausheben der Pflanzgrube auch deren Sohle.

Bei Tonböden sorgt das Einarbeiten von reichlich Sand, feinem Kies oder Splitt für mehr Lockerheit. Bei sandigen Böden lässt sich die Wasser- und Nährstoffspeicherung mit tonmineralhaltigen Gesteinsmehlen wie Bentonit verbessern.

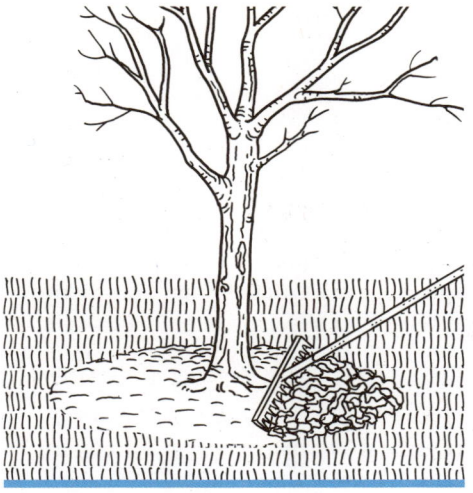

**Mulch auf der Baumscheibe**
Eine Bodendecke aus Rasenschnitt, Laub und ähnlichen Materialien bewahrt die Feuchtigkeit und liefert beim Verrotten Humus nach.

Bei allen Bodenarten ist ein ausreichender Humusgehalt hilfreich und sehr wichtig. Der organische Humus kittet die mineralischen Teilchen so zusammen, dass sie einerseits stabiler werden, andererseits mehr Luft und Wasser durchlassen. Zugleich verbessert er die Nährstoff- und Wasserspeicherung. Dafür reicht schon ein bescheidener Anteil: Der Humusgehalt eines guten Gartenbodens liegt bei drei bis vier Prozent; bei Sandböden genügen zwei bis drei Prozent, mit zunehmendem Tonanteil sind bis etwa fünf Prozent günstig.

Das beste (und billigste) Mittel für die Humusversorgung ist selbst hergestellter Kompost. Reicht das eigene Material nicht aus, können Sie Kompost in Gartencentern und Kompostwerken zukaufen, teils auch anliefern lassen. Werden nur ein paar Säcke benötigt, leistet auch Rindenhumus gute Dienste.

Bringen Sie auf der gesamten Pflanzfläche drei bis fünf Liter gut ausgereiften Kompost pro Quadratmeter aus, und arbeiten Sie diesen oberflächlich mit Grubber, Kultivator oder Krail ein (nicht untergraben). Auch dem Aushub wird vor dem Auffüllen der Pflanzgrube reifer Kompost untergemischt, bei schweren Tonböden zudem etwas Sand oder feiner Kies. Ersetzen Sie aber den Aushub nicht komplett mit Kompost: Das führt zu „verwöhnten" Wurzeln, die lange Zeit nur innerhalb der Grube wachsen, statt sich gleich so auszudehnen, wie sie sollen.

Später gewährleisten jährliche Kompostgaben im Frühjahr, dass der Humusanteil erhalten bleibt und liefern zugleich die Grunddüngung (siehe auch „Tipps zum Düngen", S. 25).

Auch Mulchen, das heißt, eine Bodenbedeckung mit organischen Materialien, liefert Humus nach und hält die Bodenoberfläche locker und krümelig. Dafür eignen sich Rasenschnitt, alle gesunden, zerkleinerten Pflanzenreste und käuflicher Miscanthus-(Chinaschilf-)Mulch; bei gut eingewachsenen Gehölzen auch Rindenmulch und Gehölzhäcksel (erfordern zusätzliche Gaben von Hornspänen und etwas Kalk). Für Erdbeeren sollten möglichst trockene Materialien (zum Beispiel Stroh) gewählt werden.

## → Mulchpause im Frühjahr

So vorteilhaft die Bodenbedeckung auch ist: Von Frühjahr bis zu den letzten Spätfrösten im Mai sollte man besser nicht mulchen. Denn während dieser Zeit kommt die nächtliche Wärmeabstrahlung des Bodens empfindlichen Knospen, Blüten und Trieben zugute. Eine Mulchdecke würde das behindern.

### Ungeeigneter pH-Wert

Der pH-Wert ist eine wichtige Bodenkenngröße. Er wird auch als Säuregrad oder Bodenreaktion bezeichnet und hängt eng mit dem Kalkgehalt des Bodens zusammen. Mit Teststäbchen oder einem Messgerät aus dem Fachhandel können Sie den pH-Wert Ihres Bodens selbst kontrollieren. Eine professionelle Bodenuntersuchung (siehe S. 23) ist allerdings genauer.

Die pH-Wert-Skala reicht von 0 (extrem sauer) über 7 (neutral) bis 14 (extrem alkalisch bzw. basisch). Saure Böden (pH-Wert unter 5,5) enthalten kaum Kalk, alkalische Böden (pH über 7,2) haben in der Regel einen hohen Kalkgehalt.

Die meisten Obstarten gedeihen am besten bei pH-Werten zwischen 5,5 und 7 im schwach sauren bis neutralen Bereich. Die Süßkirsche mag es gern etwas kalkhaltig; die anderen Baumobstarten bevorzugen leicht saure Böden, ebenso das meiste Beerenobst. Vor allem die Quitte ist recht „kalk-

scheu". Ausgesprochen saure Vorlieben haben Heidelbeere und Preiselbeere: Ihnen bekommt ein pH-Wert von 3,5–5 am besten. Weicht der pH-Wert stark von den jeweiligen Ansprüchen ab, wird das Wachstum beeinträchtigt. Das äußert sich oft in typischen Nährstoffmangelsymptomen (siehe S. 25). In der Obstgartenpraxis bereiten vor allem zu hohe pH-Werte Schwierigkeiten. Werden dadurch die Blätter gelb, spricht man auch von „Kalkchlorosen". Häufig handelt es sich dann um Eisenmangel (jüngere Blätter gelb, mit grünen Blattadern).

Ist der pH-Wert zu hoch, können Sie ihn durch Einarbeiten von reichlich Rhododronerde sowie Laub- oder Nadelkompost absenken. Auch manche Dünger wie Ammoniumsulfat und Kaliumsulfat wirken versauernd. Das gilt zwar auch für Torf; dessen übermäßige Verwendung hat sich aber als nachteilig erwiesen und trägt außerdem zum Zerstören von Moorlandschaften bei.

Ist der pH-Wert zu niedrig, heben Sie ihn am besten mit langsam wirkenden Kalkdüngern (zum Beispiel kohlensaurer Kalk, Algen- oder Dolomitkalk) allmählich an.

## → Kalkverträgliche Unterlagen

Alle Baumobstsorten sind in der Regel auf Unterlagen veredelt, die großen Einfluss auf die Wuchsstärke und teils auch auf die Bodenverträglichkeit haben. Birnen wurden früher fast nur auf Quittenunterlagen veredelt, die sich mit kalkhaltigen Böden ebenso schwer tun wie die Quitte selbst. Die Birnenunterlage 'Pyrodwarf' dagegen ist wesentlich kalkverträglicher und zudem frostfester als Quittenunterlagen.

### Bodenmüdigkeit

Werden neue Obstgehölze dort gesetzt, wo vorher schon Pflanzen derselben Art oder Familie standen, wachsen sie oft „müde" und kläglich. Diese Bodenmüdigkeit resultiert teils aus dem einseitigen Nährstoffentzug. Vor allem aber haben sich in den Böden oft Pilzkrankheiten und/oder Wurzelnematoden (siehe S. 129) eingenistet. An den älteren, gut eingewachsenen Gehölzen macht sich das oft kaum bemerkbar. Kommen aber junge Pflanzen an dieselbe Stelle, können sie stark unter solchen Schaderregern leiden.

Das Problem der Bodenmüdigkeit betrifft besonders die Rosengewächse, zu denen sämtliche Obstbäume sowie Himbeere, Brombeere und Erdbeere gehören – ebenso wie Rosen, Felsenbirne, Feuerdorn, Zwergmispel und viele weitere Ziergehölze.

Bei Neupflanzungen ist deshalb ein Platzwechsel ratsam. Wo das nicht möglich ist, sollte der gesamte Boden für Gehölze möglichst tief (wenigstens 60 cm) und mit einem Durchmesser von mindestens 1 m ausgetauscht werden. Beseitigen Sie dabei möglichst sorgfältig alle Wurzelreste der entfernten Pflanzen.

### Lichtmangel

Die meisten Obstarten mögen es sonnig und warm. Sie wachsen und fruchten am besten, wenn sie mehr als die Hälfte des Tages direkte Sonne abbekommen. Quitte, Sauerkirsche, die meisten Beerenobstarten und Haselnuss gedeihen auch noch gut im Halbschatten.

**❝ Was die Reihen der Bäume betrifft, so muß man sie so richten und eintheilen, daß die Strahlen der Mittagssonne zu allen einen freien Zugang haben.**

Aus dem „Allgemein practischen Gartenbuch" von Dr. Johann Ludwig Christ, 1814

Selbst wenn Bäume und Sträucher sonnig stehen, kann es an Licht mangeln: Bei dichtem Wuchs gelangt kaum ein Sonnenstrahl ins Innere von Kronen und Zweiggerüsten. Das beeinträchtigt die Fruchtbildung und -ausreife.

**Schadbild:** Gehemmter, schwacher Wuchs, teils mit langen, dünnen Trieben; hellgrüne bis fahlgelbe, kleine Blätter. Schwache Blüte, geringer Fruchtansatz. Kleine, schlecht ausreifende, schwach ausgefärbte Früchte, wenig aromatisch, teils sauer. Auf Stämmen und Ästen verstärkte Bildung von Algen, Baumpilzen und Moosbelägen.

**Abhilfe:** Standorte möglichst passend zum Lichtanspruch auswählen; notfalls umpflanzen. Dichte Baumkronen und Sträucher kräftig auslichten oder zurückschneiden.

### Frost- und Kälteschaden ✳ ⚠

Je nach Region und Jahr können schon im September erste Frühfröste und bis Ende Mai letzte Spätfröste auftreten. Zu strengen Winterfrösten unter −15 °C kommt es hauptsächlich im Januar. Gefährdet sind davon vor allem Pflanzen aus wintermilden Regionen, etwa Quitte, Pfirsich, großfrüchtige Kiwis und Weinrebe sowie Erdbeerpflanzen; außerdem alle im Herbst frisch gesetzten Gehölze. Wenn bei klarem Himmel strenge Kälte herrscht und der Boden nicht durch eine isolierende Schneedecke geschützt ist, kann ausgeprägter Bodenfrost Wurzeln und Pflanzenbasis schädigen. Noch wesentlich stärker gefährdet sind die Wurzeln von Pflanzen in Töpfen und Kübeln.

Kalte Ost- und Nordwinde setzen vor allen den oberirdischen Pflanzenteilen zu. Bei Hochdruckwetter, besonders im Spätwinter, werden Gehölze durch den Wechsel zwischen sonnigen, warmen Tagen und frostigen Nächten gestresst. Dazu kommen die Temperaturunterschiede zwischen sonnenzu- und -abgewandter Stammseite. Das kann dazu führen, dass die Rinde unter starker Spannung steht und aufreißt.

Plötzliche Kälteeinbrüche richten oft am meisten Schaden an, auch wenn die Temperaturen nur geringfügig unter null fallen.

Das gilt vor allem für Spätfröste ab Ende März bis Mai: Die können zarten Neuaustrieb, Knospen und frühe Blüten komplett zerstören. Besonders tückisch sind sehr warme Frühjahrphasen, die ein zeitiges Erwachen der Natur anregen, dann aber von frostigen Nächten gefolgt werden. Das wird manchmal auch Gehölzen zum Verhängnis, die als Spalier- oder Kletterobst an einer wärmenden Hauswand gezogen werden (zum Beispiel Birne, Kiwi): An voll besonnten Südwänden besteht die Gefahr, dass die Gehölze besonders früh austreiben und blühen und dann erst recht durch Frühlingsfröste bedroht sind.

### 66 Mondhelle Nächte im April schaden der Baumblüte viel.

Hellsichtige alte Bauernregel

Kälteschäden, die schon bei Temperaturen unter 5 °C auftreten können, betreffen besonders Blüten und zarten Frühjahrsaustrieb. Ab Frühherbst gefährden Kälte und erste leichte Fröste spät reifende Früchte.

**Schadbild:** Triebspitzen verfärben sich dunkelbraun bis schwärzlich oder sterben komplett ab. Schlimmstenfalls sterben ganzer Pflanzen wegen erfrorener Wurzeln ab. An Stämmen und Ästen können Rindenrisse auftreten, bis hin zu tiefen Spalten oder plattenartigem Abblättern der Rinde.

# Frostschutz durch vorbeugende Maßnahmen

☐ Suchen Sie für empfindlichere Pflanzen möglichst geschützte Standorte, zum Beispiel im Einflussbereich von Hecken und Gebäuden.

☐ Kultivieren Sie heikle Pflanzen besser im Kübel (mit frostfreier Überwinterung).

☐ Wählen Sie für Spalier- und Kletterobst vorzugsweise Südost-, Südwest- oder helle Ostwände, keine prallsonnigen Südwände.

☐ Pflanzen Sie frostempfindliche Gehölze erst im Frühjahr oder im Sommer (als Containerpflanzen).

☐ Decken Sie bei frisch gesetzten und empfindlichen Pflanzen den Wurzelbereich sowie die Stamm- und Triebbasis ab: mit Laub und/oder Fichtenreisig oder Rindenmulch.

☐ Stellen Sie draußen überwinternde Topfgehölze auf isolierende Styroporplatten oder Bretter, und umhüllen Sie die Töpfe mit Sackleinen, Noppenfolie oder Kokosmatten.

☐ Achten Sie bei allen Pflanzen auf eine ausreichende Kaliumversorgung (erhöht die Winterhärte), und verzichten Sie ab Spätsommer auf stickstoffbetonten Dünger.

☐ Streichen Sie bei Bäumen den Stamm, vor allem an der Sonnenseite, und den Kronenansatz mit einem Weißanstrichmittel aus dem Fachhandel, um Rindenrissen vorzubeugen.

☐ Schneiden Sie Gehölze nicht bei Temperaturen unter −5 °C.

☐ Entfernen Sie im Frühjahr vor Blühbeginn alle Bodenabdeckungen, damit die Knospen und Blüten durch die nächtliche Wärmeabstrahlung des Bodens geschützt werden.

☐ Schützen Sie die Blüten von Sträuchern, kleinen Bäumen und Spalierobst über Nacht mit Vliesen (beim Spalierobst davorhängen).

☐ Decken Sie auch die Früchte spät reifender Arten und Sorten nach Möglichkeit mit Vliesen ab, wenn die ersten Herbstfröste drohen.

**Frostschaden**
Durch Spätfrost geschädigte Erdbeerblüte (rechts);
links eine gesunde Blüte zum Vergleich.

Blätter verfärben sich gelb bis rötlich oder rotbraun, teils auch braun bis schwarz; zuweilen auch glasig oder mit kleinen Frostblasen. Knospen und Blüten verbräunen oder werden innen schwarz, sind teils deutlich missgestaltet und fallen häufig ab.

An Früchten bilden sich braune, schwarze, berostete oder glasige Partien, verkorkende Längsrisse oder Ringe um die Kelchregion, teils ringförmige Einschnürungen. Das Fruchtfleisch wird bräunlich, die Früchte sind anfällig für Krankheiten und schlecht lagerfähig.

**Abhilfe:** Meist bleibt einem nur noch das Entfernen der betroffenen Teile oder gar der ganzen Pflanzen. Viele Gehölze können sich allerdings durch Neuaustrieb regenerieren. Dann genügt es, die erfrorenen Triebe im Frühjahr kräftig bis ins gesunde Holz zurückzuschneiden.

### Hitzeschäden und Sonnenbrand

Intensive, pralle Sommersonne setzt manchmal selbst dem sonnenliebenden Obst zu – besonders, wenn milde Witterung schlagartig von großer Hitze abgelöst wird. Das sieht man hauptsächlich den Trieben junger Gehölze an. Zu einem regelrechten Hitzestau kann es in dicht umschlossenen Gärten kommen, ebenso im Umfeld weißer, lichtreflektierender Mauern.

Unter Sonnenbrand leiden vor allem dunkle Früchte, die das Licht absorbieren, so die Brombeeren, blaue Weintrauben, teils auch Pflaumen. Sie können sich im Sommer auf weit über 30 °C aufheizen.

**Schadbild:** An den Trieben Rindenrisse oder dunkle Flecken. Häufig gelbe oder verbräunte, welke Blattränder und -flächen; bei starker Besonnung dunkle oder weißliche Verbrennungsflecken. Auf Früchten braune, rötliche, hellrosa oder weiße Flecken.

**Abhilfe:** Standorte möglichst passend zum Lichtanspruch auswählen; für hitzeempfindliche Pflanzen Plätze direkt vor weißen Wänden meiden; notfalls umpflanzen. Ausreichend gießen, direkt in den Wurzelbereich. Bei Extremwetterlagen gefährdete Pflanzen und Früchte vorübergehend beschatten, zum Beispiel mit Schattiernetzen. Geschädigte Früchte entfernen, um nachfolgendem Krankheitsbefall vorzubeugen.

**Sonnenbrand**
Zu viel pralle Sonne führt bei Brombeeren zu aufgehellten, manchmal fast weißen Zonen oder Einzelfrüchtchen.

### Schlechte Wasserversorgung

Zu seltenes Gießen muss nicht groß erklärt werden, und auch das typische Schadbild ist wohl jedem geläufig: schlaffe, eingerollte, gelb werdende, meist von den Rändern her verbräunende Blätter, die schließlich abfallen; bis hin zum Welken ganzer Triebe und Zweige. Wurden Gehölze im Regenschatten gepflanzt, etwa direkt an der Hauswand oder unter einem Dachvorsprung, ist entsprechend häufigeres Gießen gefragt.

Zuweilen kommt es bei Wassermangel zum Abstoßen von Knospen, Blüten und Früchten. Dies ist auch eine typische Reaktion auf ungleichmäßige Wasserversorgung. Extreme Wechsel zwischen regenreichem und sehr trockenem Wetter fördern solche Erscheinungen und lassen sich nur begrenzt durch Gießen ausgleichen.

Übermäßiges Gießen andererseits ist ebenfalls keine Seltenheit. Manchmal werden Pflanzen aus übertriebener Fürsorge regelrecht „totgegossen", vor allem Erdbeeren und junge Gehölze. Die Symptome entsprechen denen bei Staunässe: blassgelbe, weiche, welke Blätter, schlimmstenfalls faulende Wurzeln.

Hier einige Tipps zum richtigen Gießen:

▶ **Gute Wasserversorgung beginnt schon vor dem Pflanzen:** Mit gründlicher Bodenvorbereitung und, wenn nötig, Verbesserung der Bodenstruktur fördern Sie eine günstige Wasserspeicherung und -nachlieferung.

## Der Natur abgeschaut

**Gedämpfter Sonnengenuss:** Wilde Brombeeren und Himbeeren siedeln sich gern auf Waldlichtungen und an Waldrändern an – an hellen Plätzen, die aber nicht den ganzen Tag über der prallen Sonne ausgesetzt sind. Entsprechend ist auch den Kultursorten im Zweifelsfall Halbschatten lieber als ein vollsonniger Standort. Das gilt ebenso für Wald-, Monats- und Wiesenerdbeeren.

▶ **Gründliches Angießen:** Feuchten Sie den Boden um frisch gesetzte Pflanzen herum durchdringend an, ohne Brauseaufsatz; Gehölze werden regelrecht „eingeschlämmt". Danach den Boden bis zum erfolgreichen Einwurzeln und Anwachsen recht feucht, aber nicht mehr nass halten.

▶ **Beste Gießzeiten:** Morgens, vormittags oder am frühen Abend. Möglichst nicht in der prallen Mittagssonne gießen. Auch nicht spät abends; das kann Pilzkrankheiten begünstigen.

▶ **Bestes Gießwasser** ist in Tonnen und Tanks gesammeltes, weiches (kalkarmes) Regenwasser. Wasser aus der Leitung und unterirdischen Zisternen möglichst etwas vorwärmen lassen. Für Heidel- und Preiselbeeren ist kalkarmes Wasser besonders empfehlenswert.

▶ **Beste Gießpraxis:** Verkrustete Bodenoberflächen vor dem Gießen lockern. Ohne Brauseaufsatz direkt in den Wurzelbereich gießen. Bäume vorwiegend im äußeren Kronenbereich wässern, da dort die meisten Saugwurzeln konzentriert sind.

▶ **Kräftiges Gießen:** Stets die obere Bodenschicht gut durchfeuchten. Größere Mengen mit kleinen Päuschen ausgießen, sodass das Wasser zwischendurch einsickern kann.

▶ **Größere Bäume:** Bei Trockenheit wenigstens einmal pro Woche gründlich gießen (je nach Größe 20–50 Liter pro Quadratmeter), besonders zwischen Blütenansatz und -Fruchtentwicklung. Bäume vorwiegend im äußeren Kronenbereich wässern, da dort die meisten Saugwurzeln konzentriert sind.

▶ **Kleine Bäume und Sträucher:** Baumformen wie Busch, Säulenobst sowie Beerensträucher alle drei bis vier Tage kräftig gießen, ebenfalls besonders zwischen Blüte und Fruchtreife.

▶ **Erdbeeren:** Je nach Hitze alle ein bis drei Tage gießen (10–20 Liter pro Quadratmeter). Dies auch nach der Ernte, da im Spätsommer schon die Blüten für die nächste Saison angelegt werden.

▶ **Mulchen oder Hacken:** vermindert die Verdunstung. Mulchen (siehe S. 15) ist bei den flach wurzelnden Beerensträuchern vorteilhafter als Hacken.

# Unausgewogene Nährstoffversorgung

Schädling oder Pilz? Oft rätseln Gärtner über Blattverfärbungen, kränkliche Triebe oder missgestaltete Früchte – und nicht selten liegt es „nur" an unausgeglichener Nährstoffversorgung.

**Jeder Nährstoff** erfüllt in der Pflanze bestimmte Aufgaben, bei denen ihn kein anderer ersetzen kann.

Hauptnährstoffe nennt man die Nährelemente, die in größeren Mengen benötigt werden: nämlich Stickstoff, Phosphor, Kalium, Magnesium, Kalzium und Schwefel.

Spurennährstoffe brauchen die Pflanzen zwar nur in kleinen Dosen, dies aber ebenso unverzichtbar. Zu dieser Kategorie gehören Eisen, Bor, Kupfer, Mangan, Zink und Molybdän.

Eine unausgewogene Nährstoffversorgung beeinträchtigt nicht nur Wuchs und Fruchtbildung, sondern macht die Pflanzen auch anfälliger für Schaderreger. Nährstoffmangel lässt sich oft recht einfach beheben. Allerdings muss man zunächst herausfinden, an was es nun genau fehlt. Das ist teils knifflig, weil sich die Mangelsymptome oft ähneln. Nehmen Sie deshalb die Symptombeschreibungen auf Seite 27 als Anhaltspunkte, um auf Nährstoffmängel zu prüfen und der Sache näher nachzugehen. Kommen solche Anzeichen häufig vor, empfiehlt sich eine Bodenuntersuchung.

## Bodenuntersuchung: Genau Bescheid wissen

Bei einer Bodenuntersuchung durch ein Labor erhalten Sie genaue Informationen über die Bodenart, den pH-Wert und die Gehalte an wichtigen Nährstoffen – häufig gleich verbunden mit konkreten Düngeempfehlungen. Die Bestimmung des Humusgehalts gehört teils mit zum Angebot oder kann zusätzlich beauftragt werden.

Oft geben untersuchende Labors schon bei der Anfrage genaue Hinweise, wie die Proben entnommen, verpackt und beschriftet werden sollen. Die besten Zeitpunkte für die Probeentnahme sind Spätherbst und zeitiges Frühjahr. Gerade bei der Neuanlage ist eine Bodenuntersuchung sehr empfehlenswert, danach etwa alle vier Jahre, um auf Dauer bedarfsgerecht zu düngen.

▶ Labors, die Bodenanalysen durchführen, finden Sie durch Nachfragen bei der zuständigen Landwirtschaftskammer, in den Gelben Seiten und im Internet. Auch manche Gärtnereien, Gartencenter und der Landhandel bieten das als Service an.

## Was heißt hier „ausgewogen"?

Ob die Balance zwischen den verschiedenen Haupt- und Spurennährstoffen stimmt, hängt zum einen davon ab, was aktuell gedüngt wird. Da eignet sich ein spezieller Obst- oder Beerendünger wesentlich besser als ein beliebiger „Allerweltsdünger" oder gar ein Rasendünger. Zum andern spielt es aber auch eine Rolle, was und wie in früheren Jahren gedüngt wurde.

In lange genutzten Gartenböden wird bei Untersuchungen immer wieder ein Überschuss an Phosphor, Kalium und teils auch Magnesium festgestellt; meist eine Folge von langjähriger Verwendung mineralischer Volldünger. Hat sich ein Nährstoff schon im Übermaß im Boden angereichert, kann er die Aufnahme anderer wichtiger Nährstoffe erschweren, auch wenn diese ausreichend vorhanden sind. Zu viel Phosphor (Phosphat) im Boden hemmt zum Beispiel die Aufnahme von Eisen und Zink, zu viel Kalium oder Magnesium blockieren sich gegenseitig (siehe auch „Tipps zum richtigen Düngen", Seite 25).

Bei alldem hat auch der pH-Wert (Säuregrad) des Bodens großen Einfluss. Nicht zu vergessen die Wasserversorgung: Die Wurzeln nehmen die Nährstoffe quasi flüssig auf, gelöst im Bodenwasser. Aus einem trockenen Boden können sie deshalb auch keine Nahrung ziehen.

## Sonderfall Stickstoff

Stickstoff fördert maßgeblich die Entwicklung von Blättern und Trieben und sorgt für intensives Blattgrün. Sein Gehalt im Boden wird allerdings in Bodenuntersuchungen selten ermittelt, da er stark veränderlich ist. Stickstoff reichert sich höchstens mittelfristig an, vor allem, wenn er in die organische Substanz (Humus) eingebunden ist. Dann sorgen Bodenorganismen für beständigen Umbau und Freisetzung. Ansonsten wird er, hauptsächlich in Form des Salzes Nitrat, von den Pflanzen recht schnell aufgenommen – oder aber ausgewaschen.

Deshalb ist noch mehr als bei anderen Nährstoffen jährlicher Nachschub nötig; am besten über Kompost, Hornspäne oder organische Volldünger in „moderaten" Mengen. Schnell wirkende, leicht lösliche Mineraldünger können zwar akuten Stickstoffmangel gut beheben und einen Wachstumsschub bewirken. Sie führen aber bei unbedachter Dosierung leicht zu einem Stickstoffüberschuss.

Zu viel Stickstoff fördert das Trieb- und Blattwachstum auf Kosten des Blüten- und Fruchtansatzes und macht die Pflanzen anfälliger für Pilzkrankheiten, Kälte- und Frostschäden. Stickstoffüberschuss spielt oft auch eine Rolle beim Rieseln (Blüten- oder Fruchtabwurf) von Johannisbeeren und Weinreben, ebenso beim Gummifluss der Steinobstbäume.

Junge Blätter

Bor (B): Nekrosen

Schwefel (S): Chlorosen

Mangan (Mn) und Eisen (Fe): Chlorosen zwischen den Blattadern

Ältere Blätter

Magnesium (Mg): Chlorose zwischen den Blattadern

Stickstoff (N): Chlorosen

Kalium (K): Nekrosen am Blattrand

Phosphor (P): Rote Verfärbungen

Quelle. K+S Kali

## Anzeichen von Nährstoffmangel

Können die Pflanzen einen bestimmten Nährstoff nicht ausreichend aufnehmen, zeigt sich das meist zuerst an aufgehellten, vergilbten oder verbräunten Blättern. Häufig sind die Blätter auch klein, manchmal verkrüppelt. Beim Unterscheiden der Ursachen hilft oft die Frage, ob zuerst jüngere oder ältere Blätter betroffen sind; teils auch, ob die Blattadern grün bleiben, so etwa beim verbreiteten Eisenmangel.

Bei Obstbäumen sind die Austriebs- und Wachstumsphasen ziemlich „kräftezehrend". Deshalb treten öfter mal zeitweilige Mangelerscheinungen auf, besonders bei kühlem Wetter oder längerer Trockenheit. Bei ausgeprägtem Nährstoffmangel können Sie gezielt Einzelnährstoffdünger einsetzen.

## Tipps zum richtigen Düngen

Bei Obstgehölzen sowie Erdbeeren ist alle vier bis fünf Jahre eine Bodenuntersuchung ratsam (siehe S. 23), um bedarfsgerecht zu düngen.

Zeigt sich dabei, dass der Boden bereits ausreichend (oder gar üppig) mit Nährstoffen wie Phosphor und Magnesium versorgt ist, genügt als Hauptdünger ein guter, voll ausgereifter Kompost. Der wird mit Hornmehl oder -spänen für die Stickstoffversorgung angereichert, dazu ein wenig Kalidünger (sofern Kalium nicht schon im Übermaß vorhanden ist). Zur Abrundung und Stärkung der Pflanzen können Sie noch etwas Gesteinsmehl untermischen.

Bei dieser Grundrezeptur empfehlen sich im Schnitt folgende Mengen:

▸ **Obstbäume (kleine bis mittelgroße Baumformen):** drei bis fünf Liter Kompost, 80–120 g Hornmehl, 20–30 g Kali pro Baum.

▸ **Beerensträucher:** zwei bis drei Liter Kompost, 50–100 g Hornmehl, 10–20 g Kali pro Strauch.

▸ **Erdbeeren:** Ein Liter Kompost, 20 g Hornmehl, 5–10 g Kali pro Quadratmeter; im Juli nochmals 30–40 g Hornmehl, um die Blütenbildung fürs nächste Jahr zu fördern.

Steht nicht genug Kompost zur Verfügung, eignet sich ein spezieller Obst- oder Beerenobstdünger, vorzugsweise organisch oder als Langzeitdünger.

Gedüngt wird am besten gegen Ende März oder im April, etwas vor oder zum Austriebsbeginn. Verteilen Sie den Kompost und Dünger auf der Baumscheibe beziehungsweise auf der freien Fläche neben den Pflanzen, und arbeiten Sie ihn leicht ein. Lassen Sie bei Bäumen um den Stamm herum mindestens 20 cm frei, denn hier finden sich kaum Wurzeln für die Nährstoffaufnahme.

Ein aus gemischten Abfällen entstandener Kompost enthält schon ein recht ausgewogenes „Nährstoffsortiment". Mangelt es an einem der Spuren- oder Hauptnährstoffe, können Sie die Kompost-Grunddüngung gezielt durch Einzelnährstoffdünger ergänzen, zum Beispiel mit Kaliumsulfat oder Bittersalz (Magnesiumsulfat). Bittersalz, Kalzium, Eisen, Bor, Mangan und andere Nährstoffe gibt es auch als Blattdünger. Manche erhält man beim Hobbygärtnerbedarf, andere findet man eher im Landhandel oder übers Internet. Direkt auf die Blätter ausgebracht, wirken solche Dünger sehr schnell.

Eine Blattdüngung wird vorzugsweise zwischen April und Juni durchgeführt. Kalziumdünger zum Reduzieren der Apfel-Stippe (siehe S. 86) lässt sich auch bis zum Frühherbst noch sinnvoll ausbringen. Beachten Sie stets genau die Anwendungshinweise der Hersteller, denn Fehler können zu Verbrennungen und ähnlichen Schäden an Blättern und Früchten führen. Versprühen Sie die Dünger nur bei etwas bedecktem Himmel oder in der Abenddämmerung, nie in der prallen Sonne.

## ✗ Düngesalze: Vorsicht mit Chloriden

Kalium und Magnesium sind in gemischten Mineraldüngern (Volldüngern) üblicherweise in Form von Salzen enthalten, entweder als Sulfate oder als Chloride. Das ist wichtig für die Praxis, denn die meisten Obstarten bevorzugen sulfathaltige Dünger; Beerenobst ist sogar ausgesprochen chloridempfindlich. Schon deshalb verdienen ausgewiesene Obst- und Beerenobstdünger den Vorzug.

**Checkliste**

# Die wichtigsten Mineralstoffe und Mangelerscheinungen

☐ **Stickstoffmangel:** Kleine, vergilbte Blätter, teils starke Aufhellung über die gesamte Blattfläche, an älteren Blättern zuerst; gehemmtes Wachstum; schwache Blüte. Wird verstärkt durch: sandige Böden, viel Stroh- und Rindenmulch, Phosphorüberschuss, niedrigen pH-Wert.

☐ **Schwefelmangel:** Wie beim Stickstoffmangel, aber zuerst an jüngeren Blättern; teils rötliche Verfärbung und aufgehellte Blattadern; beim Obst selten stark ausgeprägt. Wird verstärkt durch: sandige Böden, zu viel Stickstoffdüngung, hohe Niederschlagsmengen, niedrigen pH-Wert (saure Böden).

☐ **Kaliummangel:** Verbräunte, vertrocknete Blattränder, an älteren Blättern zuerst; Blätter schlaff, welk, Ränder oft nach oben gerollt; gehemmtes Wachstum; mangelnde Frosthärte. Wird verstärkt durch: sehr sandige sowie nährstoffarme Tonböden, Magnesium- und Kalziumüberschuss,

☐ **Phosphormangel:** Blätter dunkel- bis schmutzig grün verfärbt, teils rötlich violett, ältere Blätter zuerst; gehemmter, auffällig steifer oder gestauchter Wuchs; schwache Blüten- und Fruchtbildung. Wird verstärkt durch: Kalziumüberschuss, niedrigen und sehr hohen pH-Wert, anhaltende Trockenheit, außerdem durch niedrige Bodentemperaturen; wenn der Boden wärmer wird, bilden sich oft wieder normal grüne Blätter.

☐ **Kalziummangel:** Gelbe, braun werdende Blattspitzen und -ränder, an jungen Blättern zuerst; teils verkrüppelte Blätter; hakenförmiges Abknicken von Trieben und Blütenstielen; gehemmtes Wachstum; Hauptursache für Stippe bei Apfel und Quitte (siehe S. 86). Wird verstärkt durch ungenügende Wasserversorgung; Kalium- und Magnesiumüberschuss, niedrigen pH-Wert.

☐ **Magnesiummangel:** Blätter vergilben von der Mitte her, Blattadern bleiben lange grün, oft auch mit einem breiten, grünen Saum; an älteren Blättern zuerst, vor allem nach feucht-kühlem Wetter; häufig auch ovale, braune Flecken; gehemmtes Wachstum. Wird verstärkt durch: sandige, saure Böden, Kalium- und Kalziumüberschuss.

☐ **Eisenmangel:** Blätter gelb, bis hin zur Weißfärbung, Blattadern bleiben grün, an jüngeren Blättern zuerst; stark aufgehellte Blätter können vertrocknen und abfallen; eine der häufigsten Mangelkrankheiten bei vielen Obstarten. Wird verstärkt durch: verdichtete Böden, Phosphor- und Kalziumüberschuss, hohen pH-Wert.

☐ **Kupfermangel:** Gelb- bis Weißfärbung der jüngeren Blätter, eingerollte Blattspitzen, teils welkend; verkümmerte Spitzentriebe; tritt beim Obst seltener auf als Eisenmangel und andere Mängel mit ähnlichen Symptomen. Wird verstärkt durch: Phosphorüberschuss, überhöhte Stickstoffdüngung, hohen pH-Wert.

☐ **Manganmangel:** Punkt- bis fleckenförmige Gelbfärbung zwischen grün bleibenden Blattadern; ein-

knickende Blätter; gehemmtes Wachstum. Wird verstärkt durch: leichte, sandige Böden und hohe Niederschlagsmengen (starke Auswaschung), ebenso durch tonreiche, verdichtete Böden und lang anhaltende Trockenheit, hohen pH-Wert.

☐ **Zinkmangel:** Mosaikartige gelbe Aufhellung, an jüngeren Blättern zuerst; kleine, schmale, starr aufrechte Blätter, oft mit gewellten oder stark gezähnten Rändern; gestauchter Wuchs. Wird verstärkt durch: sandige, humusarme Böden, ebenso durch tonreiche, staunasse, kalte Böden, Phosphorüberschuss, hohen pH-Wert.

☐ **Bormangel:** Junge Blätter teils schmal und spröde, ältere vergilbt; Triebspitzen, Blüten und Früchte verkrüppelt; Früchte teils mit schorfigen und verkorkten Stellen, Höckern oder Rissen sowie mehligem Fruchtfleisch; kommt besonders bei Birne, Apfel, Aprikose und Weinrebe vor. Wird verstärkt durch: sehr sandige sowie sehr tonhaltige Böden, kühles, nasses Wetter, hohen pH-Wert.

# Mangelhafte Fruchtbildung

Bilden Obstbäume keine, sehr wenig oder nur unansehnliche Früchte, steht man vor einem Rätsel – erst recht, wenn es keine Anzeichen für einen Krankheits- oder Schädlingsbefall gibt.

→ **Besonders bei größeren Bäumen** (Halb- und Hochstamm) müssen Sie berücksichtigen, dass diese oft erst nach mehreren Standjahren ins Blüh- und Ertragsstadium kommen.

Manche Apfel- und Birnensorten neigen außerdem zur Alternanz, das heißt, sie blühen und fruchten in einem Jahr überreich und im nächsten sehr spärlich. In diesen Fällen hilft das Ausdünnen des überreichen Fruchtbehangs in den ertragreichen Jahren, die extremen Ernteschwankungen auszugleichen. Das Ausdünnen ist im folgenden Abschnitt „Blüten- und Fruchtabwurf" beschrieben.

## Geringer Knospen- und Blütenansatz

Ursachen sind oft Lichtmangel (siehe S. 17), ungleichmäßige Wasserversorgung (siehe S. 21), unharmonische Nährstoffversorgung, vor allem Phosphormangel oder Stickstoffüberdüngung, zuweilen auch Bodenprobleme (siehe S. 27 f.).

Beschädigte Knospen und Blüten resultieren meist aus Spätfrösten oder Kälte (siehe S. 18), starkem Dauerregen oder, seltener, Hitzeschäden (siehe S. 20).

## Blüten- und Fruchtabwurf

Bei solchen Erscheinungen spielen oft die vorgenannten Gründe eine Rolle, teils auch starke Temperaturschwankungen und etwas komplexere Probleme wie beim Rieseln der Johannisbeeren (siehe S. 147) und beim Röteln der Kirsche (siehe S. 104 f.).

❝ **Die Bäume, die am langsamsten wachsen, tragen die besten Früchte.**

Der französische Dramatiker Molière

Viele Obstbäume, besonders Apfel und Pflaume, legen zunächst einmal reichlich Früchte an und stoßen gegen Mitte oder Ende Juni einen Teil davon ab. Wenn die Bäume dann immer noch sehr dicht mit Früchten behangen sind, werden diese schlecht ernährt und reifen oft ungenügend aus. Dem beugt das Ausdünnen des Fruchtbehangs vor. Der beste Zeitpunkt dafür ist meist zwischen Mitte Juni und Mitte Juli, je nach Zeitpunkt der Fruchtentwicklung und des natürlichen Fruchtabwurfs. Entfernt werden in erster Linie die kleinsten Früchte

## HÄTTEN SIE'S GEWUSST?

Bei Apfel- und Birnbäumen schneidet man so viele Früchtchen heraus, dass nur noch ein bis zwei pro Fruchtstand verbleiben.

An Säulenbäumen von Apfel und Birne lässt man höchstens 30 Früchte stehen.

Pfirsiche dünnt man aus, wenn sie ungefähr walnussgroß sind: auf mindestens 15 cm Abstand, Aprikosen auf mindestens 10 cm Abstand.

Bei Pflaumen und Zwetschgen gelten 25 bis 30 verbleibende Früchte pro Meter Fruchtholz als optimal.

Kirschen müssen nicht ausgedünnt werden.

und solche, die beschädigt oder verkrüppelt sind, außerdem beschattete Früchte – am besten mit einer scharfen Schere oder auch durch Abkneifen mit den Fingernägeln.

### Ungenügende Bestäubung

Bei der Haselnuss trägt der Wind die Pollen zu den weiblichen Blütenanlagen. Diese Windbestäubung kann in stark umschlossenen, geschützten Gärten und Gartenbereichen eingeschränkt sein. Das lässt sich durch Dazupflanzen einer zweiten Hasel etwas verbessern.

Bei den meisten anderen Obstgehölzen sind Bienen und Hummeln für die Bestäubung zuständig. Die Frühjahrsentwicklung und „Fluglust" dieser Insekten wird zuweilen durch kalte Witterung beeinträchtigt. Außerdem macht sich beim Bestäuben hier und da schon das dramatische Bienensterben bemerkbar. Als Hauptursachen dafür gelten Klimawandel, Bienenparasiten und -krankheiten sowie bienengefährliche Spritzmittel; außerdem das schwindende Angebot an blühenden Wildpflanzen durch Unkrautbekämpfung und Bebauung.

Da kann man im eigenen Garten schon gegensteuern, indem man auf bienengefährliche Pflanzenschutzmittel verzichtet (besonders zur Zeit der Obstbaumblüte) und für ein reiches, vielfältiges Blütenangebot vom Frühjahr bis zum Herbst sorgt. Was schädlingsvertilgende Nützlinge fördert, hilft auch den Bienen und Hummeln (siehe „Die Helfer einladen und bewirten", S. 181 f.).

**Fehlende Befruchtungspartner**

Die allermeisten Apfel- und Birnensorten, viele Süßkirschen- und einige Pflaumensorten sind nicht selbstfruchtbar und müssen durch eine zweite Sorte bestäubt werden. Dafür kommen jeweils nur bestimmte, zeitgleich blühende Sorten infrage. Wenn keine geeigneten Pollenspender in der Umgebung wachsen, sollte man sich in einer Baumschule beraten lassen und sicherheitshalber einen zweiten Baum mit einer passenden Sorte pflanzen. Eine platzsparende Alternative bieten „Duobäume", bei denen zwei Sorten auf denselben Stamm veredelt sind.

Ähnlich verhält es sich mit den meisten Kiwisorten: Bei ihnen sitzen Blüten geschlechtlich getrennt auf verschiedenen Pflanzen, sodass weibliche Fruchtsorten eine männliche Bestäubersorte brauchen. Aber auch bei vielen anderen, selbstfruchtbaren Obstbäumen und -sträuchern verbessert das Dazupflanzen einer zweiten Sorte die Befruchtung.

## Der Natur abgeschaut

**Wildbienen:** Für die Bestäubung sind nicht nur Honigbienen wichtig, sondern auch ihre „wilden" Verwandten. Die meisten Wildbienen sind Einzelgänger (Solitärbienen) – und teils vom Aussterben bedroht. Manche Hersteller von Nützlingshilfen und viele Naturschutzverbände führen Angebote zum Fördern von Wildbienen, von Nisthilfen (gelochte Niststeine und Hartholzblöcke) bis hin zu speziellen Wildblumenmischungen. Wildbienen nutzen auch gern dürre Stängel und Zweige, die in einer ruhigen Gartenecke gebündelt aufgestellt werden. Für Hummeln, die ebenfalls zu den Wildbienen zählen, gibt es „Hummelburgen" als Nisthilfen.

# Verbreitete Pilzkrankheiten

Schadpilze am Obst befallen häufig nur verwandte Arten oder zum Beispiel nur Kern- oder Beerenobst. Ausgeprägte „Universalisten" wie der Grauschimmel sind hier recht selten.

**Neben dem Grauschimmel** und der Monilia-Fruchtfäule machen vor allem die holzschädigenden Pilze wenig Unterschied zwischen den Obstarten. Mit Bleiglanz, Baumschwämmen und dem zerstörerischen Hallimasch gibt es sogar einige Vertreter, die mit markanten Fruchtkörpern von jedem als „richtige" Pilze wahrgenommen werden. Von den meisten anderen Schadpilzen dagegen sieht man fast nur die Symptome, die sie an den Pflanzen hervorrufen – abgesehen von oft winzigen Fruchtkörpern.

Pilze vermehren und verbreiten sich hauptsächlich durch Sporen, mithilfe von Wind und Regen. Diese werden je nach Pilzart und Entwicklungsstadium in verschiedenen Fruchtkörpern und Sporenlagern gebildet. Für die Sporenkeimung und die Bildung der Geflechte benötigen die allermeisten Pilze Feuchtigkeit. Verregnete Wochen fördern daher viele Pilzkrankheiten. Die Sporen können teils etliche Jahre überdauern: im Boden, in oder an der Rinde, im Holzkörper, an Pflanzenrückständen oder auch in Erdresten, zum Beispiel an Gartengeräten.

Pflanzenschutzmittel gegen Pilzkrankheiten (Fungizide) sind für Menschen sowie für Bienen und andere Nützlinge oft ungefährlicher als Mittel gegen Schädlinge. Trotzdem sollte man sie nur zurückhaltend einsetzen. Gegen viele Pilzkrankheiten gibt es allerdings auch keine wirksamen Fungizide; zumindest keine, die im Hobbygarten zugelassen sind. So spielt die Vorbeugung eine besonders wichtige Rolle. Dabei lassen sich die meisten Erreger wegen ihrer ähnlichen Lebensweise durch dieselben Vorkehrungen in Schach halten.

Wenn Pflanzen erkranken, ist es meist ratsam, befallene Teile frühzeitig zu entfernen sowie Triebe oder auch Äste großzügig bis ins gesunde Holz zurückschneiden. Bei starkem Befall und gefährlichen Krankheiten sollte zuweilen besser das ganze Gehölz entfernt werden. Wo es zulässig ist, kann man die Überreste verbrennen; ansonsten beim zuständigen Gartenamt oder Abfallbetrieb nachfragen. Kleinere, krankheitsverdächtige Pflanzenteile kommen besser in den Hausmüll als auf den hauseigenen Kompost.

Säubern Sie vorsichtshalber auch alle Schnittwerkzeuge und Gartengeräte, die mit verdächtigen Pflanzen in Berührung gekommen sind. Zum Desinfizieren können Alkohol, Wasserstoffperoxid oder Hitzebehandlungen (Abflammen) eingesetzt werden.

## Charakteristische Schadbilder von Pilzkrankheiten

**1.** Echter Mehltau   **2.** Rostpilze   **3.** Blattfleckenpilze   **4.** Schrotschusskrankheit   **5.** Brennfleckenkrankheit
**6.** Monilia-Spitzendürre   **7.** Monilia-Fruchtfäule   **8.** Verticillium-Welke   **9.** Apfelschorf   **10.** Obstbaumkrebs
an Apfel oder Birne   **11.** Grauschimmel an Brombeere   **12.** Bleiglanz

**Bleiglanz**
Der Schwächeparasit bildet auffällige Pilzkörper an Stämmen und dicken Ästen; im Detailbild Anfangssymptome an einem Pflaumenblatt

## Bleiglanz

Dieser Schadpilz kann saprophytisch an totem Holz leben, aber auch als Schwächeparasit lebende Gehölze befallen. Er dringt über Verletzungen, Schnittwunden oder Pfropfstellen ein. Befallen werden hauptsächlich Kern- und Steinobstbäume, ebenso manche Zierbäume wie Ahorn und Birke.

**Schadbild:** Blätter mit silbrig weißem bis bleigrauem Glanz, der sich verstärkt und zu Laubfall führen kann. Verkümmernde Blüten, teils vorzeitiger Fruchtabwurf. Im unteren Stammbereich Bildung blätterartiger, violetter bis brauner Pilzfruchtkörper. Zuweilen Absterben ganzer Bäume.

**Zeitpunkt:** Blattsymptome oft schon beim Austrieb; Ausbreitung bei kühl-feuchtem Wetter.

**Abhilfe:** Erkrankte Teile bis ins gesunde Holz zurückschneiden, Schnittstellen mit Wundverschlussmittel behandeln; Schnittgut umgehend entfernen. Stark befallene Bäume roden.

Weitere Pilze mit auffälligen Fruchtkörpern an lebendem Holz sind ab Seite 38 beschrieben.

## Blattfleckenpilze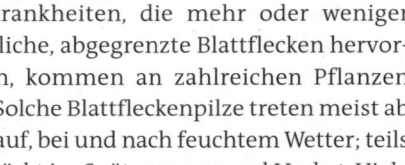

Pilzkrankheiten, die mehr oder weniger deutliche, abgegrenzte Blattflecken hervorrufen, kommen an zahlreichen Pflanzen vor. Solche Blattfleckenpilze treten meist ab Mai auf, bei und nach feuchtem Wetter; teils verstärkt im Spätsommer und Herbst. Viele können auch die Früchte befallen.

Beim Obst haben sich die meisten Blattfleckenpilze auf bestimmte Pflanzenarten spezialisiert und zeigen oft recht eindeutige Schadbilder. Solche arttypischen Krankheiten finden Sie jeweils in den folgenden Kapiteln zum Baum-, Beeren- und Nussobst – von der Blattbräune der Quitte bis zur Marssonina-Blattfleckenkrankheit der Walnuss.

Hier finden Sie die wichtigsten Blattfleckenpilze, die mehrere Obstarten befallen:

▶ An vielen Obstarten: verschiedene Rostpilze; siehe Seite 157
▶ Apfel- und Birnenschorf: braune, rundliche Flecken; siehe Seite 76
▶ Steinobst: Schrotschusskrankheit; zahlreiche kleine, rötliche bis braune Blattflecken, die absterben und herausfallen; siehe Seite 96 f.

▸ Süßkirsche und andere Steinobstarten: Sprühfleckenkrankheit; kleine, unscharf begrenzte, violettrote Flecken; siehe Seite 112

▸ Johannis- und Stachelbeere: Blattfallkrankheit; kleine, bräunlich schwarze Flecken; siehe Seite 146

→ **Verwechslungsmöglichkeiten**

gibt es vor allem mit Bakterienkrankheiten, zum Beispiel Bakterienbrand (siehe S. 90), sowie mit Viruskrankheiten, zum Beispiel Mosaikviren (siehe S. 42) und Stecklenberger Krankheit an Kirschen (siehe S. 109).

Auch Saugschäden von Spinnmilben (siehe S. 54) und Weißen Fliegen (siehe S. 55) führen zu fleckenartigen Verfärbungen, ebenso manche Nährstoffmangelsymptome (siehe S. 27).

## Grauschimmel (Botrytis)

Hier handelt es sich meist um die Pilzart Botrytis cinerea, die etliche Gemüse, Blumen und Gehölze befallen kann. Beim Obst werden davon besonders Erdbeere sowie Brombeere und andere Beerensträucher geplagt, außerdem Weinrebe und Kiwi.

Der Pilz ist ein Schwächeparasit, der über Gewebeverletzungen, welkende Blätter, Reste von Blütenblättern oder dem Boden aufliegende Früchte in die Pflanzen eindringt. Wenn Früchte faulen, ist die Infektion oft schon vorher im Blütenstadium erfolgt. Der Befall wird durch dichte Bestände, übermäßige Stickstoffdüngung und verregnetes Wetter sowie hohe Luftfeuchtigkeit gefördert. Der Pilz überwintert auf Pflanzenresten, auf Falllaub und Fruchtmumien.

**Schadbild:** Auf Blättern, Trieben, Knospen, Blüten und/oder Früchten braune Flecken, die bald weichfaul werden und sich mit einem mausgrauen, stark stäubenden Pilzrasen überziehen. Bei Beerensträuchern werden oft schon die jungen Triebe schlaff oder zeigen im Sommer blassbraune Flecken. Im Winter erscheinen abgestorbene Gewebeteile teils silbergrau, mit schwarzen Sporenlagern.

**Zeitpunkt:** Ab Frühjahr, verstärkt ab Frühsommer; vor allem bei feucht-warmem Wetter.

**Abhilfe:** Siehe allgemeine Maßnahmen gegen Pilzkrankheiten (siehe S. 40). Zur Bekämpfung sind Pflanzenschutzmittel zugelassen, meist mit dem Wirkstoff Fenhexamid. Sie wirken aber nur vorbeugend, höchstens noch bei ersten Befallsanzeichen. Faulende Pflanzenteile können nicht mehr geheilt werden.

## Echter Mehltau

Wohl jeder Gärtner kennt die weißen Blattbeläge des Echten Mehltaus, die an Obst- und Ziergehölzen ebenso vorkommen wie an Gemüse, Blumen und Stauden. Es handelt sich allerdings um verschiedene Pilze, die zwar ein ähnliches Schadbild hervorrufen, aber auf unterschiedliche Wirtspflanzen spezialisiert sind. So kann beispielsweise der Apfelmehltau nur auf Zieräpfel überwechseln, jedoch nicht auf Pfirsich, Rosen oder Gurken – für die sind jeweils wieder andere Mehltauarten „zuständig".

Die Echten Mehltaupilze unterscheiden sich in einem Punkt deutlich von den meisten anderen Schadpilzen: Sie brauchen zum Auskeimen ihrer Sporen keine feuchten Blätter; ihnen genügt meist schon die Luftfeuchte durch die nächtliche Taubildung. Ab Spätherbst bilden sich in dem weißen Pilzgeflecht dunkle Winterfruchtkörper, die auf abgefallenen Blättern überwintern, bei manchen Gehölzen auch in den Knospen.

Besonders wichtige sowie untypische Ausprägungen der Krankheit sind bei den jeweiligen Obstarten beschrieben: Apfel, Pfirsich, Erdbeere, Stachelbeere, Weinrebe und Haselnuss.

**Schadbild:** Weißer bis grauweißer, mehliger, abwischbarer Belag, hauptsächlich auf den Blattoberseiten, seltener auf den Unterseiten; teils auch auf Trieben, Knospen, Blüten und Früchten. Auf den Früchten teils netzartige und/oder verkorkte Flecken, zum Beispiel bei der Quitte.

**Zeitpunkt:** Ab Frühjahr, oft verstärkt im Spätsommer; an warmen Tagen mit kühleren Nächten.

**Abhilfe:** Trotz der etwas anderen Entwicklungsbedingungen helfen auch hier die allgemeinen Maßnahmen gegen Pilzkrankheiten (siehe S. 40). Von manchen Pflanzen werden resistente oder tolerante Sorten angeboten. Für Kernobst, Stachelbeere und Weinrebe sind auch verschiedene Pflanzenschutzmittel zugelassen.

## Rußtaupilze, Schwärzepilze

Diese Pilze ernähren sich vom zuckerhaltigen Honigtau, den pflanzensaugende Insekten wie Blattläuse und Weiße Fliegen ausscheiden. Sie siedeln sich auf den verklebten Pflanzenteilen an und bilden die typischen schwarzen Beläge. Rußtaupilze schädigen die Pflanzen nicht, sie können aber durch den dunklen Überzug die Photosynthese der Blätter stark beeinträchtigen.

Bei kleinen Bäumen und Kübelobst kann man stark verschmutzte Blätter mit handwarmem Wasser abwaschen. Früchte gründlich abwischen, am einfachsten mit einem feuchten Tuch. Sonst sind keine Maßnahmen nötig.

## Verticillium-Welke ⚠

Die Pilzarten Verticillium albo-atrum und V. dahliae haben einen sehr großen Wirtspflanzenkreis, zu dem auch Gemüse und andere krautige Pflanzen gehören, darunter die Erdbeere. Unter den Gehölzen werden manche Steinobstarten, zum Beispiel Aprikose und Kirschen, sowie Beerensträucher befallen; außerdem Ziergehölze wie Ahorn, Berberitzen und Flieder. Die Pilze dringen vom Boden aus über Wurzel- oder Wurzelhalsverletzungen in die Pflanzen ein und verstopfen die Leitungsbahnen.

**Schadbild:** Oft schlagartig auftretende Welkeerscheinungen an einzelnen Trieben oder Zweigpartien; Blätter fahl grün und schlaff. Bei nachfolgendem feuchtem Wetter teils vorübergehende Erholung. Raue, rissige Rindenpartien, teils mit Gummifluss. Schließlich Absterben von Trieben und Ästen, langfristig der ganzen Pflanze. Erkrankte Äste zeigen im Querschnitt kreisförmig angeordnete, grünbraune Verfärbungen.

**Zeitpunkt:** Meist im Frühsommer und Sommer.

**Abhilfe:** Bewährte Vorbeugungsmaßnahmen gegen Pilzkrankheiten (siehe S. 40) sind besonders wichtig, da keine direkte Bekämpfung möglich ist. Wegschnitt welkender Partien kann die Ausbreitung in der Pflanze verlangsamen, aber nicht auf Dauer aufhalten. Stark befallene Gehölze roden, mit so viel Wurzelwerk und angrenzendem Boden wie möglich.

### Rotpustelkrankheit

Der Erreger ist ein Wund- und Schwächeparasit, der etliche Laubgehölze befallen kann; recht häufig Johannis- und Stachelbeersträucher, außerdem Himbeere, Pflaume, Kirsche, Aprikose sowie alle Kern- und Nussobstarten. Unter den Ziergehölzen sind zum Beispiel Ahorne, Robinie, Hainbuche und Buchs betroffen.

Der Pilz entwickelt sich hauptsächlich auf totem Holz, sowohl am Boden (zum Beispiel Schnittgut, Aststümpfe) als auch auf abgestorbenen Teilen lebender Gehölze (zum Beispiel frostgeschädigte Triebe). Von dort aus greift er auch gesunde Partien an, wenn er Wunden und Aststummel zum Eindringen vorfindet.

**Schadbild:** Vereinzelt welkende, absterbende Jungtriebe. Andere Befallsstellen an der Rinde von Zweigen, Ästen und Stämmen werden meist erst deutlich, wenn im Spätjahr die kleinen, rundlichen, gelben bis rötlichen Fruchtkörper an der Oberfläche erscheinen. Bei Sträuchern bilden sich an der Basis violettrote, kugelige Fruchtkörper. Teils Absterben von Teilen oberhalb der Befallsstellen.

**Zeitpunkt:** Triebwelke ab Frühsommer; Pusteln im Herbst.

**Abhilfe:** Gute Wasser- und Nährstoffversorgung sowie sachgerechter Baumschnitt vermindern die Anfälligkeit. Durch Frost, Wind und andere Einflüsse geschädigte, abgebrochene und dürre Triebe und Äste sauber und ohne Stummel herausschneiden; größere Wunden mit Wundverschlussmittel verstreichen. Erkrankte Teile bis ins gesunde Holz zurückschneiden, Schnittgut umgehend entfernen.

### Monilia-Fruchtfäule ✖️

Mehrere Schaderreger können Fruchtfäulen hervorrufen. Aber das sind meist „Experten", die nur an verwandten Arten vorkommen. Anders die Monilia-Fäule, die hauptsächlich durch den Pilz Monilia fructigena hervorgerufen wird: Sie tritt an fast allen Baumobstarten auf, sei es Apfel, Kirsche

**Monilia-Fruchtfäule**
Besonders Kirschliebhabern
unangenehm bekannt, befällt
die Monilia-Fruchtfäule auch
viele andere Baumobstarten.

oder Aprikose. Die Haselnuss-Monilia dagegen ist spezialisiert und befällt weder Kern- noch Steinobst (siehe S. 177).

An der Fruchtfäule ist teils auch der Erreger Monilia laxa beteiligt. Der hat aber noch mehr Bedeutung als Blüten- und Triebschädiger beim Steinobst. Er verursacht die Blüten-Monilia (braune, welke Blütenbüschel) und – vor allem an Sauerkirschen – die Zweig-Monilia oder Spitzendürre (Absterben der Triebspitzen). Beide Schäden sind bei den Kirschen ausführlicher beschrieben. An Kernobst tritt die Blüten-Monilia bisher nur selten auf.

Von der Frucht-Monilia können Früchte in jeder Entwicklungsphase befallen werden, besonders anfällig sind sie aber während der Reife. Wenn dann noch Fruchtschädlinge, Hagel oder wetterbedingtes Aufplatzen der Früchte Eintrittspforten schaffen, wird das Risiko besonders groß. Sogar Früchte, die sich berühren, können sich gegenseitig infizieren. Die Erreger überwintern auf eingetrockneten Fruchtmumien am Baum, erkranktem Fallobst und befallenen Zweigen.

**Schadbild:** Auf den Früchten runde Faulstellen, die sich rasch ausbreiten; später konzentrische Kreise aus weißlichen bis graugelben Sporenlagern; Früchte fallen vorzeitig ab oder bleiben als eingetrocknete Fruchtmumien am Baum hängen. Spät infizierte Äpfel und Birnen bei der Lagerung mit schwärzlicher Fäule.

**Zeitpunkt:** Ab Fruchtbildung, meist kurz vor der Reife.

**Abhilfe:** Bei Neupflanzungen nach widerstandsfähigen Sorten erkundigen. Sehr dichten Fruchtbehang (bei Apfel, Birne, Pflaume, Pfirsich) Ende Juni ausdünnen. Verletzungen an den Früchten vermeiden. Nach einem Befall erkrankte Triebe bis ins gesunde Holz zurückschneiden; Fruchtmumien am Baum oder auf dem Boden entfernen. Für Pflaumen und Kirschen sind Mittel mit dem Wirkstoff Fenhexamid zugelassen.

### Holzzerstörende Baumpilze ⚠️

Zu dieser Kategorie gehören der Bleiglanz (siehe S. 34), der sich schon durch Blattverfärbungen bemerkbar macht; die Rotpustelkrankheit (siehe S. 37), die sich häufig bereits

an den Jungtrieben verrät; und der Obstbaumkrebs an Apfel und Birne (siehe S. 92),
den man fast nur an den Ästen und Stämmen entdeckt. Weitere gefährliche Erreger
sind Baumschwämme und Hallimasch, die
ebenso wie der Bleiglanz auffällige Pilzkörper am Holz bilden.

Baumschwämme erkennen Sie an ihren
meist konsolenartigen, seltener hutförmi-
gen Fruchtkörpern. Verbreitete Arten sind
zum Beispiel Zunderschwamm, Feuer-
schwamm und Schwefelporling. Sie können
sich auf abgestorbenen Bäumen entwickeln,
dringen aber auch über Wunden in lebende
Äste und Stämme ein, besonders bei ge-
schwächten Gehölzen. Im Innern zersetzen
sie dann allmählich das Holz.

Hallimasch-Pilze können jahrelang
„friedlich" auf totem Holz oder an Wurzel-
resten im Boden leben. Werden jedoch lebende Gehölze geschwächt, zum Beispiel
durch Trockenheit oder Schädlinge, dringen
sie zielstrebig über die Wurzeln oder über
Wunden ein. Sie breiten sich zwischen Rinde und Holzkörper aus und führen recht
schnell zum Absterben des Gewebes. Die
Pilzhüte zeigen sich erst einige Zeit nach der
Infektion. Von den infizierten Wurzeln aus
kann der Hallimasch im Boden weiterwach-
sen und benachbarte Gehölze infizieren.

**Schadbild:** Baumschwämme: Am Stamm
oder an starken Ästen ungestielte, hut-, kis-
sen- oder lappenartige Pilzkörper; oft grau,
beige oder weißlich, teils auch gelb, orange,
rot oder mehrfarbig gestreift. Im Innern zer-

# HÄTTEN SIE'S GEWUSST?

Hallimasch-Pilze kommen
an fast allen Strauch- und
Baumarten vor.

Früher kannte man nur
„den" Hallimasch. Mittlerweile unterscheiden Pilz-
experten in Europa sieben
Hallimasch-Arten.

An Obstbäumen und
anderen Laubgehölzen
tritt hauptsächlich der Honig-
gelbe Hallimasch (Armillaria
mellea) auf.

Sein Name gibt die Farbe
der entfalteten Hüte treffend
wieder. Die Hutmitte ist
oft dunkel. Er wächst meist
büschelig, mit langen, weiß
beringten Stielen.

# Pilzkrankheiten vorbeugen

☐ Krankheitsverdächtige Pflanzen nicht weiter vermehren; nur gesundes Pflanzgut verwenden.

☐ Resistente und tolerante Sorten wählen, soweit verfügbar.

☐ Gehölze und Erdbeeren am besten nicht dort pflanzen, wo zuvor Pflanzen derselben Art wuchsen.

☐ Böden verbessern: Schwere, zu Vernässung neigende Böden gründlich lockern und mit Sand und Kompost durchlässiger machen.

☐ Humusgehalt erhöhen, um Gegenspieler im Boden zu fördern; besonders bei „armen" sandigen und tonreichen Böden (siehe S. 15).

☐ Luftige Verhältnisse fördern, damit die Blätter und Zweige schnell abtrocknen: Bei Erdbeeren und Gehölzgruppen auf ausreichende Pflanzabstände achten; Baumkronen und Sträucher immer wieder auslichten.

☐ Unnötige Verletzungen vermeiden, um keine Eintrittspforten für Pilze zu schaffen.

☐ Wundverheilung fördern: Nur mit gut geschärften Scheren und Sägen arbeiten, Schnitt- und Sägewunden an den Rändern sauber nachschneiden, größere mit Wundverschlussmittel verstreichen.

☐ Direkt in den Wurzelbereich gießen; am besten vormittags oder früh abends, damit Bodenoberfläche und Pflanzen bis zur kühleren Nacht abtrocknen können.

☐ Auf eine ausgewogene Düngung achten, vor allem keine übermäßige Stickstoffdüngung (siehe S. 91).

☐ Stärkende Mittel einsetzen, zum Beispiel Zubereitungen aus Knoblauch und Ackerschachtelhalm (siehe S. 192 f.) oder käufliche Pflanzenstärkungsmittel; diese frühzeitig und mehrmals ausbringen, besonders bei und nach feuchtem Wetter.

☐ Alle Infektionsquellen beseitigen: Schon bei einem Befallsverdacht abgefallene Blätter und Früchte gründlich vom Boden entfernen, ebenso noch am Baum hängende Fruchtmumien.

störtes, dunkelbraunes oder stark aufgehelltes Holz.

Hallimasch: Gehemmter Wuchs, wenig Neuaustrieb, absterbende Triebe und Äste. Beim Ablösen der Rinde werden weiße, fächerartige Myzelstränge sichtbar. Im Herbst erscheinen Fruchtkörper am Stammfuß oder daneben am Boden: meist mit gelben Hüten, teils auch mit braunen oder rötlichen, unterseits mit Lamellen, und mit langen, meist schlanken, beringten Stielen. Bei Hallimasch-Befall sterben die Gehölze teils schon recht bald ab; bei Baumschwämmen kann das viele Jahre dauern.

**Zeitpunkt:** Ganzjährig; Hallimasch-Pilzkörper ab Herbst.

**Abhilfe:** Vorbeugend hilft grundsätzlich alles, das ein gesundes Wachstum unterstützt, angefangen bei der Standortwahl und Bodenvorbereitung (siehe auch links „Pilzkrankheiten vorbeugen").

Fruchtkörper von Baumschwämmen wegschneiden. Wenn nur einzelne Äste befallen sind, diese bis ins gesunde Holz zurückschneiden. Stark vom Hallimasch befallene Bäume lassen sich nicht retten und müssen gerodet werden, möglichst mit komplettem Wurzelwerk.

# Viren, Bakterien, Phytoplasmen

Viren, Bakterien und die bakterienähnlichen Phytoplasmen rufen nur eine überschaubare Zahl an Krankheiten hervor. Aber die sind oft besonders tückisch.

**Steinfrüchtigkeit,** Feuerbrand, Wurzelkropf, Birnenverfall, Hexenbesen: Schon die Namen deuten auf die sehr unangenehmen Auswirkungen hin. Das Fatale daran ist, dass man nach einem Befall kaum noch etwas machen kann und in den meisten Fällen die Gehölze komplett entfernen sollte, bevor sie weitere anstecken.

Oft ist es ratsam, sich mit dem Pflanzenschutzdienst beziehungsweise mit der Gartenakademie seines Bundeslands in Verbindung zu setzen, wenn ein begründeter Verdacht auf solche Krankheiten besteht. Manche sind sogar meldepflichtig, so der Feuerbrand, der schon komplette Obstanlagen vernichtet hat.

**Apfelmosaikvirus**
Mosaikviren führen nicht immer zu gesprenkelten, klein gescheckten Blättern. Sie können auch große, flächige Flecken hervorrufen.

## Viren als Krankheitserreger

Viruskrankheiten (Virosen) treten an zahlreichen Pflanzen auf, besonders häufig und vielfältig bei Gemüse und Blumen. Aber auch Obstgehölze und Erdbeeren leiden unter Viren; dies teils mit gravierenden Folgen, etwa bei der Stecklenberger Krankheit der Sauerkirsche.

Viren sind keine wirklichen Lebewesen, denn sie bestehen lediglich aus einer Erbsubstanz (Nukleinsäure) und einem Proteinmantel als Schutzhülle. Da sie keinen eigenen Stoffwechsel haben, sind sie auf die lebenden Zellen von Wirtspflanzen angewiesen. Sie können nicht selbst in intaktes Pflanzengewebe eindringen. Dafür brauchen sie meist die Hilfe von saugenden Schädlingen. Das sind vor allem Blattläuse, bei einigen Obst-Virosen auch Nematoden (Älchen) oder Zikaden. Beim Obst spielt aber auch die Vermehrung eine große Rolle: Häufig werden Viren beim Veredeln übertragen, ebenso beim Vermehren über Ableger, Ausläufer, Stecklinge oder Samen. Teils verbreitet man sie auch durch Pflanzensafttröpfchen an Gartenwerkzeug und an den Händen.

Virosen verursachen oft ähnliche Schadbilder wie Pilzkrankheiten, etwa Flecken auf Blättern und Früchten. Mosaikviren präsentieren sich teils mit einer deutlichen, hell–dunklen mosaikartigen Blattscheckung. Oft sind die Blätter aber auch nur gelblich, verbräunt oder schwach gefleckt. Virentypisch sind außerdem ringförmige Blattflecken, zum Beispiel bei Himbeere, Johannisbeere, Erdbeere, Pflaume und Kirsche. Beim Beerenobst sind die Blätter teils so gekräuselt, dass man auch Blattläuse vermuten könnte. Früchte werden nur von manchen Virosen geschädigt, sind dann oft gefleckt oder auch stark deformiert.

Apfel- und Himbeermosaikvirus haben jeweils einen größeren Wirtspflanzenkreis. Die anderen Viruskrankheiten sind meist auf einzelne Obstarten spezialisiert.

### → Spezialisierte Viruskrankheiten

Nähere Beschreibungen finden Sie bei den jeweiligen Obstarten: Apfelmosaikvirus (siehe S. 78), Steinfrüchtigkeit der Birne (siehe S. 86),

**Wurzelkropf**
Die Bakterien befallen Rosen ebenso wie Apfel, Pflaume oder Himbeere. Typisch sind die blumenkohlartigen Wucherungen an der Basis

Scharkakrankheit der Pflaume (siehe S. 100), Stecklenberger Krankheit der Sauerkirsche (siehe S. 109), Pfeffinger Krankheit der Süßkirsche (siehe S. 109), Kräusel- und Mosaikviren der Erdbeere (siehe S. 134), Brennnesselblättrigkeit der Johannisbeere (siehe S. 147), Himbeerringfleckenvirus (siehe S. 109), Himbeermosaikvirus (siehe S. 150).

## Was tun gegen Viren?

Ein direktes Bekämpfen ist nicht möglich; denn dann müssten auch die Wirtszellen abgetötet werden, also die Pflanzen selbst. Da kann man nur vorbeugen, indem man auf einwandfreie Qualitäts-Pflanzware achtet. Teils wird auch ausdrücklich virusfreies Pflanzgut angeboten, zum Beispiel bei Erdbeeren und Himbeeren. Vermehren Sie Pflanzen, beispielsweise Beerensträucher, nur dann selbst, wenn sie „kerngesund" sind.

Blattläuse als potenzielle Virenüberträger komplett auszuschalten, ist in der Praxis kaum möglich und zudem in einem lebendigen Garten unsinnig. Vielmehr empfiehlt sich alles, was das Auftreten von Blattläusen gering hält, besonders das Fördern von Nützlingen und die überhöhte Stickstoffdüngung zu vermeiden. Bei starkem Blattlausbefall ist es allerdings ratsam, früh und gezielt einzugreifen; ebenso in Obstbauregionen, in denen die gewählte Baumart häufig angebaut wird. Das gilt erst recht, wenn sich an einer Pflanze bereits Symptome gezeigt haben, die möglicherweise auf Viren hindeuten. Ist eine Pflanze eindeutig erkrankt, sollte man sie komplett entfernen, um einer weiteren Ausbreitung vorzubeugen – auch wenn das bei Gehölzen besonders schwerfällt. Geben Sie die Pflanzenreste nicht zum Kompost.

Desinfizieren Sie nach Arbeiten an befallenen oder befallsverdächtigen Pflanzen die Gartengeräte und Schnittwerkzeuge mit hochprozentigem Alkohol oder durch Hitze (Abflammen).

## Bakterien als Krankheitserreger

Bakterien sind anders als die Viren „echte" Lebewesen: mikroskopisch klein, einzellig, mit fester Zellwand. Sie können sich durch Zellteilung sehr rasch vermehren. Im Boden und Kompost leisten unzählige Bakterien wertvolle Arbeit: beim Abbau organischer Substanz und beim Umwandeln von Nährstoffen für die Pflanzen.

Manche Bakterien befallen allerdings lebende Pflanzen und können diese stark schädigen. Gerade beim Obst treten einige gefürchtete Bakterienkrankheiten auf. Viele (aber nicht alle) Bakterien verursachen eine deutliche Schleimbildung. Dieser Schleim verstopft teils die Leitgefäße der Pflanzen und tritt manchmal auch in Tröpfchenform aus – ein starker Hinweis darauf, dass es sich um Bakterien handelt und nicht um eine Pilzkrankheit.

Die Erreger gelangen über die Spaltöffnungen der Blätter oder über Wunden in die Pflanzen, teils auch über die Wurzelhaare. Sie können sich schon durch eine sogenannte Schmierinfektion ausbreiten: Nach Berühren kranker Pflanzen übertragen Menschen und Tiere die Bakterien auf gesunde Pflanzen; bereits ein Kontakt zwischen benachbarten Blättern kann genügen. Die Übertragung erfolgt außerdem über Schnittwerkzeug und Gartengeräte sowie Wasserspritzer und Wind. Nasse Blattoberflächen und hohe Luftfeuchte fördern meist die Vermehrung und Ausbreitung.

Ein wahrer „Universalist" unter den Bakterienkrankheiten ist der Wurzelkropf (Agrobacterium tumefaciens und verwandte Arten). Er kommt an Hunderten von Pflanzen vor, an krautigen wie an Gehölzen. Zu seinen bevorzugten Wirtspflanzen zählen Rosen; beim Obst Apfel, Birne, Pflaume, Kirschen, Himbeere, Brombeere sowie Weinrebe (bei dieser als „Mauke" bekannt). Am Wurzelhals oder an der Triebbasis sowie an Wurzeln bilden sich erbsen- bis faustgroße, blumenkohlartige Wucherungen, die anfangs hell und weich sind; später braun, fest und verholzend, mit rauer Oberfläche. Teilweise führt das zum Absterben der gesamten Pflanze.

Stärker spezialisiert sind der noch gefährlichere Feuerbrand, der nur Kernobst samt Verwandten befällt (siehe S. 41, 88), der Bakterienbrand, der hauptsächlich Steinobst schädigt (siehe S. 90, 110), aber auch Kernobst, die Eckige Blattfleckenkrankheit der Erdbeere (siehe S. 132), der Kiwikrebs (siehe S. 166) und diverse Bakterienkrankheiten der Haselnuss (siehe S. 174).

## Was tun gegen Bakterien?

Kupferhaltige Spritzmittel, die gegen manche Pilzkrankheiten zugelassen sind, zeigen teils einen Nebeneffekt gegen Bakterienkrankheiten. Sie sind aber keine verlässlichen „Heilmittel". Anders als bei Viren können hier Pflanzenstärkungsmittel das Infektionsrisiko ein wenig mindern.

Ansonsten bleiben einem die auch bei Viren und Pilzkrankheiten bewährten Vorbeugungsmaßnamen:

▶ Gehölze nur dort pflanzen, wo zuvor keine Pflanzen derselben Art wuchsen.

▶ Nur gesunde, einwandfreie Pflanzware verwenden.

▶ Schwere, zu Vernässung neigende Böden gründlich lockern und verbessern.

▶ Unnötiges Vernässen der Pflanzen vermeiden und auf alles achten, das ein Abtrocknen der Blätter nach Regenfällen fördert; vom Gießen am Vormittag oder frühen Abend bis zum Auslichten dichter Baumkronen und Sträucher.

▶ Nach dem Arbeiten an befallenen oder befallsverdächtigen Pflanzen alles Werkzeug desinfizieren, mit hochprozentigem Alkohol oder durch Hitzebehandlung.

Falls es sich eindeutig um eine Bakterienkrankheit handelt, sollte man „in den sauren Apfel beißen" und befallene Gehölze sicherheitshalber komplett roden. Feuerbrand ist ohnehin meldepflichtig (siehe S. 41), ebenso die Eckige Blattfleckenkrankheit der Erdbeere (sie S. 132).

Beim Entfernen befallener Pflanzen alle Reste sehr gründlich entfernen und möglichst auch das gesamte Wurzelwerk sorgfältig ausgraben (nicht zum Kompost geben).

## Phytoplasmen

Als Phytoplasmen werden spezielle Bakterien bezeichnet, die zu den kleinsten lebenden Organismen gehören. Sie sind auch unter dem noch sperrigen Namen „mykoplasmenähnliche Organismen (MLO)" bekannt. Anders als sonstige Bakterien besitzen sie keine feste Zellwand und haben einen sehr reduzierten Stoffwechsel, sodass sie stark auf ihre jeweiligen Wirtspflanzen angewiesen sind – fast schon wie die Viren. Phytoplasmen breiten sich über die Leitungsbahnen in Trieben und Blättern der ganzen Pflanze aus. Übertragen werden sie vor allem durch Schädlinge wie Blattsauger und Zikaden.

Phytoplasmen sind oft auf bestimmte Arten spezialisiert. Krautige Pflanzen, darunter Wildkräuter wie Brennnesseln, dienen ihnen hauptsächlich als Zwischenwirte. Die Symptome sind vielfältig und abhängig von der Wirtspflanze.

Bislang kommen an Obst vor allem drei Krankheitsbilder vor, die auch in Hausgärten auftreten: die Apfeltriebsucht („Hexenbesen"; siehe S. 94), der Birnenverfall (siehe S. 94) und die Verzwergung von Him- und Brombeere (siehe S. 152).

Für die Vorbeugung und Maßnahmen bei Befall gilt das bei den Bakterien Gesagte.

# Verbreitete Schädlinge

Manche Schädlinge sind wenig wählerisch und an mehreren Obstarten verbreitet – aber nicht unbedingt häufig. Denn beim Obst hat man es unterm Strich öfter mit „Spezialisten" zu tun.

**Fraß- und Saugschäden erkennen**
Bestimmte Schädlinge sind kaum zu übersehen, beispielsweise Raupen, die tagsüber an den Blättern fressen, oder in den Früchten sitzende Maden. Doch auch unauffälligere Mitesser erkennt man häufig an der Art des „Nahrungserwerbs". Oft handelt es sich um die Larven, zu denen auch Raupen und Maden zählen. Aber viele ausgewachsene Tiere, ob winzige Milben oder kleinere und größere Käfer, wissen die Vorzüge der Obstpflanzen ebenfalls zu schätzen. Grundsätzlich unterscheidet man:

▸ **Beißende Schädlinge** wie Käfer, Fliegenmaden und Schmetterlingsraupen. Sie fressen an den Pflanzen und hinterlassen oft charakteristische Schäden, etwa Loch-, Kerb-, Fensterfraß, „angestochene" und angebohrte Blüten und Früchte oder helle Gänge in den Blättern.

▸ **Saugende Schädlinge** wie Blattläuse und Spinnmilben. Sie stechen das Pflanzengewebe mit einem Saugrüssel oder Stachel an, um an den Zellsaft zu kommen. Das zeigt sich oft an zahlreichen hellen Pünktchen, gekräuselten Blättern oder verkrüppelten Früchten. Manche

versttecken sich auch unter Schilden und bilden krustige Beläge auf Ästen und Zweigen.

Wenn man sich ein wenig mit den verbreiteten, nebenstehend gezeigten Schadbildern vertraut macht, kann man so manch merkwürdige Erscheinung besser einordnen. Gerade bei Saugschäden (1 bis 3), Schabe- und Fensterfraß (7 und 8) sowie Minierfraß (11 und 12) stehen nicht wenige Gärtner erst einmal vor einem Rätsel.

Allerdings geraten auch Experten öfter ins Grübeln, etwa bei den meist schwer zu identifizierenden Nematoden (siehe S. 129). Und wenn man unterirdisch fressende Schädlinge wie Drahtwürmer (siehe S. 69) und Engerlinge (siehe S. 68) nicht auf frischer Tat ertappt, kann man oft nur vermuten, wer's nun tatsächlich war.

Wurde die Obsternte stark durch Schädlinge strapaziert, atmen viele Gärtner auf, wenn sich ein richtig kalter Winter einstellt. Man hofft dann darauf, dass die Fröste viele Plagegeister dahinraffen – und wird häufig enttäuscht, weil nach den ersten warmen Frühlingstagen bald wieder das große Fressen und Saugen losgeht. Tatsächlich sind die

## Charakteristische Saug- und Fraßschäden durch Insekten und andere Tiere

**1** Saugschaden: helle Punkte und Sprenkel **2** Saugschaden: Kräuselung und „Reißlöcher" **3** starke Verkrüppelung **4** Blattrandfraß **5** Lochfraß **6** Schabefraß, (Oberfläche abgeschabt) **7** Minierfraß mit Minengängen **8** Fensterfraß (eine Außenhaut bleibt stehen) **9** Skelettierfraß (Blattadern bleiben stehen) **10** angebohrte Früchte **11** Fraßgänge in Früchten **12** Bohrfraß in Trieben **13** Maden oder Raupen und Kotreste in Früchten

**Frostspanner**
Kleine Frostspanner sind unauffällige Falter. Die gefräßigen Raupen machen einen typischen „Katzenbuckel".

Überwinterungsstadien etlicher Schaderreger (etwa Wintereier oder Puppen) sehr frostresistent und überdauern oft geschützt im Boden oder in Borkenritzen. Manche erwachsenen Insekten vermögen bei Kälte ihren Stoffwechsel völlig herunterzufahren und Glykol als natürliches Frostschutzmittel zu bilden, das sie in ihren Zellen einlagern.

**❝ Milde Winter lassen Schädlingspopulationen ansteigen. Der Umkehrschluss aber, dass kalte Winter die Schädlinge zum Absterben bringen, ist jedoch so nicht zutreffend.**

Aus einer Infoschrift der Landwirtschaftskammer Schleswig-Holstein

In den häufig sehr warmen Frühlingswochen holen Schädlinge einen frostbedingten „Winterrückstand" rasch wieder auf. Außerdem werden ihre Gegenspieler, die Nützlinge, durch Tiefsttemperaturen ebenso eingeschränkt. Diese brauchen zudem eine gewisse Zeit, um in ihrer Entwicklung nachzuziehen: Schließlich muss es erst wieder Schädlinge zum Fressen geben. Etwas anders verhält es sich mit problematischen Zuzüglern aus dem Süden sowie eingeschleppten Schaderregern, seien es Kirschessigfliege, Maulbeerschildlaus oder Kalifornischer Blütenthrips. Sie profitieren sehr von milden Wintern und haben bislang noch kaum Kontrahenten, die sie im Zaum halten könnten.

Alles in allem dürfen Sie besonders dann auf einen ungetrübten Start ins neue Gartenjahr hoffen, wenn sich über Winter mehrmals ausgeprägt kalte und warmen Phasen abwechseln: Das setzt den Schädlingen am stärksten zu.

### Frostspanner ❊

Von diesen Schmetterlingen gibt es zwei Arten, die an Obst- und Ziergehölzen auftreten, den Kleinen und den Großen Frostspanner. Die Falter fliegen im Herbst zur

Zeit der ersten Nachtfröste, deshalb der Name. Das „Spannen" bezieht sich auf die typische Fortbewegung der Raupen, die sich durch katzenbuckelartiges Anspannen und Strecken vorwärts schieben.

Der Kleine Frostspanner ist häufiger und verursacht meist auch stärkere Schäden, besonders an Apfel und Kirsche. Die männlichen Falter haben rund 2,5 cm Flügelspannweite und sind graubraun mit dunklen Wellenlinien. Die Raupen sind grün mit hellen Seitenstreifen und um 2,5 cm lang. Beim Großen Frostspanner, der auch Beerensträucher befällt, werden sowohl die gelbroten Falter als auch die rotbraunen Raupen gut 1 cm größer. Bei beiden können nur die Männchen fliegen – die Flügel der Weibchen sind zu kurzen Stummeln zurückgebildet.

Während die Männchen im Herbst ausfliegen, kriechen die Weibchen zur Paarung an den Stämmen hoch in die Baumkronen. Dort legen sie ihre anfangs hellgrünen, später rötlichen Eier (bis zu 300) in Rindenritzen oder nahe an Knospen ab. Im Frühjahr schlüpfen die Raupen und beginnen mit dem Fraß an Blättern und Knospen. Gegen Anfang Juni lassen sie sich an einem Spinnfaden zum Boden herab und verpuppen sich. Die Puppen ruhen in Kokons im Boden, bis sie sich im Spätherbst in neue Falter verwandeln.

**Schadbild:** Lochfraß an Knospen, Blüten und jungen Blättern; teils auch Kahlfraß, nach dem nur die zusammen gesponnenen Mittelrippen stehen bleiben. Später ausgehöhlte, löffelartig ausgefressene Früchte; oder Früchte mit Vertiefungen und verkorkten Stellen; oft vorzeitig abfallend.

**Zeitpunkt:** Ab dem Austrieb im Frühjahr bis zum Frühsommer.

**Abhilfe:** Ab Mitte Oktober Leimringe zum Abfangen der hochkriechenden Weibchen dicht um die Stämme legen, ebenso um Stützpfähle; diese bis März belassen, über Winter überprüfen und, wenn nötig, erneuern. Zur Bekämpfung der Raupen, am besten bald nach dem Schlüpfen, sind biologische Bacillus-thuringiensis-Präparate zugelassen; außerdem chemische Mittel mit dem Wirkstoff Thiacloprid.

## Blattläuse

Blattläuse treten in zahlreichen Arten an etlichen Nutz- und Zierpflanzen auf. Manche sind auf wenige Pflanzen spezialisiert, andere haben ein gewaltiges Wirtsspektrum. Größere Bäume verkraften einen Befall oft problemlos; junge Gehölze, kleine Baumformen und Sträucher werden teils stärker beeinträchtigt. Blattläuse können auch durch Übertragen von Viruskrankheiten gefährlich werden.

Von den im Schnitt nur 2–3 mm großen Insekten kommen je nach Jahreszeit ungeflügelte und geflügelte Formen vor. Sie sind grün, schwarz, grau, braun, gelb oder rötlich. Mit ihrem Saugrüssel stechen sie die Leitungsbahnen der Pflanzen an, vorzugsweise an jungen Blättern, Triebspitzen und Knospen. Was sie nicht verdauen können, schei-

**Blattsauger**
Grüne Pfirsichblattläuse.
Im Detailbild links:
ungeflügelte Laus mit
Jungläusen, rechts:
geflügelte Laus

den die Läuse als zuckerhaltigen, klebrigen Saft aus, als sogenannten Honigtau. Darauf siedeln sich oft Rußtaupilze an.

Die Grüne Pfirsichblattlaus ist nicht nur die häufigste und eine der vermehrungsfreudigsten Lausarten – sie gilt auch als Überträgerin von weit über 100 Viruskrankheiten. Sie überwintert am namengebenden Pfirsich und verwandten Bäumen. Der Pfirsich selbst wird allerdings nur bis zum Frühsommer geschädigt: Denn dann wechseln die Läuse auf ihre Sommerwirte, zu denen über 400 krautige Pflanzen zählen, darunter Gemüse, Blumen und Wildkräuter. Auf diesen bilden sich bis zu zwölf Generationen meist ungeflügelter Läuse.

Zum Herbst hin nehmen die geflügelten Exemplare zu und wechseln wieder zum Pfirsich. Dort legen die nun rötlich gefärbten Weibchen ihre frostharten Eier an den Knospen ab. Im Frühjahr beginnen die Larven an den Pfirsichblättern zu saugen und entwickeln sich rasch zu lebend gebärenden, ungeflügelten „Stammmüttern". Schließlich folgen geflügelte Läuse für den nächsten Wechsel auf die Sommerwirte.

Ähnlich verläuft die Entwicklung anderer Blattlausarten. Manche bleiben allerdings das ganze Jahre über am selben Baum oder Strauch. Im Obstgarten hat man es vor allem mit spezialisierten Arten zu tun, zum Beispiel mit den grauen Mehligen Apfel- und Birnenblattläusen, der kugeligen, käferähnlichen Schwarzen Kirschblattlaus oder der gelbgrünen Johannisbeerblattlaus.

**Schadbild:** Besonders an jungen Trieben sind die Blätter stark gekräuselt, eingerollt oder blasig aufgetrieben; Blätter vergilbend, bei starkem Befall braun und welk. Teils gestauchte Jungtriebe sowie deformierte Triebspitzen, Knospen, Blüten und junge Früchte. Klebrige, oft schwärzliche Beläge, vor allem auf den Blättern, teils auch auf Früchten. Läuse häufig in Kolonien auf Blattunterseiten, an Triebspitzen und Knospen. Oft zahlreiche Ameisen im Umfeld der Lauskolonien.

**Zeitpunkt:** Ab dem Austrieb, hauptsächlich im Frühsommer; vor allem in warmen, trockenen Wochen.

**Abhilfe:** Vorbeugend übermäßige Stickstoffdüngung vermeiden, auf ausreichende

Wasserversorgung achten. Vorzugsweise nützlingsschonende Pflanzenschutzmittel wählen, zum Beispiel auf Kaliumseifen- oder Rapsölbasis. Ansonsten Läusekolonien abstreifen oder mit Wasser abspritzen, stark befallene Pflanzenteile entfernen.

## Knospenwickler

Roter und Grauer Knospenwickler treten an fast allen Obstarten als Gelegenheitsschädlinge auf, wohl am häufigsten an Apfel und Birne. Es handelt sich um etwa zentimetergroße Falter mit 1,5–2 cm Flügelspannweite, graubraun bis schwärzlich und mit weißen Partien auf den Flügeln, besonders ausgeprägt beim Roten Knospenwickler. Der Rote Knospenwickler wurde offensichtlich nach seinen rotbraunen, bis 12 mm langen Raupen mit schwarzem Kopf benannt. Die Raupen des Grauen Knospenwicklers sind dunkelgrün, ebenfalls schwarzköpfig und erreichen bis 2 cm Länge.

Die noch kleinen Jungraupen überwintern unter Knospenschuppen, in Rindenrissen und Zweigachseln, geschützt durch dichte Gespinste. Im Frühjahr dringen sie in die Knospen ein oder fressen an jungen Trieben, auch hier unter Gespinsten, die nun die befallenen Pflanzenteile umgarnen. Nach dem Verpuppen im Frühsommer fliegen zwischen Ende Mai und August die Falter und legen ihre Eier auf den Blättern ab. Die neuen Räupchen fressen dann vor der Winterpause noch ein wenig an Blättern und Früchten, ohne groß zu schaden.

**Schadbild:** Knospen fest mit hellen Fäden versponnen, treiben nicht aus, vertrocknen, ebenso junge Blätter; besonders an den Triebspitzen. Knospen, Blüten und Blätter angefressen. Auf Früchten teils punktartige Schabestellen, die verkorken.
**Zeitpunkt:** Ab Austriebsbeginn.
**Abhilfe:** Stark befallene Triebteile entfernen. Werden ab Blühbeginn Bacillus-thuringiensis-Präparate oder andere zugelassene Mittel gegen Frostspanner und Fruchtschalenwickler eingesetzt, erfassen sie meist auch die Knospenwickler.

## Fruchtschalenwickler

Fruchtschalenwickler sind hell- bis graubraune, teils auch rötlich braune Schmetterlinge mit rund 2 cm Flügelspannweite. Ihre gelb- bis dunkelgrünen, etwa 2 cm langen Raupen fressen an Blättern, Knospen und Früchten fast aller Obstpflanzen.

Die wichtigste Art (Adoxophyes orana) ist auch als Apfelschalenwickler bekannt – nicht zu verwechseln mit dem Apfelwickler (siehe S. 83, 125), der mit seinen Maden in den Früchten für großen Verdruss sorgt, die Blätter aber kaum schädigt. Die Apfelschalenwickler fliegen erstmals ab Ende Mai, eine zweite Generation dann im Spätsommer. Andere Schalenwickler (vor allem verschiedene Pandemis-Arten) bringen es nur zu einer Generation und befallen neben Baumobst auch Beerensträucher.

Die Schalenwickler überwintern meist als Raupen in Gespinsten an Ästen und Zwei-

**Blattwanzen**
Mit dem Wachstum der Blätter reißen
die Saugstellen zu Löchern auf. Detailbild:
Grüne Futterwanze

gen, teils auch an Fruchtmumien. Diese „Überwinterer" verursachen dann auch schon zeitig die ersten Schäden.

**Schadbild:** An jungen Blättern der Triebspitzen Lochfraß von der Unterseite her; die Blattoberhaut bleibt oft stehen. Zerfressene Knospen und Blüten. Zunehmend stärkerer Fraß an Blättern, die oft zusammengesponnen oder -gefaltet werden, um die Raupen zu verbergen. Später an den Früchten kleine, flache Fraßmulden, die verkorken; teils auch nadelstichartige Fraßstellen; Früchte teils zusammengesponnen; oft faulend.

**Zeitpunkt:** Erster Blattfraß oft schon bald nach dem Austrieb.

**Abhilfe:** Im Winter die Gehölze auf Raupengespinste kontrollieren. Ab dem Austrieb die Raupen nach Möglichkeit ablesen oder frühzeitig mit Bacillus-thuringiensis-Präparaten bekämpfen. Zusammengesponnene Blätter entfernen, später dann auch befallene Früchte und das Fallobst.

## Baum- und Blattwanzen

Die bekannteste Vertreterin der meist flachen, eckig geformten Wanzen ist die rot-schwarze Feuerwanze. Sie kommt öfter im Garten vor, ist aber völlig harmlos. Dasselbe gilt für die Graue Gartenwanze, die zuweilen in Häuser eindringt. Sie gehört zu den recht großen, 10–16 mm langen, käferartigen Baumwanzen – und wie viele dieser Tiere zu den „Stinkwanzen", die im Falle eines Angriffs unangenehme Gerüche verströmen. Die graubraune Marmorierte Baumwanze sieht der Grauen Gartenwanze recht ähnlich, ist aber für Pflanzen gefährlicher. Diese ostasiatische Art wurde in neuerer Zeit über die USA nach Europa eingeschleppt. Sie kann fast alle Obstgehölze befallen, außerdem zahlreiche Zier- und Forstgehölze sowie Gemüse, und die Früchte stark verunstalten.

Die zu den Weichwanzen zählenden Blattwanzen sind kleiner, 5–10 mm lang, flach schildförmig, meist graugrün, grün oder braun gefärbt und sehr beweglich. Als Schädlinge treten hauptsächlich die Nordische Apfelwanze, die Grüne Futterwanze und die Trübe Feldwanze auf, dies vor allem an Apfel, Birne, Kirsche und Erdbeere. Die Schäden beschränken sich meist auf die Blätter.

**Miniermotten**
Die kleinen Raupen fressen in den Blättern. Das zeigt sich in hellen bis braunen, rundlichen Platzminen oder geschlängelten Linien.

Eine stärker spezialisierte Art ist die Haselnusswanze (siehe S. 175).

Blattwanzen sind tagsüber nur schwer an den Pflanzen zu finden, da sie sich bei Berührung sofort fallen lassen. Außerdem haben sie oft schon zu ihren Sommerwirten (meist krautige Pflanzen) übergewechselt, wenn man die Saugstellen als auffällige „Reißlöcher" wahrnimmt. Denn diese entstehen erst, wenn die Blätter wachsen. Die meisten Wanzen kehren erst im Herbst zur Eiablage und zum Überwintern zu den Gehölzen zurück.

**Schadbild:** An Blättern zunächst kleine, gelbliche Saugstellen. Blätter später verkrüppelt und wellig, oft mit unregelmäßig verteilten, verschieden großen Löchern, seltener mit schwarzen oder hellen Flecken. Teils auch verkrüppelte Triebspitzen, Knospen oder Blüten.

Früchte teils dunkel oder rötlich gefleckt, später narbig, mit Korkstellen und deformiert, oft vorzeitig abfallend.

**Zeitpunkt:** Ab Frühjahr, teils bis zur Fruchtreife; besonders bei warmem, trockenem Wetter.

**Abhilfe:** Vorbeugend übermäßige Stickstoffdüngung vermeiden und auf gute Wasserversorgung achten. Ablesen oder abspritzen lassen sich die Tiere am ehesten früh morgens, wenn sie noch träge sind. Die Wanzen, besonders die hartnäckigen Marmorierten Baumwanzen, können mit heißem Wasser abgetötet werden, nachdem man sie abgespritzt oder abgeschüttelt hat. Zugelassen sind Mittel gegen saugende Insekten mit Kaliseife, Rapsöl oder dem chemischen Wirkstoff Thiacloprid.

## Miniermotten

Manche Schmetterlingsraupen fressen nicht an, sondern in den Blättern zwischen Ober- und Unterhaut. Das führt zum Minierfraß, entweder in Form von linienartigen, hellen Gängen oder rundlichen Platzminen. Verschiedene Miniermotten schaden vor allem an Apfel, Birne, Kirsche und Pflaume, außerdem an vielen Ziergehölzen. Beim Obst handelt es sich hauptsächlich um die Schlangen- oder Obstbaumminiermotte, die Pfennigminiermotte und die Faltenminiermotte.

Die 3–4 mm kleinen Falter sind grau oder braun, teils mit weißen Flecken und Mustern, und überwiegend in der Dämmerung unterwegs. Ihrem Fressverhalten gemäß sind die grünen oder gelblichen Raupen ebenfalls klein (4–8 mm) und flach. Im Jahr entwickeln sich zwei bis drei Generationen. Sie überwintern in Rindenritzen oder unterm Falllaub; die Schlangenminiermotten als Falter, die anderen Arten als Puppen, teils in Kokons eingesponnen.

**Schadbild:** Schlangenminiermotte: Blätter mit hellen, geschlängelten Gängen; in den Gängen dünne, dunkle Kotlinien. Pfennigminiermotte: Blätter mit fast kreisrunden, pfenniggroßen, braunen Platzminen; darin dunkle Kotlinien in konzentrischen Kreisen. Faltenminiermotte: Ovale, 1–2 cm lange Platzminen, blattunterseits hell, mit Faltenlinie; blattoberseits mosaikartig gescheckt. Bei starkem Befall gehemmter Wuchs und reduzierte Fruchtbildung.

**Zeitpunkt:** Ab April oder Mai, teils bis Herbst.

**Abhilfe:** Vorbeugend Schlupfwespen fördern, die Miniermotten effektiv eindämmen können. Befallene Blätter entfernen; Falllaub gründlich beseitigen.

## Spinnmilben

Spinnmilben gehören zu den Spinnentieren, sind also keine Insekten. Die 0,2–0,6 mm kleinen, ovalen, ungeflügelten Tiere erkennt man oft nur unter einer Lupe. Sie können je nach Geschlecht, Jahreszeit und Wirtspflanze unterschiedlich gefärbt sein und bewegen sich eher träge. Die Milben und ihre Larven sitzen hauptsächlich an den Blattunterseiten. Sie schädigen die Pflanzen durch ihre Saugtätigkeit und die Abgabe eines giftigen Speichels.

Die Gemeine Spinnmilbe, auch als Bohnenspinnmilbe und Rote Spinne bekannt, befällt über 200 Pflanzenarten, krautige ebenso wie Gehölze. Recht auffällig sind die ab Spätsommer auftretenden Winterweibchen mit intensiver orangeroter Färbung. Sie überwintern unter Laub oder Baumrinden, im Gras, in Mauerritzen oder auch im Gewächshaus. Diese Art überzieht Blätter und Triebe mit hellen Gespinsten.

Die Obstbaumspinnmilbe, ebenfalls als Rote Spinne bezeichnet, befällt nur Obstgehölze. Die Weibchen sind meist rot gefärbt, Gespinste werden kaum gebildet. Im Herbst legen sie leuchtend rote Eier auf der Rinde von Ästen und Zweigen ab. Im Frühjahr schlüpfen dann ab dem Austrieb die ersten Larven.

**Schadbild:** Auf den Blättern zahlreiche winzige, helle Pünktchen (Saugstellen), die im Gegenlicht silbrig wirken; vor allem im Bereich der Blattrippen. Sie verschmelzen zunehmend zu hellgrauen bis bronzefarbenen Flecken; Blätter rollen sich teils ein und fallen ab. Blätter und Triebe teils mit feinen Gespinsten überzogen. Früchte zuweilen berostet. Bei starkem und häufigem Befall gehemmtes Wachstum.

**Zikaden**
Helle Blattsprenkelung
durch die Saugtätigkeit
von Rosenzikaden; im
Detailbild ein erwachse-
nes Tier

**Zeitpunkt:** Ab dem Austrieb, verstärkt im Hochsommer.

**Abhilfe:** Vorbeugend ausreichend gießen, übermäßige Stickstoffüberdüngung vermeiden. Werden an Obstgehölzen zahlreiche Eier entdeckt, empfehlen sich Austriebs- oder Vorblütenspritzungen mit ölhaltigen Mitteln (Paraffinöl); damit alle Kronenteile gründlich benetzen. Zugelassen sind außerdem Pflanzenschutzmittel mit Rapsöl und Kaliseife, bei Kernobst auch mit dem Wirkstoff Acequinocyl, bei Beerenobst und Weinrebe mit Fenpyroximat. Stark befallene Blätter frühzeitig entfernen, ebenso abgefallenes Laub und Pflanzenreste nach der Ernte.

### Zikaden

Zikaden sind wärmeliebende Insekten, die ab Mai gelegentlich an Obst- und anderen Laubgehölzen saugen. Die Schäden ähneln denen von Spinnmilben, Weißen Fliegen und Thripsen, fallen aber meist nicht ins Gewicht; etwas stärker können darunter Erdbeeren leiden. Allerdings werden Zikaden zuweilen als Überträger von Viren oder Phytoplasmen gefährlich.

An Gehölzen treten fast nur 4–8 mm kleine Zwergzikaden auf, mit der Rosenzikade als häufigste Vertreterin. Sie sind schlank, braun, gelblich, grün oder grau, sitzen meist an den Blattunterseiten und springen sehr flink weg, wenn man die Blätter berührt. Ihre ebenfalls an den Blättern saugenden Larven sind nur wenige Millimeter groß, meist gelblich bis grün und ähneln oft Blattläusen. Befallene Blätter sind weiß bis gelblich gesprenkelt, teils auch silbrig; dies zunächst entlang der Blattadern, dann übers ganze Blatt ausgedehnt. Zur Abhilfe siehe Zikaden an Erdbeeren (Seite 134).

### Weiße Fliegen (Mottenschildläuse)

Diese 1–3 mm großen, geflügelten Insekten sind dicht mit weißem Wachsstaub eingepudert, der sie vor Austrocknung und Nässe bewahrt. Sie erinnern an winzige Fliegen oder Motten. Tatsächlich aber handelt es sich um Verwandte der Blattläuse. Ebenso wie diese saugen sie an den Blättern und scheiden Honigtau aus. Die wärmeliebenden Plagegeister befallen vorzugsweise Spalier- und Kübelobst an geschützten Plätzen. Sie kom-

**Weiße Fliegen**
Die mottenähnlichen
Weißen Fliegen sitzen
meist an den Blattunter-
seiten. Ihre Eigelege sieht
man nur mit einer guten
Lupe.

men auch an zahlreichen anderen Pflanzen vor, besonders Gemüse und Blumen.

**Schadbild:** Kleine, gelbe Flecken an den Blättern, die bei starkem Befall welken und abfallen. Auf den Blattunterseiten weiße Insekten, die bei Berührung oft zahlreich auffliegen. Klebrige, teils schwärzliche Honigtaubeläge.

**Zeitpunkt:** Ab spätem Frühjahr bis Herbst, besonders an warmen, trockenen Tagen.

**Abhilfe:** Vorbeugend übermäßige Stickstoffdüngung vermeiden, auf ausreichende Wasserversorgung achten. Stark befallene Blätter entfernen. Für eine Bekämpfung sind Mittel mit Kaliseife sowie Thiacloprid zugelassen.

### Schadspinnerraupen

Die sogenannten Schad- oder Trägspinner gehören zur Familie der Eulenfalter. Ihre meist auffällig behaarten Raupen fressen Gehölze zuweilen komplett kahl. Oft bilden sie mehr oder weniger deutliche Gespinste. An Obstgehölzen fressen vor allem die Raupen von Goldafter, Schwammspinner, Schlehenspinner sowie des Ringelspinners (der

zu einer anderen Familie gehört, nämlich zu den Glucken). Goldafter und Schwammspinner entwickeln sich nach trockenen, warmen Jahren gelegentlich zu Massenschädlingen. Durch Fressfeinde und Parasiten reduziert sich dann ihr Auftreten wieder deutlich, in der Regel spätestens nach zwei bis drei Jahren.

Der Goldafter ist ein weißer Falter mit goldgelb behaartem Hinterleib und 3–4 cm Flügelspannweite. Er schwärmt im Juli aus, in den späten Abendstunden. Seine bis 4 cm langen Raupen sind grauschwarz mit hellen Streifen und gelb- bis rotbraunen Warzen, denen dichte Büschel aus Brennhaaren entspringen. Sie schaben zunächst nur an den Blättern und bilden aus Spinnfäden faustgroße Nester, in denen sie überwintern. Zum starken Fraß an Blättern und Knospen kommt es dann erst im folgenden Frühjahr.

Die Lieblingsspeise der Raupen des Schwammspinners sind Eichenwälder. Wenn es da nichts mehr zu holen gibt, müssen auch Obstbäume daran glauben. Die Männchen sind graubraun, mit etwa 4 cm Flügelspannweite, und von Juli bis August tagsüber als behände Flieger unterwegs. Die schmutzig weißen, bis 7 cm breiten Weibchen dagegen gelten als flugträge. Sie legen ihre Eier an Stämmen und Zweigen ab, teils auch an hellen Hauswänden. Diese Gelege aus mehreren hundert Eiern wirken schwammartig, weil sie mit gelblich braunen Hinterleibshaaren abgedeckt werden. Die Raupen schlüpfen meist erst im April oder Mai des nächsten Jahres, um dann an den Gehölzen zu fressen. Sie werden bis 7 cm lang, sind schwärzlich, anfangs gelb gefleckt, später mit rotbraunen und zum Kopf hin blauen Warzenpaaren und starker brauner Behaarung.

Der Schlehenspinner schätzt neben Schlehen besonders Pflaume, Kirsche, Apfel, Himbeere und Brombeere. Die braunen Männchen mit 2,5–3 cm Spannweite und zwei weißen Punkten auf den Flügeln fliegen tagsüber, zum ersten Mal ab Juni, eine zweite Generation im Herbst. Die grauen, fast flügellosen Weibchen sitzen an Blättern und Zweigen und verströmen Duftstoffe, um die Begatter anzulocken. Wesentlicher auffälliger sind später die bis 3 cm langen Raupen, mit vier großen, gelblichen „Haarpuscheln", zahlreichen kleineren, roten Warzen sowie weißen und schwarzen Borsten-

haaren. Sie fressen ab Ende Juli an Blättern und teils auch Früchten, dann wieder im folgenden Mai, nun auch an den Knospen.

Die nachtaktiven, hell- bis graubraunen Ringelspinner mit bis zu 4 cm Spannweite befallen bevorzugt Apfelbäume, daneben weitere Baumobstarten und Schlehen. Die Weibchen legen im Sommer Hunderte von miteinander verkitteten Eiern in zentimeterbreiten „Ringeln" an den Zweigen ab. Im Folgejahr schlüpfen ab April die anfangs dunklen, später auffällig blau, rot, gelb, schwarz und weiß gestreiften, bis 6 cm langen Raupen mit hellen Borstenhaaren. Sie leben gesellig in versponnenen Nestern in den Astgabeln, fressen an Blättern und Knospen und ziehen mithilfe ihrer Spinnfäden in weitere Astgabeln um, bis sie sich gegen Ende Juni verpuppen.

**Schadbild:** Meist starker Loch- und Randfraß an den Blättern, nicht selten auch Kahlfraß. Oft auch zerfressene Knospen, teils Fraß an Früchten (besonders durch Schlehenspinner).

**Zeitpunkt:** Hauptsächlich zwischen April und Juni, Schlehenspinner auch im Herbst.

**Abhilfe:** Eigelege mit Bürste, Besen oder starkem Wasserstrahl beseitigen; Zweige mit

**Berührung gefährlich:** Vorsicht bei jeder Annäherung an Schadspinnerraupen: Ihre Haare können Haut-, Augenreizungen und allergische Reaktionen auslösen!

„Eigürteln" des Ringelspanners wegschneiden. Ei- und Raupennester entfernen und mit heißem Wasser übergießen, einzelne Raupen absammeln (Vorsicht, nur mit Handschuhen!). Besonders Schwammspinnerraupen verkriechen sich gern unter breiten Jutestreifen, die man um die Stämme bindet; so lassen sie sich einfacher absammeln. Zur (möglichst frühzeitigen) Bekämpfung junger Raupen können Quassiabrühe, Pflanzenschutzmittel mit Bacillus thuringiensis sowie dem chemischen Wirkstoff Thiacloprid eingesetzt werden.

### San-José-Schildlaus

Diese Deckelschildlaus wird im Obstbau besonders gefürchtet, und ihr Auftreten ist meldepflichtig! Sie befällt vor allem Apfel, Birne, Kirschen, Pflaume und Johannisbeere; außerdem etliche Ziergehölze, darunter Weißdorn, Eberesche und Zierquitte.

Die San-José-Schildlaus wurde Mitte des 20. Jahrhunderts aus den USA nach Europa eingeschleppt, ließ sich aber mithilfe eines Nützlings bisher gut unter Kontrolle halten (siehe rechts „Der Natur abgeschaut"). Sie wird teils durch infizierte Pflanzware verbreitet. Ansonsten erfolgt der Befall meist im Frühsommer durch ihre frei beweglichen „Wanderlarven", die von Wind, Vögeln und Insekten verbreitet werden. Die winzigen Larven erkennt man fast nur mit einer Lupe als orange- bis zitronengelbe Pünktchen. Sie saugen an Trieben, Blättern und Früchten und setzen sich schließlich unter kleinen Schilden fest; diese sind anfangs weißlich, später dunkel gefärbt. Unter solchen Schildchen überwintert dann auch die letzte Larvengeneration. Die Larven geben beim Saugen einen giftigen Speichel ab, der zur schweren Schäden führen kann.

Bis zum nächsten Mai sind die Larven ausgewachsen. Die Männchen fliegen aus; die Weibchen verbleiben unter ihren Schilden und gebären gegen Anfang Juni bis zu 400 neue Wanderlarven. Bei entsprechendem Wetter bilden sich bis zum Herbst zwei bis drei weitere Generationen.

## Der Natur abgeschaut

**Nachgereister Gegenspieler:** Die eingeschleppte San-José-Schildlaus konnte sich anfangs in wärmeren Regionen Europas massiv ausbreiten, da sie kaum natürliche Feinde hatte. Schließlich gelang es, bei uns eine amerikanische Zehrwespe einzubürgern, die die Schildläuse effektiv parasitiert. Diese Zehrwespe ist hier schon längst heimisch geworden. Allerdings begünstigen zunehmend warme Sommer die San-José-Schildlaus. Hier und da wird deshalb die Population der Zehrwespen mit auf Kürbissen gezüchteten Exemplaren gezielt verstärkt.

**Kommaschildläuse**
Diese Läuse treten oft zahlreich in Kolonien auf. Ihre dicht an dicht gepackten, kommaförmigen Schilde bilden dann krustenartige Beläge.

**Schadbild:** An Trieben, Ästen und Stämmen weißgraue bis schwärzliche, rundliche Schildchen, teils auch auf Blättern und Früchten; um die Schilde herum rote Höfe, besonders auffällig auf Früchten. Bei starkem Befall dichte, krustenartige, graue Beläge auf der Rinde, wirkt wie mit Asche bestäubt. Teils welkende Triebe, schlimmstenfalls Absterben ganzer Astpartien oder sogar kompletter Bäume. Schneidet man erkrankte Zweige an, erkennt man oft rötlich gefärbtes Gewebe.

**Zeitpunkt:** Frühsommer bis Herbst, besonders bei warmem Wetter; Schilde und krustenartige Beläge auch über Winter.

**Abhilfe:** Gibt es deutliche Anzeichen für einen Befall mit der San-José-Schildlaus, sollte man sich unbedingt mit dem zuständigen Pflanzenschutzamt in Verbindung setzen. Stark befallene Triebe und Äste herausschneiden; Schildkrusten über Winter abbürsten oder abkratzen. Zur Bekämpfung können die bei der Kommaschildlaus (siehe S. 60) genannten Pflanzenschutzmittel eingesetzt werden.

## Kommaschildlaus

Kommaschildläuse zählen zu den häufigsten Deckelschildläusen, vor allem an Apfel, Birne, Kirschen, Pflaume und Pfirsich, zuweilen auch an Johannis- und Stachelbeere. Sie befallen außerdem Ziergehölze wie Rosen, Buchs und Zierquitte.

Die Weibchen legen im Spätsommer oder Frühherbst jeweils bis zu 90 Eier an der Rinde ab. Danach sterben sie und hinterlassen ihren Schild als Überwinterungsschutz für die Nachkommenschaft. Zwischen Ende April und Juni schlüpfen gelbliche „Wanderlarven", verbreiten sich auf weitere Pflanzenteile, saugen an den Gehölzen und beginnen, eigene Schilde zu bilden. Die Larven werden teils durch den Wind auf andere Bäume übertragen.

**Schadbild:** An Zweigen, Ästen und Stämmen kommaförmige, rund 3 mm lange, bräunliche Schilde; oft in dichten Kolonien, als krustenartige Beläge. Schilde teils auch auf Früchten und an Blattunterseiten. Bei schwerem Befall Wuchshemmung und Beeinträchtigung der Ernte.

**Zeitpunkt:** Schilde ab August/September; Saugschäden ab spätem Frühjahr. Die nach dem Schlüpfen der Larven leeren Schilde verbleiben meist monatelang am Holz.

**Abhilfe:** Schildkrusten über Winter mit Drahtbürste oder Baumkratzer entfernen. Zugelassen sind Pflanzenschutzmittel mit Kaliseife, Rapsöl und Thiacloprid: zum Spritzen beim Austrieb und/oder im Mai, wenn die Larven unterwegs sind.

## Maulbeerschildlaus

Eine weitere Deckelschildlaus, die seit einigen Jahren häufiger auftritt. Die ursprünglich asiatischen Maulbeerschildläuse sind in Südeuropa schon lange eingebürgert und haben sich in den letzten Jahrzehnten nach Norden ausgebreitet. Sie besiedeln über 100 Baum- und Straucharten, darunter Birne, Pfirsich, Johannisbeere, Kiwi und Walnuss – und natürlich auch Schwarze und Weiße Maulbeere.

Die männlichen Tiere sitzen ab Herbst (oft schon abgestorben) unter weißen, länglichen Schilden. Dies so zahlreich und dicht an dicht, dass die besiedelten Stamm- und Astpartien wie gekalkt aussehen. Die Weibchen verbergen sich und überwintern unter kleinen gelbbraunen Schilden, die leicht übersehen werden. Sie legen gegen Ende April ihre Eier unter den Schilden ab. Weitere Gehölze werden durch die zeitweise beweglichen, winzigen Larven befallen; wie bei den anderen Deckelschildläusen häufig auch durch Windverbreitung.

**Schadbild:** Triebe, Äste und Stämme, teils auch Blätter, mit weißem, schuppigem Überzug. Vergilbende Blätter, vorzeitig abfallende Früchte. Bei starkem Befall Kümmerwuchs bis hin zum Absterben der Pflanzen.

**Zeitpunkt:** Fällt oft erst ab Herbst durch die weißen Beläge auf.

**Abhilfe:** Am besten alle weißen Beläge und sichtbaren gelben Schilde konsequent abbürsten. Mittel zur Bekämpfung von Schildläusen (mit Kaliseife, Rapsöl oder Thiacloprid) sind auch gegen Maulbeerschildläuse zugelassen, zeigen allerdings oft nur geringe Wirkung.

## Fraß an Früchten

Sind Früchte angefressen oder völlig zerfressen, gibt es eine ganze Reihe von Spezialisten, vor allem: Apfelwickler (siehe S. 83), Fruchtschalenwickler (siehe S. 51), Apfelsägewespe (siehe S. 83), Ebereschenmotte (siehe S. 85), Pflaumenwickler (siehe S. 101), Pflaumensägewespe (siehe S. 102), Kirschfruchtfliege (siehe S. 114) und Kirschessigfliege (siehe S. 61).

War's keiner der Genannten, kann man auf Vögel tippen. Die Früchte sind in dem Fall nicht selten über Nacht komplett weg; teils auch nur angepickt, mit groben Fraßstellen. So hilfreich Amsel, Drossel und Co. bei der Schädlingskontrolle sonst auch sind: Beim Obst ist es mit der Freundschaft vorbei, ganz besonders bei Kirschen, Beerenobst und Weintrauben. Stare und Elstern nehmen erst recht gern am Festmahl teil.

Mit Vogelscheuchen, bunten Aluminiumstreifen und ähnlichen Hilfsmitteln lassen sich die gefiederten Mitesser kaum abschrecken. Letztendlich hilft nur ein (feinmaschiges) Vogelschutz – auch wenn es sich über große Baumkronen nur mühsam ausbreiten lässt. „Alternativangebote" wie fruchttragende Wildgehölze und Vogeltränken können dazu beitragen, dass die Obsternte mit weniger Verlusten heimgebracht wird.

Ohrwürmer sind ebenfalls schätzenswerte Nützlinge, die manchmal als Schädlinge in Ungnade fallen. Sie fressen vor allem an Steinobst, das meist grob abgeschabt wird, und an Weintrauben, die sie häufig ganz ausfressen. Das hat besonders in warmen Regionen zugenommen und hängt mit Sommertrockenheit und dem daraus folgenden Durst der Ohrwürmer zusammen. Man kann die Gehölze durch Anlegen von Leimringen um die Stämme schützen – oder mit Holzwolle oder Stroh gefüllte Töpfe als „Fallen" zwischen gefährdeten Pflanzen aufhängen: Wenn sich die Ohrwürmer darin ansammeln, werden sie mitsamt Topf an Kernobstbäume oder in die Nähe von anderen blattlausgeplagten Pflanzen umgesiedelt.

## 66 Wie Kirschen und Beeren behagen, musst du Kinder und Sperlinge fragen.

Johann Wolfgang von Goethe

Auch Wespen machen sich zuweilen über Früchte an Baum und Strauch her. Sie hinterlassen unregelmäßige Fraßstellen, oft nur an der Oberfläche, teils aber auch bis tief ins Fruchtfleisch. Es handelt sich meist um die gewöhnlichen Taillenwespen, die auch am Gartensitzplatz sehr aufdringlich werden können. Sie lassen sich ebenfalls mit feinmaschigen Netzen abhalten; außerdem mit zahlreich aufgehängten Wespenfallen reduzieren. Solche Fallen gibt es im Fachhandel. Man kann sie aber auch aus Kunststoffflaschen selbst herstellen und mit Fruchtsirup oder -saft und Bier befüllen; dazu etwas Essig, damit keine Bienen angezogen werden. Wichtig ist außerdem das frühzeitige Entfernen von Fallobst.

### Kirschessigfliege ⚠

Diese rund 3 mm kleine, hellbraune Obstfliege stammt ursprünglich aus Asien. Sie wurde erstmals 2011 in Deutschland gesichtet – und hat sich innerhalb kurzer Zeit zum Schrecken von Obstanbauern, Winzern und Hobbygärtnern entwickelt. Die Kirschessigfliege kann sich bei mäßig warmem, trockenem Wetter ungemein stark vermehren, weil dann rund alle zehn Tage eine neue Generation folgt. Die „Geschmacksrichtung" ist ihren Maden ziemlich egal: Von Nüssen einmal abgesehen, nehmen sie mit jeder Obstart vorlieb, scheinen allerdings rote und dunkle Früchte zu bevorzugen.

Die Weibchen legen ihre Eier mit einem Legestachel in reifende Früchte ab. Daraus schlüpfen weiße, gut 3 mm lange Maden (Larven), zerfressen die Früchte von innen und verpuppen sich meist auch darin.

Im Spätherbst machen sich die Weibchen (bereits befruchtet für die nächste Saison) auf die Suche nach frostfreien Winterquartieren.

**Schadbild:** Reifende Früchte mit kleinen Einstichstellen und weichen, eingedrückt wirkenden Flecken. Zunehmendes Einsinken und Braunwerden der Fruchthaut, bis die Frucht dann komplett zusammensackt.

**Zeitpunkt:** Während der Fruchtreife. Je nach Obstart vor allem im später Frühjahr und Herbst, weniger im heißen Hochsommer.

**Abhilfe:** Mit feinmaschigen Kulturschutznetzen über den Pflanzen und Baumkronen wurden recht gute Erfahrungen gemacht. Hilfreich sind auch Kirschessigfliegen-Fallen mit Lockstoffen, wenn sie in großer Zahl angebracht werden. Vorbeugend überreife und abgefallene Früchte früh entfernen; dies erst recht nach einem Befall (nicht zum Kompost geben). Eier und Maden können abgetötet werden, indem man befallene Früchte in einen Folienbeutel packt, diesen verschließt und dann in die pralle Sonne legt.

## Borken- und Splintkäfer

Borkenkäfer, zu denen auch die Splintkäfer zählen, sind Rüsselkäfer; meist braun bis schwarz und nur 2–5 mm groß. Fast alle ernähren sich ausschließlich von Gehölzen, ebenso wie ihre kleinen, weißlich gelben, madenartigen Larven

Der Große Obstbaumsplintkäfer schadet besonders an Apfel und Pflaume, nur gelegentlich an anderen Bäumen. Weniger wählerisch sind Kleiner Obstbaumsplintkäfer sowie Kleiner und Ungleicher Holzbohrer: Bei ihnen stehen neben Obstbäumen auch etliche Ziergehölze auf dem Speiseplan.

Befallen werden hauptsächlich Gehölze, die bereits geschwächt sind, beispielsweise durch Wassermangel, Pilzbefall oder Astbruch. Die Käfer vermehren sich in trocken-warmen Jahren besonders zahlreich. Die Borkenkäfer schwärmen zwischen Ende März und Juni aus, durchdringen über ein Einbohrloch die Rinde ihrer Wirtspflanzen und besiedeln entweder die Bastschicht zwischen Rinde und Splintholz oder den Holzkörper. Dort legen sie Fraßgänge an und ihre Eier ab. Von diesen Muttergängen aus fressen sich dann die Larven eigene Seitengänge, um sich schließlich darin zu verpuppen.

---

**Holzschädlinge** Manche Käfer und Schmetterlingsraupen können ganze Bäume zerstören. Dagegen sind die Rinden- und Fraßschäden von Wildtieren wie Kaninchen vergleichsweise harmlos.

**Blausieb**
Die Raupe dieses Nacht-
falters frisst sich am
liebsten durch recht
dünne Äste und Stämme.

**Schadbild:** Kleine, nur wenige große Millimeter Löcher in Ästen und Stämmen, teils
mit austretendem Bohrmehl. Je nach Käfer-
art und Fraßort lässt sich die Rinde leicht
ablösen, sodass darunter die Fraßgänge,
teils mit Käfern oder Larven, sichtbar werden. Die Muttergänge sind oft nur 5–20 cm
lang; die Seitengänge der Larven zweigen
davon strahlenartig ab und werden zunehmend breiter. Bei schwerer Schädigung welken die Gehölze schlagartig und sterben ab.
**Zeitpunkt:** Ganzjährig. Eiablage ab dem
Frühjahr.
**Abhilfe:** Eine direkte Bekämpfung ist nicht
möglich. Vorbeugend wirken eine passende
Standortwahl, gute Nährstoff- und Wasserversorgung, sachgerechter Gehölzschnitt
und sauberes Absägen beschädigter Äste.
Bei Befall absterbende Äste entfernen; stark
betroffene Bäume spätestens im Frühjahr
roden und aus dem Garten entfernen. .

### Blausieb und Weidenbohrer

Das Blausieb gehört zur Familie der Holzbohrer: Schmetterlingsarten, deren Raupen
sich in Gehölze einbohren und von Holz
und Mark ernähren. Ihre Raupen brauchen
mehrere Jahre, bis sie sich verpuppen und
in neue Falter verwandeln. Das Blausieb tritt
an rund 150 Wirtspflanzen auf, an Bäumen
wie an Sträuchern, unter anderem an Apfel,
Kirsche und Rosskastanie. Der Nachtfalter
ist weiß mit schwarzen Flecken und einer
Flügelspannweite bis 7 cm. Die Weibchen legen ihre Eier an Blattstielen, Knospen und
in Rindenrissen ab. Dafür wählen sie Zweige,
Äste sowie Stämme unter 10 cm Durchmesser. An älteren Gehölzen werden meist nur
einzelne Äste befallen. Die anfangs rosa gefärbten, später gelblichen, schwarz bewarzten, bis 6 cm langen Raupen fressen zunächst unter der Rinde und legen dann mit
ihren kräftigen Mundwerkzeugen Fraßgänge im Kernholz an.

Ein ähnlicher Nachtfalter ist der braune
Weidenbohrer, mit roten, bis 10 cm langen
Raupen, die unangenehm essigartig rie-
chen. Er schadet ebenfalls an Obstbäumen
und bevorzugt ältere, dickere, bereits ge-
schwächte Exemplare. Seine Raupen bohren
sich an der Stammbasis ein und fressen sich
dann ebenfalls im Bauminnern nach oben.

**Schadbild:** An Zweigen, Ästen und Stämmen kleine runde Bohrlöcher, mit Holzmehl und Kot verunreinigt. Zweige teils an der Eintrittsstelle verdickt, an Ästen Bildung von Überwallungsgewebe. In stärkeren Ästen und Stämmen bis 40 cm lange und 1 cm breite Fraßgänge. Welkende Zweige und Äste, teils auch komplettes Absterben der Bäume. Als Folgeerscheinung häufig Wind- und Schneebruch.

**Zeitpunkt:** Ganzjährig. Falterflug und Eiablage im Sommer.

**Abhilfe:** Befallene Zweige und Äste möglichst früh herausschneiden. Junge, frisch eingedrungene Raupen mit einem Draht im Bohrloch aufstechen. Benachbarte Gehölze gründlich auf Bohrlöcher kontrollieren. Der spezialisierte Fachhandel bietet Pheromon-(Lockstoff-)fallen zur Flugüberwachung des Blausiebs und zum Abfangen von Männchen an.

### Wildtiere

Wenn im Winter Nahrungsmangel herrscht, suchen Wildtiere wie Kaninchen und Hasen, seltener Rehe und Hirsche, Gärten in Ortsrandlage auf. Die hungrigen Tiere fressen dann vor allem an jungen Gehölzen. Zu Schäden kommt es besonders nach Schneefällen, wenn die weiße Decke die letzten Nahrungsreserven am Boden unzugänglich macht. Während die selten gewordenen Feldhasen mit den langen Ohren als scheue Einzelgänger auftreten, sind die kurzohrigen Wildkaninchen gesellige Tiere. Mancherorts leben sie dauerhaft in Parks, Gärten und auf Friedhöfen.

**Schadbild:** Im Winter und Vorfrühling abgefressene Triebe, Rinden und Knospen an jungen Bäumen, Sträuchern und wintergrünen Stauden; zuweilen Schäden an der Rinde durch Fegen der Geweihe von Rehböcken.

**Zeitpunkt:** Hauptsächlich im Winter und Vorfrühling.

**Abhilfe:** Grundstück mit engmaschigem Stahldraht umzäunen oder dichte Dornenhecke pflanzen; gegen Kaninchen 1 m hohe Zäune, die wenigstens 30 cm tief in den Boden reichen; gegen Rehe mindestens 1,5 m hoch. Einzelne Bäume und Sträucher können mit Drahthosen oder Kunststoffmanschetten geschützt werden. Der Fachhandel

**Fraß an den Wurzeln** Mit Wühl- und Feldmäusen, Dickmaulrüsslern, Engerlingen, Erdraupen und ähnlichen „Untergrund-Experten" hat es eine Reihe von Schädlingen vor allem auf die Wurzeln abgesehen. Gefährdet werden dadurch besonders Erdbeeren sowie generell frisch gepflanzte und junge Beerensträucher und Obstbäume.

bietet außerdem verschiedene Vergrämungsmittel an. Auch käufliche Stammanstriche sollen die Tiere am Fraß hindern.

## Wühl- und Feldmäuse

Mit kräftigen „Grabefüßen" und je zwei große Nagezähnen im Ober- und Unterkiefer sind diese Nagetiere perfekt für das Wühlen und Fressen unter der Erdoberfläche ausgestattet. Beim Obst muss man mit drei Vertretern rechnen, die zoologisch zur Gruppe (Unterfamilie) der Wühlmäuse zählen:

▶ **Große Wühlmaus oder Schermaus:** 12–22 cm groß, mit einem recht langen Schwanz (mindestens halb so lang wie der Körper), mit schwärzlichem, rot- oder graubraunem Fell. Sie ist überwiegend dämmerungs- und nachtaktiv. Unter der Bodenoberfläche gräbt sie teils tief reichende, im Querschnitt hochovale Gänge. Öffnet man einen davon, wird er von der Wühlmaus rasch wieder verschlossen. Auf dem Boden hinterlässt sie längliche, flache Erdhaufen, die meist Reste von Gras und Wurzeln enthalten. (Die Hügel der Maulwürfe sind dagegen rundlicher und größer und ihre Gänge zeigen einen querovalen Querschnitt.)

▶ **Feldmaus:** Nur 9–12 cm groß, mit kurzem Schwanz und etwas hellerem, gelblich grauem bis braunem Fell. Ihr ähnelt die seltenere, dunkler getönte Erdmaus. Feld- und Erdmäuse sind tag- und nachtaktiv. Sie graben flach unter Oberfläche verzweigte Gangsysteme mit rundlichem Querschnitt. Rings um die Löcher, die besonders im Rasen zahlreich sein können, ist meist etwas Erde verstreut.

▶ **Rötelmaus:** 7–13 cm groß, meist mit längerem Schwanz als die Feldmaus, mit rotbraunem, teils auch gelblichem Rückenfell und weißlichem bis grauem Bauchfell. Ihre Gänge samt Bauten und Nestern verlaufen meist flach unter der Bodenoberfläche. Die Nester werden häufig mit Laub, kleinen Zweigen oder Moos abgedeckt. Rötelmäuse sind über Sommer vorwiegend nachts unterwegs, im Winter auch tagsüber. Sie leben hauptsächlich in Laubwäldern und kommen deshalb besonders häufig in Gärten in Waldnähe vor.

Am Obst schaden Feld- und Rötelmaus noch öfter als die Große Wühlmaus, die mit Vorliebe in Gemüse- und Blumenbeeten ihr Unwesen treibt. Die Tiere kommen ohne Winterruhe aus. Sie vermehren sich zwischen März und Oktober, teils auch noch über Winter, mit zwei bis vier Würfen, die meist aus vier bis sechs Jungen bestehen. Wichtige natürliche Gegenspieler sind Mauswiesel, Marder, Katzen, Eulen und Greifvögel.

**Schadbild:** Im Frühjahr schwacher oder ganz ausbleibender Austrieb; vor allem bei Erdbeeren und Kleingehölzen plötzliche Welke. Die Pflanzen lassen sich leicht aus dem Boden ziehen; Wurzeln sind mit deutlichen Nagespuren oder bis auf Stümpfe abgefressen, Hauptwurzeln „angespitzt". Rinde im unteren Bereich der Gehölze angenagt;

öfter auch rundum abgeschält. Zudem teils angefressene Jungtriebe und Knospen.

**Zeitpunkt:** Ganzjährig; vor allem aber vom Herbst bis zum Frühjahr.

**Abhilfe:** Vorbeugend Unkräuter rund um die Pflanzen entfernen, ebenso das Fallobst: Beides zieht Feldmäuse an. In wühlmausgeplagten Gärten junge Gehölze mit engmaschigen Drahthosen umgeben, die 50 cm tief in den Boden reichen, oder in Drahtkörben pflanzen. Entdeckte Gänge so oft wie möglich zerstören.

Zum Bekämpfen eignen sich besonders Wühlmausfallen, die zwischen Spätherbst und zeitigem Frühjahr in den Wühlmausgängen aufgestellt werden. Zuvor bestückt man sie mit Möhren-, Selleriestücken oder Spezialködern. Die Fallen haben in der Regel einen Spannbügel, der beim Zuschnappen die Wühlmaus erschlägt.

Auch giftige Wühlmausköder bringt man am besten aus, wenn die Nager sonst kaum etwas zu fressen finden. Gegen Feld-, Erd- und Rötelmäuse gibt es Köder (Giftkörner, Giftlinsen, Giftweizen) mit Zinkphosphid. Sie setzen giftigen (!) Phosphorwasserstoff frei; dies aber erst nach der Aufnahme durch die Wühlmäuse in deren Magen. Köder mit Zinkphosphid lassen sich auch gegen die Große Wühlmaus (Schermaus) einsetzen und werden für diesen Zweck meist als Riegel angeboten. Die Giftköder dürfen nur unter der Erde in den Gängen und Löchern verteilt werden, um keine Vögel und andere Tiere zu gefährden.

Vertreibende Mittel mit Calciumcarbid sind weniger giftig, allerdings ätzend und leicht entzündlich. (Die Zulassung für solche Mittel läuft in absehbarer Zeit ab, wird aber vermutlich verlängert.) Als Granulate in den Boden eingearbeitet, verströmen sie bei Feuchtigkeit ein streng riechendes Gas, das Wühlmäuse ebenso vertreiben kann wie Maulwürfe. Ebenso verhält es sich mit Rizinusöl und Buttersäure (Achtung, stark haut- und augenreizend!), die gelegentlich als Vergrämungsmittel gegen Wühlmäuse und Maulwürfe angeboten werden.

**Die Rötelmaus** kann nicht nur Gehölze schädigen, sondern auch für Menschen und Haustiere gefährlich werden. Zum einen ist sie ein Zwischenwirt für den Fuchsbandwurm; zum anderen ist sie maßgeblich an der Verbreitung von Hantaviren beteiligt, die beim Menschen grippeähnliche Erkrankungen und Nierenschäden hervorrufen. Die Übertragung erfolgt durch direkten Kontakt, besonders durch Bisse; aber auch über Kotreste, Urin und Speichel der Mäuse, die zum Beispiel an Pflanzen haften.

**Dickmaulrüssler**
Rhododendren sind
Leibspeise der Käfer,
die aber auch Obst-
gehölze nicht verachten.
Gefährlicher sind ihre
weißen, an Wurzeln
fressenden Larven.

Andere Mittel mit intensiven Duftstof-
fen zeigen oft nicht die erhoffte Wirkung.
Dasselbe gilt für petroleumgetränkte Lap-
pen in den Gängen, für Abwehrpflanzen wie
Kaiserkrone, Wolfsmilch und Knoblauch
und für akustische Vertreibergeräte.

## Dickmaulrüssler

Besonders Rhododendron- und Kübelpflan-
zenfans kennen Dickmaulrüssler als schlim-
me Plagen. Die Käfer und ihre an den Wurzeln fressenden Larven können aber auch
im Obstgarten wüten.

Die etwa zentimetergroßen, braun- bis
grauschwarzen Käfer haben kurze, breite
Rüssel und sind flugunfähig, aber gute Läu-
fer und Kletterer. Tagsüber verstecken sie
sich meist unter Laub oder in Erdspalten,
um dann nachts an Blättern und Knospen
zu fressen. Die Käfer sind zwischen April
und September unterwegs und legen Hunderte von Eiern ab. Ihre cremeweißen, bis
12 mm großen Larven mit brauner Kopfkapsel leben im Boden und krümmen sich
sofort zusammen, wenn man ihnen nahe
kommt.

**Schadbild:** An den Blatträndern große ker-
ben- bis buchtenartige Fraßstellen, bei Gehölzen hauptsächlich im Bereich der Basis.
Abgefressene Knospen und Triebspitzen;
teils auch verbräunte Fraßschäden an der
Rinde. Durch Wurzelfraß der Larven Welke
bis hin zum Absterben.

**Zeitpunkt:** Käferfraß meist ab Mai; Larven-
fraß ab Juni.

**Abhilfe:** Regelmäßig den Boden lockern.
Auf angefressene Blätter achten. Die Käfer
können unter ausgelegten Brettern oder
nachts mithilfe einer Taschenlampe abge-
sammelt werden; sie lassen sich bei Berührung sofort fallen, deshalb einen Karton darunter halten.

Zur biologischen Bekämpfung werden
verschiedene Nematoden angeboten, die
die Schädlinge recht effektiv parasitieren.
Mit Nematodenpräparaten zum Ausgießen
lassen sich die Larven bekämpfen. Dabei unterscheidet man zwischen HM-Nematoden,
die eine Bodentemperatur von mindestens
12 °C brauchen, und „coole" SK-Nematoden,
die schon ab 5 °C aktiv werden. Eine weitere
Variante ist die Käferfalle mit SC-Nemato-

**Maikäfer**
Feldmaikäfer beim Blattfraß.
Rechts: Die als Engerling
bekannte Larve frisst
Wurzeln.

den zum Abfangen und Abtöten der erwachsenen Tiere.

Gegen die Käfer sind außerdem Mittel mit dem Wirkstoff Thiacloprid zugelassen. Nach bisherigen Erkenntnissen scheinen sie zuvor ausgebrachte Nematoden nicht zu beeinträchtigen.

### Weitere Bodenschädlinge

Ebenso wie beim Dickmaulrüssler sind es auch bei anderen Bodenschädlingen meist die im Boden lebenden Larven, die an den Wurzeln fressen. Mit gründlicher, tiefer Bodenbearbeitung vor dem Pflanzen kann man schon ein wenig vorbeugen – vor allem, wenn man dabei auch möglichst viele „verdächtige" Larven und Raupen entfernt.

Engerlinge, die Larven von Mai-, Juni- und Gartenlaubkäfern, sind 2–5 cm groß, meist weiß bis gelblich, oft mit brauner Kopfkapsel, und liegen häufig gekrümmt im Boden. Die Maikäfer werden bis 3 cm groß, braun, meist mit schwarzem Kopf. Die knapp 2 cm großen Junikäfer sind gelb- oder rotbraun und behaart. Gartenlaubkäfer, nur rund 1 cm groß, haben braune, behaarte Flü-

gel und einen metallisch blaugrünen Kopf. Die Käfer machen sich während ihrer Flugzeit – je nach Art zwischen Ende April und Mitte Juli – durch starken Rand- und Lochfraß an den Blättern bemerkbar, teils bis hin zum Kahlfraß. Dabei haben sie eine besondere Vorliebe für Apfel, Birne, Pflaume und Kirsche.

Die beim Dickmaulrüssler genannten HM-Nematoden wirken auch gegen die Engerlinge des Gartenlaubkäfers; die Käfer lassen sich mithilfe von Lockstofffallen reduzieren. Ansonsten helfen nur das Absammeln der Käfer – soweit möglich – und das gezielte Fördern von Nützlingen wie Vögeln, Fledermäusen und Spitzmäusen.

Als Erdraupen bezeichnet man die Larven verschiedener Eulenfalter. Diese unauffälligen, meist grauen oder graubraunen Kleinschmetterlinge sind überwiegend nachtaktiv. Ihre grün bis bräunlich oder grau gefärbten, bis 6 cm langen Raupen rollen sich bei Berührung zusammen. Sie bleiben tagsüber meist im Boden, um sich an den Wurzeln zu verkösten, fressen über Nacht aber auch an den Blättern.

**Drahtwürmer**
Drahtwürmer sind die Larven des Schnellkäfers (Detailbild); hier mit typischen Fraßlöchern in einer Möhre.

**Maulwurfsgrille**
Das urtümliche Insekt zerstört beim Graben seiner Gänge Wurzeln und frisst teils auch an den unterirdischen Pflanzenteilen.

Findet man Eigelege an den Blattunterseiten, sollte man sie gleich zerdrücken. Die Raupen kann man meist nur in der Dunkelheit mithilfe einer Taschenlampe ablesen. Die bei den Maulwurfsgrillen genannten Nematodenpräparate zeigen auch (begrenzte) Wirkung gegen Erdraupen.

Besonders in Pflanzflächen, die nach Umbruch von Rasen oder Wiese neu angelegt wurden, machen häufig Drahtwürmer Ärger. Diese wurmartigen, schmalen, gelblich braunen, 2–3 cm langen Larven laben sich beim Obst fast nur an den Wurzeln – teils so gründlich, dass Pflanzen plötzlich welken und sich einfach aus dem Boden ziehen lassen. Die erwachsenen Tiere sind kleine braune, rotbraune oder schwarze Schnellkäfer, die keine nennenswerten Schäden anrichten.

Drahtwürmer lassen sich recht gut ködern: Mit halbierten Kartoffeln, die man 10–20 cm tief im Boden vergräbt, mit vorgequollenen, keimenden Weizen- und Maiskörnern in einem Plastikbecher oder einfach mit jungen Salatpflänzchen. Die – regelmäßig kontrollierten – Köder werden dann einfach mitsamt den Drahtwürmern entfernt.

Die rund 5 cm langen, braunen, oberseits schwärzlichen Maulwurfsgrillen (Werren) verbringen nahezu ihr ganzes Leben unter der Erde. Sie graben dort mit ihren kräftigen, schaufelartigen Vorderbeinen ein ausgedehntes System aus fingerdicken, waagrechten Gängen. Schon das Gewühle kann zum Abreißen der Wurzeln führen, außerdem fressen die Tiere an den unterirdischen Pflanzenteilen. Sie verspeisen allerdings auch Raupen und Engerlinge, haben also nützliche „Nebenwirkungen".

Zum Fangen der Maulwurfsgrillen kann man glattwandige große Dosen oder Einmachgläser ebenerdig eingraben. Werden sie sehr lästig und zahlreich, helfen häufiges Aufgraben der Gänge und das Zerstören der Nester im Juni beim Bekämpfen. Maulwurfsgrillen gehören neben Dickmaulrüsslern zu den Bodenschädlingen, die sich am besten mit Nematodenpräparaten zum Ausgießen bekämpfen lassen; für diesen Zweck werden sogenannte SC-Nematoden angeboten.

# Was haben meine Obstbäume?

Da wartet man und freut sich bei neuen Obstbäumen über Jahre auf die ersten Früchte – und dann kommt so ein blöder Schädling oder Pilz und macht die halbe Ernte zunichte.

**In solchen Fällen** kann man aber viel praxiserprobtes Wissen nutzen, das gegen Schaderreger helfen kann. Dazu gehört auch die Züchtung von robusten Sorten. Schon seit Jahrhunderten werden im Obstbau Exemplare ausgelesen und weiter vermehrt, die nicht nur die besten Früchte bringen, sondern das auch möglichst zuverlässig tun – weil sie Schaderregern besser widerstehen als ihre Artgenossen.

Bei allen Fortschritten in der Züchtung und umweltverträglichen Pflanzenschutzmethoden steht besonders der Apfel im Blickpunkt, sei es im Hinblick auf Schorf oder Apfelmaden. Nichts gegen Birne und Quitte; aber er ist nun mal der wichtigste Vertreter des Kernobstes, also der Obstarten, die apfelähnliche Früchte mit einem Kerngehäuse hervorbringen.

Pflaumen, Kirschen, Pfirsiche und Aprikosen dagegen kennt man als Steinobst, da ihr saftiges Fruchtfleisch einen harten, verholzten Steinkern umhüllt. Sie gehören alle der Gattung Prunus an – was dann auch verständlich macht, dass sie öfter unter ähnlichen Schaderregern leiden.

# Apfel, Birne, Quitte

Apfel und Birne werden seit jeher besonders geschätzt. Durch ihren häufigen Anbau in Gärten wie in Obstanlagen haben sie auch unter den Schaderregern viele „Liebhaber" gefunden.

**Gerade am Apfel** können Dutzende von Krankheiten und Schädlinge auftreten, obwohl er an für sich robuster und frosthärter ist als Birne und Quitte. Glücklicherweise waren und sind hier die Züchter auch besonders eifrig: Mittlerweile gibt es etliche Sorten, die von typischen Apfelplagen weitgehend verschont bleiben. So lohnt es sich gerade vor dem Pflanzen eines Apfelbaums, sich nach widerstandsfähigen und resistenten Sorten zu erkundigen. Sehen Sie sich auch nach altbewährten Lokalsorten um: Die sind durch ihre gute Anpassung ans regionale Klima teils sehr gesund und „zäh". Das alles gilt grundsätzlich auch für die Birne, die ebenfalls mit widerstandsfähigen Sorten aufwarten kann.

> ❝ **Die beste Zeit, einen Baum zu pflanzen, war vor zwanzig Jahren. Die nächstbeste Zeit ist jetzt.**
>
> Sprichwort aus Uganda

Ebenso lohnt sich das Umschauen bei der Quitte. Die Sorten unterscheiden sich hier vor allem in der Frostverträglichkeit. Die seltener angebaute, bei ihren Fans aber sehr beliebte Nashi-Birne wird oft als unempfindlich gerühmt. Tatsächlich bekommt sie zum Beispiel keinen Birnengitterrost. Doch ansonsten kann sie von mehreren Schaderregern befallen werden, die auch an der Birne auftreten, bis hin zum gefährlichen Feuerbrand. Sie wird vor allem öfter von Blattläusen geplagt.

## Apfelblütenstecher

Diese rund 5 mm großen, graubraunen, tagaktiven Rüsselkäfer treten an Apfel, Birne und Quitte auf. Sie überwintern in Borkenritzen am Baum, an Sträuchern oder in der Laubstreu. Ab Mitte März fressen sie winzige Löcher in Blüten- und Blattknospen und legen ihre Eier in Blütenknospen ab. Die gelblichen, bis 8 mm langen Larven fressen im Innern der Knospen und verpuppen sich dann, um gegen Juni die Blüten als Käfer zu verlassen. Die Jungkäfer fressen an Blättern und suchen ab August ihre Winterverstecke auf. Die Zahl betroffener Knospen ist meist überschaubar, sodass der Schaden nur bei geringem Blütenansatz ins Gewicht fällt; der Blattfraß der Käfer ist unbedeutend.

**Apfelblütenstecher**
Der Rüsselkäfer hinterlässt nach seinem ersten Flug im Frühjahr vertrocknete Blütenknospen.

**Schadbild:** An Blütenknospen punktförmige Nagestellen, aus denen häufig eine bräunliche Flüssigkeit austritt. Blüten öffnen sich nicht, vertrocknen und bilden kuppelartige braune Köpfchen; im Innern gelbliche Larven. Ab Juni an den Unterseiten angefressene Blätter.

**Zeitpunkt:** Ab Knospenstadium.

**Abhilfe:** Vorbeugend im Winter Borke abbürsten und lose Teile abkratzen. Anfang März Wellpappegürtel in etwa 1 m Höhe um den Stamm legen, sich darunter sammelnde Käfer ablesen. Vertrocknete Knospen entfernen. Die Käfer können im zeitigen Frühjahr mit Quassiabrühe bekämpft werden, außerdem mit Pflanzenschutzmitteln mit dem Wirkstoff Thiacloprid.

### Birnenknospenstecher

Dieser Käfer ähnelt in Aussehen und Lebensweise dem Apfelblütenstecher – mit dem Unterschied, dass er seine Eier schon im Herbst in Birnenknospen ablegt und auf diese Weise überwintert. Im Frühjahr schlüpft die Larve, frisst die Knospe aus und verpuppt sich darin. Die Jungkäfer fressen an Triebspitzen und Blattstielen, im Herbst an neu angelegten Blatt- und Blütenknospen. Der Fraß an Trieben ist meist unerheblich, aber die Knospenschäden können den Blütenansatz stark reduzieren und bei häufigem Befall zum Verkrüppeln von Zweigen und Ästen führen.

**Schadbild:** Knospen öffnen sich nicht, vertrocknen und sehen wie verbrannt aus; im Innern ausgehöhlt, mit heller, bis 6 mm langer Larve oder Puppe.

**Zeitpunkt:** Ab Knospenstadium; Knospenfraß teils schon im Herbst auffällig.

**Abhilfe:** Am besten die Käfer im September und Oktober absammeln: Dazu an einem sonnigen, warmen Tag eine helle Decke, Folie oder großen Karton unter den Baum legen und die Käfer durch Rütteln von Ästen darauf abschütteln. Zur Bekämpfung der Käfer im Herbst können Mittel mit Thiacloprid eingesetzt werden.

### → Knospenwickler

Mit Gespinsten umgarnte Knospen und junge Blätter, die vertrocknen, deuten auf einen Befall mit rotbraunen oder dunkelgrünen Knospenwicklerraupen hin (siehe Seite 51). Gespinste von Fruchtschalenwicklern, Spinnmilben und Apfelbaumgespinstmotten zeigen sich in der Regel erst später.

## Birnenpockenmilbe

Diese winzigen, weißlichen Gallmilben treten besonders an jungen Birnbäumen auf und haben eine Vorliebe für kleinbleibende Baumformen sowie Spalierobst. Sie überwintern unter den Knospenschuppen, dringen bei Austriebsbeginn in die jungen Blätter ein und beginnen zu saugen, was die namengebenden „Pocken" hervorruft. Gegen Frühherbst suchen sie sich neu angelegte Knospen zum Überwintern.

**Schadbild:** An den austreibenden Blättern pockenartige, bis 4 mm große Höcker, anfangs gelbgrün oder rötlich, später schwarzbraun und blasenartig aufgewölbt. Blätter zunehmend gekräuselt, fallen zuweilen ab. Bei starkem Befall Früchte deformiert, mit rötlichen, braunen oder schwarzen Flecken sowie verkorkten Partien.

**Zeitpunkt:** Ab Austriebsbeginn, über Sommer meist nachlassend.

**Abhilfe:** Da man die Gallmilben kaum sieht und nach dem Eindringen in die Blätter nicht mehr bekämpfen kann, hilft hier nur vorbeugendes Spritzen zur Zeit des Austriebs – besonders, wenn die Milben im Vorjahr schon einmal aufgetreten sind. Dafür eignen sich ölhaltige Präparate (Raps-, Paraf-

finöl). Stark befallene Blätter und Früchte entfernen.

## Apfel- und Birnenblattsauger

Die Blattsauger gehören zu den Pflanzenläusen. Es gibt mehrere Apfel- und Birnenblattsauger, mit recht ähnlicher Lebensweise. Sie können besonders gefährlich werden, wenn sie die Erreger von Apfeltriebsucht und Birnenverfall übertragen. Was „direkte" Schäden angeht, haben die Birnenblattsauger größere Bedeutung als ihre Apfel-Kollegen. Die erwachsenen Tiere erinnern im Aussehen an Zikaden, sind 2–4 mm groß, grün bis gelblich oder braun, geflügelt und sehr beweglich; deshalb auch als Blattflöhe bekannt. Für die Saugschäden sind ihre blattlausähnlichen, 2 mm kleinen Larven verantwortlich, je nach Art grün, gelblich oder rötlich gefärbt.

Die Apfelblattsauger überwintern in Form von Eiern, sodass ihre Larven im Frühjahr schon die Knospen schädigen. Die Birnenblattsauger dagegen überwintern als erwachsene Tiere in Rindenritzen oder am Boden und legen ihre Eier erst zum Knospenaufbruch an Blättern und Trieben ab. Anders als die Apfelblattsauger bilden sie teils bis zum Herbst mehrere Generationen.

**Schadbild:** Apfelblattsauger: Knospen, die sich nicht öffnen und absterben oder verkrüppelte Blatt- und Blütenbüschel hervorbringen (ähnlich wie bei Frostschäden). Bei allen Blattsaugern: verkrüppelte, eingerollte oder gekräuselte Blätter; oft mit klebrigem,

teils schwärzlichem Honigtau. Auch Triebspitzen und Früchte (vor allem Birnen) oft deformiert und verklebt.
**Zeitpunkt:** Beim Apfel ab Öffnen der Knospen; bei der Birne meist nach der Blüte.
**Abhilfe:** Zur Bekämpfung während und bald nach dem Austrieb sind Pflanzenschutzmittel mit Kaliseife und mit dem chemischen Wirkstoff Thiacloprid zugelassen.

### Spinnmilben

Vor allem die Blätter von Apfelbäumen zeigen häufig Saugschäden von Obstbaumspinnmilben (siehe S. 54), Bei warmem, trockenem Frühjahrswetter ist schon der Austrieb betroffen. An den Blättern sieht man zunächst winzige, helle Pünktchen, dann bronzefarbene Sprenkel, die sich zunehmend über die Blattfläche ausbreiten. Als besonders anfällig gelten die Sorten 'Braeburn', 'Cox Orange', 'Elstar' 'Fuji' und 'Gala'.

Ähnliche Schadbilder verursachen der gefährliche Bleiglanz (siehe S. 34) und die später auftretenden Apfelrostmilben (S. 79).

### Blattläuse

An Apfel, Birne und Quitte saugen rund 2 mm kleine Blattläuse. Sie sitzen häufig in Kolonien an den Blattunterseiten oder versteckt zwischen den nicht entfalteten Blättern an den Triebspitzen. Die meisten wechseln über Sommer auf krautige Wirtspflanzen und kehren im Herbst zur Ablage der Wintereier auf die Bäume zurück – und können so auch die Früchte beeinträchtigen.

Am stärksten schaden die mit weißem Wachspuder bestreute Mehlige Apfelblattlaus, die je nach Alter rosa, bläulich oder dunkelbraun getönt ist, und die ähnliche Mehlige Birnenblattlaus. Die Grüne Apfelblattlaus, die kleinste Art, bleibt das ganze Jahr über an den Bäumen und saugt so auch im Sommer an den Trieben. Nur mäßige Schäden am Frühjahrsaustrieb verursachen die grüne Apfelgraslaus und die braune Birnengraslaus.

Ein „Spezialfall" ist die Apfelfaltenlaus, die eine auffällige Rotfärbung der Blätter hervorruft. Das graue bis blaugraue Insekt ähnelt der Mehligen Apfelblattlaus.
**Schadbild:** Blätter, vor allem an Jungtrieben, gekräuselt, verkrüppelt, teils stark eingerollt, vergilbt, werden teilweise abgeworfen. Triebe gekrümmt und gestaucht, vor allem bei Befall durch die Mehlige Apfelblattlaus. Teils klebrige Honig- und Rußtaubeläge. Früchte teils klein und verkrüppelt.

Apfelblattlaus: Leuchtend hellrote Blattverfärbung. Blätter mit gallenartigen Beulen, gerollt oder gefaltet; in den Beulen und Falten die grauen Läuse.
**Zeitpunkt:** Bald nach Austrieb, teils auch über Sommer.
**Abhilfe:** Siehe Seite 50.

### → Gefräßige Raupen

Werden Knospen, Blüten und junge Blätter zwischen Austrieb und Frühsommer zerfressen, sind die Übeltäter meist grüne, teils auch rotbraune

**Apfelschorf**
Symptome des Apfelschorfs
auf der Fruchtschale und auf
einem Blatt

Raupen von Frostspannern (siehe S. 48) oder auch die gelb- bis dunkelgrünen Raupen des Apfelschalenwicklers (siehe S. 51).

Ab April können sich zudem die großen, auffällig gefärbten und behaarten Raupen von Ringelspinner (mit hellen Spinnfadennestern), Goldafter, Schwamm- oder Schlehenspinner über Blätter und Knospen hermachen (siehe Schadspinnerraupen, S. 56).

## Apfelschorf ✖

Apfelschorf ist eine verbreitete Pilzkrankheit, die die Ernte stark beeinträchtigt. Die Bäume werden meist während der Blüte infiziert. Auf den befallenen Blättern entwickeln sich schon bei recht kühlen Temperaturen Sporen, die durch Wind und Regen auf weitere Blätter sowie andere Gehölze übertragen werden. Nasse Blätter und hohe Luftfeuchte fördern die Ausbreitung. Über Sommer bilden sich immer wieder neue Sporen, die dann auch die Früchte infizieren. Die Erreger überwintern auf befallenen Blättern am Boden.

**Schadbild:** Auf jungen Blättern braune, rundliche Flecken, die sich bei feuchtem Wetter zunehmend vergrößern. Auf jungen Früchten bräunliche oder dunkle Flecken; Früchte teils deformiert, mit verkorkenden Rissen und aufplatzend. Auf spät befallenen Früchten kleine, grauschwarze Flecken, die sich teils erst beim Lagern zeigen; vor allem rund um den Stielansatz.

**Zeitpunkt:** Bald nach dem Austrieb bis zum Frühherbst; bei feuchtem Wetter.

**Abhilfe:** Vorbeugend die Kronen durch Schnitt luftig halten. Nach einem Befall das abgeworfene Laub im Herbst gründlich entfernen. Zur Bekämpfung sind Mittel mit dem Wirkstoff Difenoconazol zugelassen. Sie müssen gleich beim Sichtbarwerden der ersten Symptome eingesetzt und meist wiederholt gespritzt werden.

Erkundigen Sie sich vor Neupflanzungen nach widerstandsfähigen Sorten. Als resistent gelten zum Beispiel „Re"-Sorten wie 'Reglindis' und 'Rewena' sowie 'Gerlinde', 'Topaz', 'Prima' und 'Santana'. Gering anfällig sind auch einige altbewährte Sorten wie 'Ananasrenette' und 'James Grieve'.

## Birnenschorf

Der Birnenschorf entwickelt und äußert sich ähnlich wie der Apfelschorf. Die Erreger dieser Schorfkrankheiten sind miteinander verwandt, können aber nicht vom Apfel auf die Birne übergreifen und umgekehrt. Birnenschorf macht sich stärker durch Schäden an jungen Trieben und besonders an den Früchten bemerkbar.

**Schadbild:** Auf den Blättern braune, rundliche Flecken; blattunterseits teils schwärzlicher Pilzrasen. Die Rinde junge Triebe zeigt stellenweise blasige Wölbungen und reißt auf (sogenannter Zweiggrind). Junge Früchte mit Rissen und braunen bis schwärzlichen, verschorften Flecken; werden oft schon früh abgeworfen. Bei späterem Fruchtbefall fleckige, rissige, verkrüppelte Birnen.

**Zeitpunkt:** Bald nach dem Austrieb bis zum Frühherbst; bei feuchtem Wetter.

**Abhilfe:** Wie beim Apfelschorf; im Herbst eindeutig befallene Triebe wegschneiden. Gering schorfanfällige Sorten sind unter anderem 'Condo', 'Concorde', 'Conference', 'Harrow Delight', 'Isolda' und 'Uta'.

### → Ähnliche Triebschäden

wie der Birnenschorf sowie braunschwarze Blattflecken ruft der gefährlichere Bakterienbrand (siehe S. 90, 110) hervor.

## Blattbräune der Quitte

Diese Pilzkrankheit ist eine typische Erscheinung feuchter Frühlings- und Sommerwochen. Die Blatt- und Fruchtflecken ähneln denen des Apfelschorf. Es handelt sich aber um einen anderen Erreger. Der Pilz überwintert hauptsächlich am Falllaub, teils auch an der Rinde.

**Schadbild:** Auf den Blättern kleine, rundliche, rotbraune Flecken, die bei feuchtem Wetter bald das ganze Blatt überziehen. Bei starkem Befall Blattabwurf. Ähnliche, braunschwarze Flecken teils auch auf den Früchten.

**Zeitpunkt:** Teils schon bald nach dem Austrieb.

**Abhilfe:** Abgeworfenes Laub gründlich entfernen. Nach starkem Befall den Baum auslichten.

## Apfelmehltau

Anders als die meisten Schadpilze braucht der Echte Mehltau für Befall und Ausbreitung keine nassen Blätter, stattdessen Wärme und hohe Luftfeuchte. Er überwintert in befallenen Knospen, vor allem an den Triebspitzen.

**Schadbild:** Junge Blätter und Triebe mit weißem, mehligem Belag; manchmal rötliche Verfärbungen. Blätter rollen sich ein, vertrocknen vom Rand her, fallen früh ab. Triebe verkahlen, an den Spitzen nur noch verkümmerte Blattbüschel. Blütenblätter bleiben schmal und vergrünen. Bei starkem Befall Früchte netzartig berostet.

**Apfelmehltau**
Blätter mit den typischen Mehltaubelägen. Bei starkem Befall zeigen die Äpfel eine netzartige Berostung.

**Zeitpunkt:** Bald nach dem Austrieb, hauptsächlich im Frühsommer; Ausbreitung besonders bei schwül-warmem Wetter. Schon im Spätjahr erkennt man befallene Knospen: Sie sind runzlig und matter gefärbt als die gesunden.

**Abhilfe:** Im Winter die Bäume auf infizierte Knospen kontrollieren. Befallene Triebe bis ins gesunde Holz zurückschneiden. Ab Austriebsbeginn kann man Mittel mit dem Wirkstoff Difenoconazol einsetzen.

Viele der schorfresistenten „Re"-Sorten sind auch widerstandsfähig gegen Mehltau, zum Beispiel 'Rebella' und 'Rewena'. Als ziemlich mehltauanfällig gelten dagegen 'Boskoop', 'Cox Orange', 'Elstar', 'Gerlinde', 'Goldparmäne', 'Idared' und 'Jonagold'.

→ **Quittenmehltau**

Die Quitte wird nur selten von mehltaubefallenen Apfelbäumen infiziert. Zeigt sie weiße Überzüge, ist das meist ein anderer Erreger, der auch an Mispel und Weißdorn auftritt. Auf befallenen Früchten bilden sich dunkle, verkorkte Flecken.

**Mosaikviren** ⚠

Das Apfelmosaikvirus kann neben dem Apfel auch andere Pflanzen aus der Familie der Rosengewächse befallen, zum Beispiel Pflaume, Himbeere und Rosen. Das Ringfleckenmosaik der Birne tritt in weniger ausgeprägter Form auch am Apfel auf. Diese Viren werden nicht durch Blattläuse übertragen, sondern vermutlich nur beim Veredeln und somit über infizierte Pflanzware.

**Schadbild:** Blätter mit gelben bis weißlichen Sprenkeln, teils deutlich mosaikartig gescheckt; teils mit hellen Ringen oder Linien. Zunächst an einzelnen Trieben, dann allmähliche Ausbreitung auf den gesamten Baum. Bei starkem Befall teils auch gekräuselte Blätter und gestauchte Triebe. Auf Birnenfrüchten, seltener auf Äpfeln, hellgrüne oder bräunliche Ringe.

**Zeitpunkt:** Ab dem Austrieb, vor allem im Frühjahr und Frühsommer.

**Abhilfe:** Auf gesunde Pflanzware achten. Stark befallene Gehölze mit deutlicher Wuchshemmung entfernen. Siehe auch „Was tun gegen Viren?", Seite 43.

## → Miniermotten

Zeigen sich auf den Blättern ab April oder Mai helle, geschlängelte Linien oder weißliche „Placken", handelt es sich um Miniermotten (siehe S. 53). Sie treten besonders an Apfelbäumen auf, aber auch an Birne und Quitte.

### Apfelbaum-Gespinstmotte

In manchen Jahren treten diese kleinen Falter und ihre Raupen sehr zahlreich auf und überziehen teils ganze Äste mit ihren hellen Gespinsten. Manche Gärtner vermuten dann Befall durch Spinnmilben (siehe S. 54) oder auch Blutläuse (siehe S. 90). Doch die hellen, dichten, kokonartigen Gespinste sind schon sehr „eigen" – und sie beherbergen im Frühsommer viele kleine Raupen. Klein (knapp 2 cm groß) sind auch die weißen, schwarz gepunkteten Falter, die im Spätsommer ihre Eier an der Zweigrinde ablegen. Die Raupen schlüpfen schon im Herbst und überwintern unter einer schleimigen Schutzschicht. Im folgenden Frühjahr beginnen sie, an den jungen Blättern zu fressen. Dabei lassen sie die Mittelrippen stehen und nutzen diese als „Stützen" für die ersten Fäden, mit denen sie sich mitsamt den Zweigen und Blättern umspinnen. Gegen Ende Juni verpuppen sie sich, und bald schwärmen wieder die Falter aus.

**Schadbild:** Weißliche Gespinste, vor allem im äußeren Bereich der Krone, oft übersät mit schwarzen Kotkrümeln. Darin befinden sich kleine, gelbgraue Raupen, die die eingesponnenen Knospen, Blüten und Blätter zerfressen.

**Zeitpunkt:** Ab Mai, besonders nach milden Wintern.

**Abhilfe:** Wenn man sie schon früh entdeckt, im Winter die Eigelege abkratzen und im Frühjahr die ersten versponnen Blätter entfernen. Später dann die Gespinste herausschneiden. Das reicht meist schon aus. Man kann die Raupen zwar mit Bacillus-thuringiensis-Präparaten oder Mitteln mit dem Wirkstoff Thiacloprid bekämpfen. Aber sobald sie dicht versponnen sind, werden sie von Spritzmitteln kaum noch erreicht.

### Apfelrostmilbe

Ihrem Namen zum Trotz treten diese winzigen Sauger an der Birne fast ebenso häufig auf wie am Apfel. Sie sind noch kleiner als Spinnmilben (siehe S. 54) und selbst mit einer guten Lupe gerade so noch zu erkennen. In warmen Jahren treten sie oft massenhaft auf. Älteren Bäumen macht das meist wenig aus, aber junge Gehölze werden manchmal stark mitgenommen. Die Weibchen überwintern meist am Baum an geschützten Stellen; oft in der Nähe der Knospen, um dort gleich im Frühjahr ihre Eier abzulegen.

**Schadbild:** Blätter oberseits matt graugrün; unterseits gelbliche Flecken, die zusammenfließen und sich rostbraun verfärben. Blätter bei starkem Befall silbrig, teils vertrocknend, oft nach unten eingekrümmt. Früchte teils ebenfalls berostet.

**Birnengitterrost**
An Wacholderzweigen (links) reifen in solchen Gebilden die Pilzsporen heran. Im Frühjahr trägt sie der Wind zu Birnbaumblättern. Dort bilden sich auffällige Flecken (rechts) und blattunterseits Sporenlager (Detailbild).

**Zeitpunkt:** Ab Frühsommer, verstärkt im Hoch- und Spätsommer.
**Abhilfe:** Mehrmals mit Schachtelhalmbrühe und/oder Knoblauchtee spritzen oder käufliche Raubmilben einsetzen (siehe auch S. 181 f.).

### Birnengitterrost

Diese Pilzkrankheit ruft sehr auffällige Flecken hervor, beeinträchtigt den Birnbaum und seine Früchte aber nur bei starkem Befall: Das heißt, wenn etwa die Hälfte der Blattfläche durch die roten Flecken verunstaltet ist.

Die Rostpilze überwintern an Wacholdern, vor allem am Sadebaum (Juniperus sabina) und am Chinawacholder (J. chinensis). Dagegen werden Sorten des Gewöhnlichen Wacholders (J. communis), des Kriech- und des Schuppenwacholders (J. horizontalis, J. squamata) kaum befallen. An betroffenen Wacholdern sind einzelne Äste spindelförmig verdickt. Dort bilden sich im Frühjahr Blasen mit zahlreichen Pilzsporen, die vom Wind auf die Blätter der Birnbäume getragen werden.

**Schadbild:** Blattoberseits kleine, anfangs gelbe, dann leuchtend orangerote Flecken, die sich vergrößern; unterseits knollenförmige Warzen (Sporenlager). Bei starkem Befall Blattabwurf und teils auch an Trieben und Früchten Höcker mit Sporen.
**Zeitpunkt:** Flecken ab Mitte/Ende Mai, meist während der Blüte; Warzen ab Juli.
**Abhilfe:** Vorbeugend befallene, verdickte Triebe an Wacholdern wegschneiden; besser noch erkrankte Wacholder komplett entfernen. Mittel mit dem Wirkstoff Difenoconazol können den Birnengitterrost eindämmen, wenn sie früh genug ausgebracht werden.

### Weißfleckenkrankheit der Birne

Für diese Blattfleckenpilze sind nur manche Birnensorten anfällig, vor allem 'Gute Luise', 'Boscs Flaschenbirne' und 'Diels Butterbirne'. Die Erreger überdauern hauptsächlich auf dem Falllaub am Boden.
**Schadbild:** Auf den Blättern 2–3 mm kleine, runde, hellgraue bis silbrig glänzende Flecken mit schwarzbraunem Rand. Bei starkem Befall frühzeitiger Blattabwurf.

**Zeitpunkt:** Ab Frühsommer; bei feuchtem Wetter.

**Abhilfe:** Vorbeugend die Kronen durch Schnitt luftig halten, damit die Blätter schnell abtrocknen. Nach einem Befall das abgeworfene Laub im Herbst entfernen.

### → Aufgehellte Blätter

Oft werden Krankheiten oder saugende Schädlinge vermutet, wenn sich die Blätter hellgrün, gelblich oder an den Rändern braun verfärben. Häufig sind das aber Anzeichen von Nährstoffmangel (siehe S. 27). Besonders die Quitte leidet oft unter Eisenmangel. Bormangel und besonders Kalziummangel (siehe Stippe, S. 86) können auch die Früchte beeinträchtigen.

**Blattfleckenpilze beim Apfel**

Zeigen sich schon bald nach dem Austrieb braune Flecken auf den Blättern, handelt es sich meist um den Apfelschorf (siehe S. 76). Recht früh, bald nach der Blüte, können außerdem rotbraune Phyllosticta-Blattflecken auftreten; die befallen aber nur manche Sorten, beispielsweise 'Braeburn'. Verbreiteter sind die meist später auftretenden Alternaria-Blattflecken, die teils auch auf Früchte übergreifen.

Die ab Juni auffallende Blattfallkrankheit (Marssonina coronaria) wird erst seit einigen Jahren beobachtet; und zwar besonders in Privatgärten und Streuobstwiesen, wo keine regelmäßigen Vorbeuge-Spritzungen erfolgen. Wie ihr Name schon besagt, folgt den Flecken oft ein starker, frühzeitiger Blattabwurf. Das kann nicht nur die Ernte schmälern, sondern auf Dauer auch den Baum schwächen.

**Schadbild:** Phyllosticta-Blattflecken: Auf den Blättern rundliche, hellbraune Flecken mit rötlichem Rand, rund 5 mm groß; verfärben sich bis zum Spätsommer blassgrau.

Alternaria-Blattflecken: Auf den Blättern kleine und etwas größere, unregelmäßige braune Flecken, oft mit violettem Rand; verfärben sich grau bis silbrig. Bei starkem Befall Blattabwurf. Befallene Früchte mit winzigen schwarzbraunen Flecken, vor allem im Kelchbereich.

Blattfallkrankheit: Auf den Blättern braune bis grauschwarze Flecken, die oft zusammenlaufen; teils auch kleine, braunviolette Punkte. Die restliche Blattfläche wird gelb, schließlich fallen die Blätter ab. Auf Früchten teils olivgrüne bis schwarze, etwas eingesunkene Flecken.

**Zeitpunkt:** Meist erst ab Frühsommer; bei feuchtem Wetter.

**Abhilfe:** Vorbeugend die Kronen durch Schnitt luftig halten. Nach einem Befall das abgeworfene Laub im Herbst gründlich entfernen. Mehrmalige Behandlungen mit Schachtelhalm-, Knoblauchauszügen oder Pflanzenstärkungsmitteln machen die Blätter weniger anfällig. Zur Bekämpfung sind Mittel mit dem Wirkstoff Difenoconazol zugelassen.

## → Ausbleibende oder abgestoßene Früchte

Wenn die Apfel- und Birnbäume reich blühen, ohne irgendwelche Anzeichen von Blütenschäden, aber keine Früchte ansetzen – dann fehlt es meist an geeigneten Befruchtungspartnern (siehe S. 31).

Fallen gegen Ende Juni kleine Früchte ab, die keine Schadsymptome zeigen, dünnen die Bäume von selbst übermäßigen Behang aus; siehe Blüten- und Fruchtabwurf, Seite 29.

### Schmierläuse

Mehrere Schädlinge überziehen Blätter und Früchte mit klebrigen Ausscheidungen (Honigtau). Wenn es sich um Blattläuse (siehe S. 49) oder Blattsauger handelt, erkennt man das meist schon an gekräuselten Blättern; bei Blutläusen (siehe S. 90) an weißen „Wattebäuschen" und Rindenschäden.

Bei Schmierläusen dagegen sind die klebrigen Beläge meist die einzigen auffälligen Symptome. Deutlichstes Anzeichen für Schmierläuse sind die ab Frühsommer zu sehenden weißen Eisäcke der Weibchen. Kernobstbäume werden von der Ahornschmierlaus befallen, die auch an vielen anderen Gehölzen auftritt; neben Ahorn zum Beispiel Birke, Hainbuche, Stechpalme sowie Haselnuss und Weinrebe.

**Schadbild:** Auf Blättern und teils auch an Früchten kleine, helle Saugflecken; bei massivem Befall vergilbende, teils abfallende Blätter. Befallene Pflanzenteile stark mit klebrigem Honigtau überzogen, dieser oft durch Rußtaupilze schwärzlich. Meist zahlreiche Ameisen am Baum. Ab Frühsommer 5–10 mm lange, weiße Eisäcke auf der Rinde, die als helle „Striche" auffallen.

**Zeitpunkt:** Meist erst ab Juni auffällig.

**Abhilfe:** In der Regel nicht nötig. Bei wiederholtem, stärkerem Befall zum Austrieb ölhaltige Präparate spritzen.

---

**Beschädigte Früchte:** Die Liste der Schaderreger ist lang und reicht von der Apfel- und Birnensägewespe bis zur Glasigkeit und Fleischbräune (siehe S. 87). Weitere, häufige Fruchtschäden entstehen durch Frostspanner (S. 48), Apfelschorf (S. 76), Birnenschorf (S. 77) und Monilia-Fruchtfäule (S. 37). Gelegentlich verunstalten auch Apfelschalenwickler (S. 51), Blattläuse (S. 49), Birnenblattsauger (S. 74), Birnenpockenmilben (S. 74), Mosaikviren (S. 42) oder Baum- und Blattwanzen (S. 52) das Erntegut.

---

**Apfelsägewespe**
Die Larve der winzigen Wespe (Detail) bohrt sich in die jungen Früchte. Auf den teils ausgehöhlten Äpfeln verbleiben vernarbte Fraßgänge.

## Apfel- und Birnensägewespe

Die Apfelsägewespe und die etwas seltenere Birnensägewespe zählen zu den am frühesten auftretenden Fruchtschädlingen. Sie befallen besonders früh und weiß blühende Sorten, beim Apfel zum Beispiel 'Idared', 'Jonagold' und 'Topaz'. Die rund 6 mm großen, schwarz-orangen oder schwarz-gelben Blattwespen schwärmen kurz vor Blühbeginn aus. Die Weibchen ritzen dann mit ihrem Legebohrer den Blütenboden auf und legen dort einzeln ihre weißen Eier hinein.

Nach ein bis zwei Wochen schlüpfen die weißgelben, bis 12 mm langen Larven (Afterraupen), bohren sich in die noch kleinen Früchte, fressen sich bis zum Kerngehäuse durch und nagen dort die Kerne an. Auf diese Weise schädigt jede Larve nacheinander mindestens zwei bis drei Früchte. Nach etwa vier Wochen hat sie genug und lässt sich zu Boden fallen. Die Larve überwintert in einem Kokon im Boden und verpuppt sich im folgenden Frühjahr – manchmal aber auch erst nach zwei bis drei Jahren.

**Schadbild:** Junge Früchte mit rundem Bohrloch, aus dem feuchter Larvenkot hervortritt; innen stark ausgehöhlt; darin oft noch die Larve mit unangenehmem Wanzengeruch. Auf der Fruchtoberfläche ein bogiger, spiralartiger Fraßgang, der später als braune Vernarbung sichtbar wird. Oft vorzeitiger Fruchtabwurf.

**Zeitpunkt:** Ab Mai/Juni, bei und nach sonnigem Wetter.

**Abhilfe:** Beleimte Weißtafeln helfen bei der Flugkontrolle und können schon einige Sägewespen abfangen. Betroffene und abgefallene Früchte gründlich entfernen. Zur Bekämpfung kann Quassiabrühe eingesetzt werden, dies zum Blühende hin, wenn die Blütenblätter abfallen. Zugelassen sind auch Mittel mit dem chemischen Wirkstoff Thiacloprid.

## Apfelwickler, Apfelmade ✖

Vielen ist dieser verbreitete Schädling unter den Namen Apfel- oder Obstmade bekannt. Er gehört zu den größten Plagen beim Apfelanbau und tritt auch an Birne und Quitte auf, teils sogar an Pfirsich, Aprikose und Walnuss. Die kleinen graubraunen Falter mit einer Flügelspannweite von etwa 2 cm

**Apfelwickler**
Die kleinen Falter fliegen ab Mai.
Aus den Eiern schlüpfen die blass-
rosa Obstmaden, die sich durch die
Früchte fressen.

sind erstmals zwischen Mai und Juni unterwegs; dies bei warmem, trockenem Wetter,
hauptsächlich in der Abenddämmerung.
Nach der Paarung legen die Weibchen ihre
Eier zunächst an Blättern, dann auch an jungen Früchten ab. Ein bis zwei Wochen später
schlüpfen die blassrosa Raupen (Maden)
mit braunem Kopf, die bis 2 cm lang werden, und bohren sich in die Früchte ein.

Nachdem sie bis Juli in den Früchten ge-
fressen haben, bohren sie sich wieder nach
draußen und lassen sich an einem Spinnfaden herab, um sich in Rindenrissen und am
Stammgrund in einem weißen Kokon zu
verpuppen. Ein Teil davon verharrt so zum
Überwintern; die anderen Puppen entwickeln sich bei warmem Wetter gleich wieder
zu neuen Faltern. Deren Raupen fressen
hauptsächlich im August in den reifenden
Früchten und bilden zum Herbst hin ihre
Winterkokons.

**Schadbild:** Früchte mit Bohrloch, an dem
meist braune, trockene Kotkrümel zu sehen
sind; fallen vorzeitig ab. In den Früchten ge-
wundene Fraßgänge, die zum zerstörten
Kerngehäuse führen, darin oft eine Raupe.

**Zeitpunkt:** Raupenfraß ab etwa Mitte Juni;
Schäden werden an reifenden Früchten zunehmend größer.

**Abhilfe:** Bäume im Winter gründlich kontrollieren und Raupenkokons abkratzen. In
Wellpappegürteln, die Ende Mai um die
Stämme gelegt werden, bleibt ein Teil der
Raupen hängen; diese Fanggürtel Ende Juli
entsorgen und durch neue ersetzen. Wichtig
ist es vor allem, befallene und abgeworfene
Früchte frühzeitig und konsequent zu entfernen.

Lockstoff-(Pheromon-)fallen fangen einige männliche Falter ab, tragen aber nur wenig zum Reduzieren der Schädlinge bei.
Trotzdem sind sie hilfreich, weil sie den Beginn des Falterflugs anzeigen und so eine
gezielte, frühzeitige Bekämpfung ermöglichen. Hierfür stehen biologische Granulose-
virus-Präparate zur Verfügung; sie zeigen
bei wiederholtem Ausbringen (im Abstand
von etwa zehn Tagen) gute Wirkung. Auch
Quassia-, Wermut- und Rainfarnauszüge
können einen Befall eindämmen. Zudem
werden Trichogramma-Schlupfwespen zur
biologischen Bekämpfung angeboten.

## Apfelbaummotte

Die Schäden der nur gelegentlich auftretenden Apfelbaum- oder Ebereschenmotte werden zuweilen mit denen des Apfelwicklers verwechselt. Die kleinen Schalenflecken und dünnen Fraßgänge der Motte machen aber die Unterscheidung einfach. Wer Ebereschen und Wildobst wie die Apfelbeere (Aronia) in seinem Garten pflanzt, hat auch bei anderen Früchten mit diesem Schädling zu tun. Die gelbbraunen, nur gut 1 cm breiten Falter fliegen ab Ende Mai. Bald darauf bohren sich die gelblich rosa gefärbten, rund 5 mm kleinen Raupen in die Früchte ein. Im Spätsommer spinnen sie sich zum Boden herab und verpuppen sich, um in einem Kokon zu überwintern.

**Schadbild:** Auf der Fruchtschale kleine, eingesunkene, dunkle Flecken mit Bohrloch. Fruchtfleisch von schmalen, netzförmigen Fraßgängen durchzogen, teils mit bis zu 20 Räupchen.

**Zeitpunkt:** Ab Juni, bis etwa Ende Juli.

**Abhilfe:** Befallene Früchte gleich im Sommer abpflücken und beseitigen. Bei starkem Befall Bacillus-thuringiensis-Präparate einsetzen.

## Apfelfruchtstecher

Dieser Rüsselkäfer und seine Larven schädigen nicht nur Äpfel und gelegentlich Birnen, sondern auch andere Obstarten, vor allem Pflaumen. Die rund 4 mm großen, rotbraunen Käfer fressen im Sommer kleine Gruben in die jungen Früchte und legen darin ihre Eier ab. Bald darauf schlüpfen die gelblich weißen, 3–4 mm langen Larven und fressen rund drei Wochen lang in den Früchten. Danach ziehen sie sich in den Boden zurück oder verbleiben in abgefallenen Früchten. So stellen sie sich schon auf die Überwinterung ein, um sich im nächsten Frühjahr zu verpuppen.

**Schadbild:** Anfangs leichter Fraß der Käfer an Knospen, Blättern und Blüten, der nur hier und da auffällt. Dann an den jungen Früchten winzige Fraßgruben, die sich mit dem Fruchtwachstum vergrößern und als verkorkte, eingesunkene Flecken sichtbar werden. Teils bleibt es bei diesen Symptomen, teils werden die Früchte auch stark deformiert, als Folge des Larvenfraßes; oder sie fallen ab, weil die Käfer auch die Stiele angenagt haben.

**Zeitpunkt:** Hauptsächlich im Juni und Juli.

**Abhilfe:** Beschädigte Früchte am Baum und am Boden entfernen, damit sich die Käfer nicht erneut entwickeln können. Mehr ist meist nicht nötig. Fällt schon im Mai stärkerer Reifungsfraß der Käfer auf, kann man diese mit Quassiabrühe oder Mitteln mit dem Wirkstoff Thiacloprid bekämpfen.

## Birnengallmücke

Die grauschwarze, etwa 3 mm große Birnengallmücke tritt hauptsächlich an jungen Bäumen und an Spalierbirnen auf. Sie legt zwischen Ende April und Ende Mai ihre Eier in die sich gerade öffnenden Blüten ab. Etwa eine Woche später schlüpfen die gelblich weißen, bis 5 mm langen Larven, dringen in den Fruchtknoten ein und zerstören das Gewebe. Nach vier bis sechs Wochen begeben sie sich in den Boden, rund 5–10 cm tief. Dort überwintern sie in einem Kokon, um sich im Frühjahr zu verpuppen.

**Schadbild:** Befallene Früchte wachsen zunächst deutlich schneller als die anderen, platzen dann aber auf, schrumpfen und fallen ab. Junge Früchte kugelig angeschwollen, unregelmäßig verdickt, zunehmend schwarz verfärbt. Im Kerngehäuse findet man oft bis zu 50 kleine Larven.

**Zeitpunkt:** Ab Fruchtbildung.

**Abhilfe:** Betroffene Früchte abschütteln oder abpflücken, Fallobst umgehend und gründlich entfernen. Wermut-, Rainfarn- und Quassiaauszüge, während der Flugzeit gespritzt, können den Befall eindämmen. Zur Bekämpfung sind auch Mittel mit dem chemischen Wirkstoff Thiacloprid zugelassen.

## Steinfrüchtigkeit der Birne und Quitte

Diese Viruskrankheit wird durch Veredlung übertragen, vermutlich auch durch saugende Schädlinge. Ähnliche Symptome können auch durch Trockenheit, Bormangel oder Saugschäden durch Wanzen auftreten.

**Schadbild:** An jungen Früchten auf der Schale eingesunkene, dunkelgrüne Flecken und Ringe, die sich zu Eindellungen vertiefen. Früchte zunehmend verkrüppelt. Im Fruchtfleisch Anhäufungen von Steinzellen, die mit der Zeit verbräunen.

**Zeitpunkt:** Ab Fruchtbildung.

**Abhilfe:** Auf gesunde Pflanzware achten. Bormangel (siehe S. 27) zeigt sich vor allem bei kühlem, nassem Wetter, auf kalkhaltigen Böden, und lässt sich durch gezieltes Düngen beheben. Werden trotzdem und trotz ausreichender Wasserversorgung immer wieder Früchte steinig, deutet das auf einen Virenbefall hin. Dann werden die Bäume besser ganz entfernt.

## Stippe bei Apfel und Quitte

Die Stippe oder Stippigkeit resultiert aus einer mangelhaften Kalziumversorgung der Früchte. Dabei ist meist genug Kalzium im Boden vorhanden, wird aber nicht ausreichend zu den Früchten transportiert. Zu den Ursachen zählen Kalium- und Magnesiumüberschuss im Boden und zu starkes Triebwachstum (durch kräftigen Rückschnitt, überhöhte Stickstoffgaben). Hitze, Trockenheit sowie hohe Luftfeuchtigkeit verstärken das Auftreten der Stippe.

**Schadbild:** Auf der Schale millimetergroße, bräunliche, später eingesunkene Flecken, die bis ins Fruchtfleisch hineinreichen. Bei starkem Befall bitterer Geschmack.

**Zeitpunkt:** Während der Fruchtreife; fällt teils erst an gelagerten Äpfeln auf.

**Abhilfe:** Auf gleichmäßige Wasserversorgung während der Fruchtbildung und auf ausgewogene Düngung achten. Bei häufigem Auftreten Bodenuntersuchung durchführen (siehe S. 23) und, wenn nötig, Kalkdünger ausbringen. Starken Fruchtbehang

**Kalziummangel**
Stippeflecken an Äpfeln sind
Symptome für eine mangelhafte
Kalziumversorgung.

ausdünnen. Anfällig sind vor allem großfrüchtige Sorten wie 'Boskoop', 'Glockenapfel' und 'Jonagold'. Bei solchen Sorten ist ein
nicht allzu starker Rückschnitt, vorzugsweise im Sommer, zu empfehlen.

### Rußfleckenkrankheit des Apfels ⁛

In und nach verregneten Sommermonaten
breitet sich diese Pilzkrankheit des Öfteren
auf reifenden Apfelfrüchten aus. Man kennt
sie deshalb auch als Regenfleckenkrankheit.
Auf den ersten Blick kann das an Apfelschorf (siehe S. 76) erinnern. Doch der grünlich schwarze, rußartige, oft großflächige
Belag (anders als bei Rußtaupilzen nicht
klebrig) lässt sich abreiben oder abwaschen.
Eine ähnliche Erscheinung ist die „Fliegen-
schmutzkrankheit", mit vielen winzigen,
schwarzen Pünktchen auf der Schale.

Das Lichthalten der Krone, das schnelle-
res Abtrocknen fördert, beugt diesem und
ähnlichen Schadpilzen vor. Die Äpfel sind
nach dem Abwischen der Beläge genießbar,
sollten aber vorsichtshalber geschält werden – und bald verwertet, denn beim Lagern
schrumpfen oder faulen sie recht schnell.

### Glasigkeit, Fleischbräune, Sonnen-brand

Diese Erscheinungen kommen bei Äpfeln
und Quitten vor und werden meist erst
beim Lagern – oder beim Essen – bemerkt.

Zur Glasigkeit der Äpfel kommt es vor allem bei sonnigem, warmem Herbstwetter.
Im Fruchtfleisch wird Wasser eingelagert,
sodass es stellenweise durchscheinend aus-
sieht und danach oft verbräunt. Teils bilden
sich auch gleich braune Schlieren in der
Frucht. Die Fleischbräune der Quitte dagegen wird durch feuchtes Wetter gefördert
sowie durch schwankende Wasserversorgung und unausgewogene Düngung. Auch
früh auftretende Fröste führen zur Bräune
des Fruchtfleischs, die sich erst beim Aufschneiden zeigt.

In diesen Fällen hilft nur eine schnelle
Verwertung der Früchte, die durchaus noch
genießbar sind, etwa das Verarbeiten zu
Mus. Erntet man Quitten, sobald sich die
Früchte von grün nach gelb verfärben, tritt
die Fleischbräune deutlich seltener auf.

Früchte mit Sonnenbrand dagegen sind
kaum zu genießen, weil sie schnell faulen.

Das musste man in den letzten Jahren mit sehr heißen Sommern vor allem an Äpfeln beobachten. Der Sonnenbrand führt zu dunkel- bis rotbraunen, oft großen Fruchtflecken.

### Feuerbrand

Diese hoch ansteckende Bakterienkrankheit kann innerhalb weniger Monate ganze Obstanlagen zerstören und ist meldepflichtig! Bei schwerem Befall wirken komplette Baumpartien wie versengt, deshalb der Name Feuerbrand. Er befällt nur Kernobst, also Apfel, Birne, Quitte und sowie die Nashi-Birne. Apfelbäume sind weniger stark betroffen als die anderen Arten. Befallen werden außerdem Ziergehölze mit apfelähnlichen Früchten, vor allem Feuerdorn, Zwergmispel (Cotoneaster), Weiß- und Rotdorn, Zierquitte, Eberesche und Felsenbirne.

Die Bakterien überwintern in der Rinde infizierter Gehölze. Sie bilden einen Schleim aus, der im Frühjahr durch Regentropfen und Insekten auf Blüten übertragen wird.

Eine Übertragung ist auch durch Vögel, Wind und Schnittwerkzeug möglich. Der Bakterienschleim verstopft die Leitgefäße, was zum Absterben der Bäume führen kann.

**Schadbild:** Blüten und Blätter welken, fallen aber nicht ab; Stiele dunkelbraun bis schwarz, oft auch die Blüten; Blätter mit auffällig schwarzen Blattadern. Junge Triebe welken, werden schwarz, krümmen sich teils an den Spitzen hakenartig. Früchte faulen, bleiben braunschwarz und eingetrocknet am Baum hängen. Weißliche bis gelbbraune Schleimtröpfchen an Rissen, Wunden und infizierten Früchten.

Der Befall kann sich recht schnell auf größere Zweig- und Astpartien ausbreiten, die dann wie „verbrannt" aussehen. Die Rinde an Ästen und am Stamm wird teils zerstört und sinkt ein. Schlimmstenfalls stirbt der ganze Baum ab.

**Zeitpunkt:** Ab Austriebs- und Blühbeginn, bis zum Herbst; Ausbreitung besonders bei schwül-warmem Wetter.

---

**Absterbende Triebe und Bäume:** Die hier beschriebenen Schaderreger von Feuerbrand bis zum Birnenverfall (siehe S. 94) gehören zu den gefährlichsten Krankheiten am Kernobst. Ein Blutlausbefall (siehe S. 90) ist nicht ganz so dramatisch, kann aber bei häufigem Auftreten die Bäume schwächen. Baumschäden verursachen auch Bleiglanz (siehe S. 34), Rotpustelkrankheit (siehe S. 37) und weitere holzzerstörende Pilze (siehe S. 34), außerdem verschiedene Holzschädlinge (ab S. 62).

---

**Abhilfe:** Besteht Verdacht auf Feuerbrand, sollte man sich unbedingt mit dem zuständigen Pflanzenschutzamt in Verbindung setzen. Oft kommen von dort schon Empfehlungen für das weitere Vorgehen.

Entfernen Sie ansonsten frühzeitig alle befallenen und befallsverdächtigen Pflanzenteile. Schneiden Sie vorbeugend auch die Wasserschosse (steil aufrechte, dünne Jungtriebe auf Astoberseiten) weg: Die sind besonders anfällig für weitere Infektionen.

Herausgeschnittene Triebe und Äste werden am besten verbrannt; wo es zulässig ist, im Garten, andernfalls in einer Müllverbrennungsanlage. Kleinere Mengen können in die Restmülltonne kommen (nicht zum Biomüll). Desinfizieren Sie nach Arbeiten an erkrankten Gehölzen das Schnittwerkzeug mit Alkohol, und reinigen Sie auch die Hände gründlich.

Droht ein Befall von Ziergehölzen auszugehen, werden diese am besten ganz entfernt. Vom Feuerdorn gibt es einige feuerbrandresistente Sorten.

### → Widerstandsfähige Sorten

Bei Neupflanzungen von Äpfeln empfiehlt es sich, das Angebot an „Re"-Sorten zu prüfen: 'Remo', 'Resi', 'Reglindis' und weitere Sorten aus dieser Züchtungsreihe sind sehr widerstandsfähig gegen Feuerbrand. Als gering anfällig gelten zudem 'Boskoop', 'Glockenapfel', 'Ontario', 'Pirella', 'Prima' sowie einige Mostapfelsorten, zum Beispiel 'Rheinischer Bohnapfel'.

Die Birnensorten 'Harrow Sweet' und 'Harrow Delight' zeigten sich bislang resistent gegen Feuerbrand; auch 'Josefine von Mecheln' und 'Uta' werden kaum geschädigt. Gering anfällig sind 'Clairgeau's Butterbirne' und manche Lokalsorten wie die 'Kirchensaller Mostbirne'.

Bei den Quitten werden 'Champion', 'Cydonia Robusta', 'Konstantinopeler', 'Portugiesische Quitte' und 'Radonia' meist als widerstandsfähig beurteilt.

## Bakterienbrand

Eine weitere Bakterienkrankheit, die sich zunehmend häufiger an Apfel und Birne zeigt, vor allem in niederschlagsreichen, wintermilden Landstrichen. Die größte Bedeutung hat sie bei der Sauerkirsche (siehe S. 110). Der Schwächeparasit dringt über Frostrisse und Wunden in die Bäume ein, im Frühjahr auch über die Blüten, im Herbst über die Blattnarben nach dem Laubfall. Anders als der Feuerbrand verbreitet und zeigt sich der Bakterienbrand vor allem bei kühlem, feuchtem Wetter.

**Schadbild:** Blütenknospen öffnen sich unvollständig, verbräunen und vertrocknen. Teils braunschwarze Blattflecken. An Trieben, Ästen und am Stamm eingesunkene, dunkle Partien mit Rissen, die sich stark ausdehnen können; die äußere, dünne Rindenschicht hebt sich oft ab. Triebe und komplette Äste können absterben. Im Gegensatz zum Feuerbrand keine Bildung von Schleimtröpfchen.

**Zeitpunkt:** Ab Frühjahr, besonders bei kühl-feuchtem Wetter.

**Abhilfe:** Ein sonniger, luftiger, etwas frostgeschützter Standort mindert das Befallsrisiko; ebenso das regelmäßige Auslichten der Kronen, vorwiegend im Spätsommer oder späten Frühjahr. Befallene Triebteile großzügig wegschneiden, erkrankte Rindenpartien am Stamm frühzeitig ausschneiden. Kupferspritzmittel, die bei feuchtem Wetter zur Zeit des Knospenaustriebs und des Blattfalls ausgebracht werden, können ein wenig vorbeugen.

Die meisten „Re"-Sorten des Apfels sind wenig anfällig für Bakterienbrand, teils sogar resistent, so etwa 'Resi' und 'Rewena'.

## Blutlaus

Dieser Apfelbaumschädling tritt gelegentlich auch an Birne, Quitte und verwandten Ziergehölzen, zum Beispiel Feuerdorn und Eberesche, auf. Die Läuse sind rötlich bis graubraun, rund 2 mm groß und überziehen sich mit hellen Wachsfäden. Zerdrückt man sie, tritt die namengebende blutrote Flüssigkeit aus. Sie überwintern als Larven in Rindenrissen und -ritzen, teils auch im oberen Wurzelbereich. Ab Mai treten sie, nun mit Wachsflaum bedeckt, an Schnittstellen und Wunden auf, vor allem im unteren Kronenbereich. Die Weibchen können sich ungeschlechtlich vermehren, was in feuchtwarmen Lagen besonders rasch geschieht. Ab Juli sieht man verstärkt geflügelte Blutläuse, die weitere Bäume heimsuchen. Im Jahr können bis zu zehn Generationen auftreten.

Einige beliebte ältere Apfelsorten gelten als besonders anfällig, darunter 'Cox Orange', 'Goldparmäne' und 'Klarapfel'.

**Schadbild:** Wattige, weiße Wachskissen an Wunden und Schnittstellen, dann auch an jungen Trieben. An den Befallsstellen schwammiges Gewebe, oft Aufplatzen der Rinde und beulige, knotenartige Wucherungen („Blutlauskrebs"). Oberhalb der Befallsstellen unreife Triebe, als Folge oft Frostschäden. Teils Absterben einjähriger Triebe. Klebrige Honig- und Rußtaubeläge.

**Blutläuse**
Die rötlichen Blutläuse verstecken sich unter weißen Wachsknäueln an Apfelzweigen und -ästen.

**Zeitpunkt:** Ab Mitte Mai, besonders stark im Juni und September.

**Abhilfe:** Vorbeugend übermäßige Stickstoffdüngung vermeiden, ebenso unnötige Wunden; größere Schnitte gut mit Wundverschlussmittel verstreichen. Baumkronen luftig halten, dünne Wasserschosse entfernen. Eine Unterpflanzung mit Kapuzinerkresse kann die Läuse zum Teil von den Bäumen „abziehen". Blutlauskolonien abbürsten, abkratzen oder mit ölhaltigen Präparaten bepinseln. Stark befallene Zweige herausschneiden.

Mit Austriebsspritzungen gegen Blattläuse werden meist auch die Blutläuse reduziert. Bevorzugen Sie nützlingsschonende Mittel (zum Beispiel mit Kaliseife), denn Blutlauszehrwespen, Ohrwürmer und Schwebfliegen können Blutläuse gut in Schach halten.

### Kragenfäule ⚠

Diese von dem Pilz Phytophthora cactorum hervorgerufene Krankheit spielt vor allem beim Apfel eine Rolle. Derselbe oder verwandte Erreger schädigen zuweilen auch Birn- und Steinobstbäume. Der Pilz dringt über Verletzungen in der Rinde in den Baum ein. Er kann mehrere Jahre im Boden überdauern, außerdem in befallenen, abgeworfenen Früchten und von dort aus weitere Stammpartien und andere Bäume infizieren. Regenphasen und recht warme Temperaturen fördern die Ausbreitung. Gefährdet sind vor allem Bäume auf tonreichen, oft nassen Böden. Als besonders anfällig gelten die Sorten 'Cox Orange', 'Cox Orange', 'Idared', 'James Grieve' und 'Topaz'.

**Schadbild:** Meist fallen zuerst klein bleibende, helle Blätter auf, die sich schon früh rötlich verfärben und abfallen. Insgesamt gehemmtes Wachstum, mit wenigen und oft kurzen Jahrestrieben. Kleine, stark ausgefärbte, aber fad schmeckende Früchte. Bei direktem Fruchtbefall bräunliche Schalen und Kernhäuser, mit hell bleibendem Fruchtfleisch.

Eindeutigere Anzeichen sind dann Faulstellen am Stamm, meist oberhalb der Veredlungsstelle; teils auch an der Unterlage. Faulstellen breiten sich aus, umfassen bald den Stamm. Die Rinde sinkt ein, verfärbt sich oft violett und reißt auf. Teils nässen die Befallsstellen. Der Baum stirbt in den Folgejahren langsam ab.

**Zeitpunkt:** Erste Anzeichen (Blattverfärbung und Blattfall) meist im Sommer.

**Abhilfe:** Vorbeugend verdichtete, nasse Böden verbessern, gut mit Kompost versorgen (kann die Pilze eindämmen) und die Stammumgebung unkrautfrei halten. Fallobst und faulende Früchte frühzeitig beseitigen und Faulstellen am Stamm sorgfältig ausschneiden. Kupferpräparate können den Befall eindämmen. Stark befallene Bäume besser ganz entfernen, mit so viel Wurzelwerk und angrenzendem Boden wie möglich.

### Obstbaumkrebs ⚠

Obstbaumkrebs, eine Pilzkrankheit, tritt an Apfel und Birne auf und befällt gelegentlich auch Quitten sowie verschiedene Zierbäume. Steinobst dagegen ist nicht gefährdet. Zu einer Infektion kommt es vor allem in verregneten Jahren. Entsprechend ist die Krankheit in niederschlagsreichen Regionen besonders verbreitet. Der Erreger dringt über Schnittwunden, schlecht verheilte Aststummel, Frostrisse und andere Verletzungen in die Rinde ein, außerdem über die Narben, die abgefallene Früchte und Blätter hinterlassen. Er überwintert an lebenden und abgestorbenen Pflanzenteilen sowie im Boden.

Manche Apfelsorten wie 'Braeburn', 'Cox Orange' und 'Goldparmäne' gelten als besonders anfällig. Da gibt es allerdings unterschiedliche Erfahrungen.

**Schadbild:** An jungen Trieben zunächst kleine, rotbraune, leicht eingesunkene Flecken, meist in der Nähe eines Auges. Der Befall breitet sich oft rundum aus, die Rinde reißt auf, der darüber stehende Triebteil stirbt ab und wird dürr (Siehe S. 33 unten).

An älteren Ästen und am Stamm anfangs offene Wundstellen, dort Bildung rundlicher, geschwulstartiger, rauer Wucherungen, oft in mehreren Ringen. Im Herbst und Winter an Befallsstellen rote Polster aus kugeligen Fruchtkörpern.

An bereits stärker befallenen Bäumen schwacher Austrieb, welkende Blüten, Knospen und Blätter; an Früchten bräunliche Flecken. Jungbäume können ganz absterben.

**Zeitpunkt:** Ganzjährig; oft nach dem Blattfall besonders auffällig.

**Abhilfe:** Vorbeugend unnötige Verletzungen vermeiden; nicht bei feuchtem Wetter schneiden; Sommerschnitt bevorzugen, um schnelle Wundverheilung zu fördern. Schnitt- und Sägewunden sauber nachschneiden, größere mit Wundverschlussmittel verstreichen.

Junge Triebe und Zweige handbreit unter der Befallsstelle wegschneiden. Krebsstellen an Ästen und Stämmen großzügig ausschneiden, Schnittstellen mit Wundverschlussmittel behandeln. Schnittgut umgehend entfernen, ebenso Falllaub und befallene Früchte. Zum Eindämmen der Krankheit sind Mittel mit Kupfer (Kupferhydroxid) zugelassen. Ist der Stamm allerdings rundum geschädigt, müssen die Bäume entfernt werden.

## → Schilde, Krusten, Beläge

Kleine Schilde oder braune bis graue, krustenartige Beläge auf Trieben, Ästen und Stämmen weisen auf die Kommaschildlaus (siehe S. 59) oder die gefährlichere San-José-Schildlaus (S. 58) hin; weiße, schuppige Überzüge, die vor allem ab Herbst auffallen, auf die Maulbeerschildlaus (S. 60).

Völlig harmlos sind dagegen rotbraune, „rostige" Beläge auf Stämmen und dicken Ästen älterer Apfelbäume. Es handelt sich um Algen, die den Bäumen ebenso wenig schaden wie Flechten. Solche Algenbeläge werden immer häufiger beobachtet, wegen der zunehmend wärmeren Temperaturen – und wegen der besseren Luft, die vielerorts nicht mehr so stark durch Kohleverbrennung belastet ist wie noch vor wenigen Jahrzehnten.

## Birnbaumprachtkäfer

Der etwa zentimetergroße, metallisch glänzende, meist kupferfarbene Birnbaumprachtkäfer trat als Holzschädling früher nur gelegentlich in Weinbauregionen auf. In neuerer Zeit sorgt er auch andernorts und öfter für Aufregung, in und nach sehr warmen Jahren. Besonders in Städten, wo ihm die Bebauung günstige Klimaverhältnisse bietet, schädigt der Birnbaumprachtkäfer nicht selten Bäume in Gärten und Parks.

Wobei erschwerend hinzukommt, dass er wie die meisten Prachtkäfer unter Naturschutz steht.

Neben der Birne befällt der Käfer auch Apfelbäume, am häufigsten jedoch Weißdorn. Auch Eberesche, Mehlbeere, Felsenbirne und andere Ziergehölze gehören zu seinen Wirtspflanzen. Jungbäume können ebenso zum Opfer werden wie alt eingewachsene Exemplare, vor allem dann, wenn sie bereits geschwächt und durch andere Einflüsse gestresst sind.

Die scheuen Käfer, die man selten zu Gesicht bekommt, fressen zunächst an den Blättern. Sie legen meist im Juni ihre Eier in Rindenritzen ab, an den sonnenzugewandten Baumseiten. Die gelblich weißen, 1–2,5 cm großen Larven bohren sich dann bald in die Stämme (bei Jungbäumen) sowie dickere Äste (bei Altbäumen) und fressen direkt unter der Rinde schmale Minengänge ins Holz. Die Larven verpuppen sich nach rund zwei Jahren im Baum.

**Schadbild:** Der Blattrandfraß der Käfer im Mai und Juni fällt meist nur wenig auf. Die ersten Symptome der Larven sind unspezifisch: etwa eingesunkene Stellen an der Rinde, verfärbtes Laub, früher Blattfall. Im Jahr nach dem Erstbefall zeigen sich feuchte, dunkle Flecken an der Rinde (Saftaustritt). Ansonsten erkennt man die Larventätigkeit erst eindeutig beim Ablösen der Rinde und Anschneiden verdächtiger Holzpartien: anfangs deutlich zickzackförmige, schmale Minengänge; später eher gerade, breitere, teils

**Apfeltriebsucht**
Charakteristisch sind die stark vergrößerten Nebenblätter (rechtes Blatt; links ein gesundes Blatt zum Vergleich) und die sogenannten „Hexenbesen" an den Triebspitzen.

meterlange Gänge. Ältere Bäume erholen sich oft wieder. Sie können aber auch nach wenigen Jahren absterben, was bei befallenen Jungbäumen häufiger vorkommt.

**Zeitpunkt:** Welke und Absterben ganzjährig.

**Abhilfe:** Vorbeugen durch geeignete Standortwahl, gründliche Bodenvorbereitung und ausreichendes Gießen; besonders während des Anwachsens und dann auch später in Trockenzeiten. Stark befallene Äste entfernen. Pflanzenschutzmittel mit dem natürlichen Wirkstoff Azadirachtin (Neem) können die Käfer eindämmen. Aber dazu muss man sie erst einmal rechtzeitig entdecken.

### Apfeltriebsucht, Hexenbesen ⚠

Die meldepflichtige Krankheit, die durch Phytoplasmen (siehe S. 45) hervorgerufen wird, kommt hauptsächlich in wärmeren Regionen vor, breitet sich aber in neuerer Zeit weiter aus. Die Erreger werden durch infizierte Pflanzware verbreitet und vermutlich durch Apfelblattsauger (siehe S. 74) und Zikaden (siehe S. 55) übertragen. Sie können auch über Wurzelkontakt auf benachbarte Bäume übergreifen.

**Schadbild:** Im Frühjahr oft vorzeitiger Austrieb; die Blätter bleiben teils klein, haben aber vergrößerte, gezahnte Nebenblätter, sind rötlich oder gelb verfärbt. Später vorzeitige Herbstfärbung und Laubabwurf. Im Spätsommer treiben vor allem an den Langtrieben zahlreiche Knospen aus und bilden dünne, steil aufwärts stehende Triebe („Hexenbesen"). Früchte oft klein, schwach ausgefärbt und fad schmeckend. Die Bäume sterben in der Regel nicht ab.

**Zeitpunkt:** Erste Anzeichen beim Austrieb; charakteristische Besentriebe im Spätsommer/Herbst.

**Abhilfe:** Vorbeugend können Sie lediglich auf gesundes Pflanzgut achten. Bei begründetem Verdacht auf Apfeltriebsucht sollte man sich mit dem zuständigen Pflanzenschutzamt oder mit der Gartenakademie in Verbindung setzen. Eindeutig befallene Bäume sollten entfernt werden.

### Birnenverfall ⚠

Der Name dieser Krankheit bezieht sich nicht auf einen Verfall der Früchte, sondern auf das Absterben ganzer Birnbäume. Sie

kann auch an Quittenbäumen auftreten. Es handelt sich um eine meldepflichtige Phytoplasmen-Krankheit. Die Erreger werden durch Birnenblattsauger übertragen; außerdem beim Propfen auf Veredlungsunterlagen sowie über Wurzelkontakt. Sie schädigen oft das Gewebe an der Veredlungsstelle, verstopfen die Leitungsbahnen im Stamm und zerstören weitgehend die Feinwurzeln, sodass nur die Hauptwurzeln übrig bleiben. **Schadbild:** Die Symptome sind nicht eindeutig und ähneln Schäden durch Frost, Staunässe oder Wasser- bzw. Nährstoffmangel. Blätter häufig aufgehellt bis verbräunt; ab Spätsommer oft Rotfärbung und vorzeitiger Blattabwurf. Schwacher Triebzuwachs, dürre Triebspitzen. Wenige, kleine Früchte. Manchmal gehen die Bäume sehr plötzlich ein, häufiger jedoch allmählich über Jahre hinweg, teils mit Phasen zeitweiliger Erholungen.
**Zeitpunkt:** Fällt meist erst im Sommer auf, noch stärker im Spätsommer/Herbst.
**Abhilfe:** Wie bei der Apfeltriebsucht.

# Pflaume, Zwetschge, Reneklode, Mirabelle

Die Pflaumen samt ihrer näheren Verwandtschaft sind recht robuste Obstbäume. Aber auch sie können unter verschiedenen, teils gefährlichen Schaderregern leiden.

**Mancher kennt die Pflaumen** eher als Zwetschgen oder Zwetschen. Doch genauer betrachtet gibt es da feine Unterschiede. „Pflaume" ist zu einem der Oberbegriff für die Art Prunus domestica mit allen Unterarten und Sortengruppen: von den Hauszwetschgen über die Rund- und Edelpflaumen bis zu den Reneklloden und den kleinen Mirabellen. Zum andern grenzen Fachleute die „eigentlichen" Pflaumen (Rundpflaumen) mit fest haftendem Kern von den meist länglichen, blauvioletten Zwetschgen ab, deren Kern sich leicht vom Fruchtfleisch löst. Alle Pflaumenvarianten gehen auf europäische Stammformen wie Schlehe und Kirschpflaume zurück, die sich auch als Wildobst nutzen lassen.

Pflaumen sind vergleichsweise anspruchslos und wachsen auch auf weniger guten Böden. Das hat ihnen den Ruf besonderer Genügsamkeit eingetragen, was manchmal überschätzt wird – und auch zu erhöhter Krankheits- und Schädlingsanfälligkeit führt. Dasselbe gilt für das nicht zutreffende Gerücht, Pflaumen müsse man kaum schneiden: „Verwilderte" Bäume werden deutlich stärker von verschiedenen Plagen heimgesucht. Ein sonniger, nicht allzu starken Frösten ausgesetzter Platz auf humosem, durchlässigem Boden sowie ein regelmäßiges Auslichten älterer Exemplare: Das sind die besten Voraussetzungen für dauerhaft gesunde Bäume und reiche Ernten.

### Schrotschusskrankheit

Eine Pilzkrankheit, die besonders an Kirschen auftritt, aber auch des öfteren Pflaumenblätter durchlöchert. Der Erreger überwintert an Zweigen befallener Bäume, an Fruchtmumien, die am Baum hängen bleiben, und an Falllaub. Schon im Frühjahr kann er bei feuchtem Wetter weitere Bäume infizieren. Seine Sporen werden durch Regen, Tropfwasser und Wind verbreitet.
**Schadbild:** Auf jungen Blättern kleine, rötliche bis braune Flecken, die später absterben und ausbrechen: Die Blätter wirken dann mit unregelmäßigen Löchern wie von einer Schrotladung durchsiebt. Bei starkem Befall früher Blattabwurf, vor allem im Innern der Baumkrone. Auf den Früchten öfter runde, dunkle, leicht eingesunkene Flecken mit rötlichem Rand, zuweilen mit Gummitröpfchen; sie werden teils verkrüppelt und ungenießbar.

**Zeitpunkt:** Ab Frühjahr, teils schon bald nach dem Austrieb; bei und nach feuchtem Wetter.
**Abhilfe:** Siehe Schrotschusskrankheit an Kirschen, Seite 106.

### → Löcher in den Blättern

verursacht auch der gefährlichere Bakterienbrand, der bei den Kirschen beschrieben ist (siehe S. 110). Der schädigt aber auch Knospen, Blüten und Rinde. Mehrere Löcher mit unterschiedlicher Größe können auf einen Befall mit Baum- oder Blattwanzen (siehe S. 52) hindeuten.

### Beutelgallmilbe

Die winzigen, mit bloßem Auge nicht erkennbaren Gallmilben überwintern in Rindenritzen und unter Knospenschuppen. Im Frühjahr stechen sie die Blätter an, was zu „beutelartigen" Wucherungen (Gallen) führt. Beutelgallmilben treten besonders an wenig geschnittenen Bäumen und an recht feuchten Standorten auf.
**Schadbild:** An den Blatträndern und -unterseiten kleine, hellgrüne Ausstülpungen, 1–3 mm groß; verfärben sich zum Sommer hin rötlich. Blätter teils stark deformiert. Seltener auch Fruchtbefall, der sich an vernarbten, kraterförmigen Vertiefungen mit kleinen Wülsten am Rand zeigt; die Früchte bleiben trotzdem genießbar.
**Zeitpunkt:** Ab Frühjahr.

**Abhilfe:** Befallene Blätter frühzeitig entfernen. Mehr ist in der Regel nicht nötig. Treten die Gallmilben wiederholt und stärker auf, können rapsölhaltige Pflanzenschutzmittel eingesetzt werden.

### → Große Fraßlöcher

in jungen Blättern sind meist das Werk von Raupen des Frostspanners (siehe S. 48). Sie sind grün, manchmal rotbraun und zerfressen auch Knospen und Blüten, manchmal sogar junge Früchte.

Starken Blattfraß verursachen gelegentlich die großen, auffälligen Raupen von Schlehenspinner und ähnlichen Schadspinnern (siehe S. 56); außerdem Mai-, Juni- und Gartenlaubkäfer (siehe S. 68). Diese Raupen und Käfer treten meist später auf als die Frostspannerraupen.

### Napfschildlaus

Napfschildläuse kommen auch an anderen Obstarten vor, haben aber eine Vorliebe für Pflaumenbäume. Ihre Weibchen beschirmen sich mit großen, napfartigen, hochgewölbten Gebilden – um darunter Hunderte von Eiern zu beherbergen.

Ab Mitte Juni schlüpfen daraus kleine, flache, gelblich grüne Larven, saugen an den Blättern und scheiden reichlich Honigtau aus. Später werden sie rotbraun und überwintern an Zweigen und Ästen. Im nächsten Frühjahr entwickeln sie sich zu geflügelten Männchen oder mäßig beweglichen Weibchen, die zunächst an den Trieben saugen. Dann setzen sie sich fest und widmen sich ganz der Napfbildung und Fortpflanzung.

**Schadbild:** Auf den Zweigen glänzend braune, halbkugelige, rund 5 mm große „Näpfe"; teils so zahlreich, dass sie wie Krusten wirken. Bei schwerem Befall gehemmter Wuchs, gestauchte und teils absterbende Triebe. Meist starke Honig- und Rußtaubildung auf Blättern und Früchten, die sich schlecht entwickeln.

**Zeitpunkt:** Napfbildung ab April/Mai.

**Abhilfe:** Vorbeugend die Kronen licht halten, nicht „verwildern" lassen. Im Winter Schildlauskrusten abbürsten. Stark befallene Triebe entfernen. Zur Bekämpfung ab dem Austrieb sind Mittel mit Kaliseife und Thiacloprid zugelassen.

### → Andere Schilde und Krusten

Nicht ganz so auffällig wie die Gebilde der Napfschildlaus sind die Abdeckungen von Kommaschildlaus (siehe S. 59) und San-José-Schildlaus (siehe S. 58). Ihre Schilde formieren sich zu braunen bis grauen, krustenartigen Belägen auf Trieben, Ästen und Stämmen. Beide Arten, besonders die San-José-Schildlaus, können die Bäume stark schädigen.

## Blattläuse

An Pflaumenbäumen saugen vor allem: Kleine Pflaumenblattlaus, nur 1,5 mm lang, anfangs braun, dann hellgrün; Große Pflaumenblattlaus, gut 2 mm lang, hellgrün bis rötlich; Mehlige Pflaumenlaus, fast 3 mm lang, bläulich grün bis grau; Hopfenblattlaus, bis 3 mm groß, weißlich bis blass gelbgrün. Auch die 2 mm große Grüne Pfirsichblattlaus lässt sich gern auf Pflaumen- und Mirabellenbäumen nieder, im Herbst mit etwas auffälligeren, rötlichen Weibchen.

Abgesehen von der Mehligen Pflaumenlaus sind sie alle wichtige Überträger der gefährlichen Scharkakrankheit. Die meisten dieser Läuse wechseln über Sommer auf krautige Wirtspflanzen und kehren im Herbst zur Eiablage auf die Bäume zurück.

**Schadbild:** Blätter, vor allem an Jungtrieben, gekräuselt, eingerollt, verkrüppelt, werden teilweise abgeworfen. Triebe gekrümmt und gestaucht, teils absterbende, vertrocknende Triebspitzen. Verkrümmte Blüten- und Fruchtstiele. Häufig klebrige Honig- und Rußtaubeläge. Früchte teils klein und verkrüppelt. Die stärksten Schäden verursachen Kleine und Große Pflaumenblattlaus.

**Zeitpunkt:** Ab dem Austrieb, hauptsächlich im Frühsommer; besonders in warmen, trockenen Wochen.

**Abhilfe:** Siehe Seite 50.

## Helle Blattflecken oder -muster

Blattflecken oder -aufhellungen treten bei der Schrotschusskrankheit (siehe S. 96) auf, bei der Sprühfleckenkrankheit, die vor allem an Kirschen vorkommt (siehe S. 112), bei Befall mit Beutelgallmilben (siehe S. 96) und Blattläusen sowie besonders ausgeprägt beim Pflaumenrost (siehe S. 102). In all diesen Fällen verraten sich die Schaderreger recht eindeutig durch weitere Symptome.

Schwieriger wird das bei der Scharkakrankheit, die von verwaschenen, hellen Partien über Ringmuster bis zu gelben Flecken verschiedene Schadbilder hervorruft. Daneben können auch andere Viruskrankheiten auftreten, etwa das Apfelmosaik (S. 78) und vor allem das Bandmosaik, das in erster Linie Zwetschgen befällt. Auch hier entstehen teils unspezifische hellgrüne, gelbliche oder cremefarbene Flecken – oft aber auch „ornamentale" Linien, Bänderungen und Ringmuster. Die Symptome prägen sich bei kühleren Temperaturen deutlicher aus. Starker und häufiger Befall kann die Bäume sehr schwächen, sodass man sie komplett entfernen muss. Diese Viren werden vermutlich nicht durch Blattläuse übertragen, sondern hauptsächlich beim Veredeln und damit auch über infizierte Pflanzware.

Die Blattmuster des Bandmosaikvirus kann man auf den ersten Blick mit den hellen, geschlängelte Linien von Miniermotten (siehe S. 53) verwechseln, die die Bäume aber nur wenig beeinträchtigen. Die an Pflaumen häufiger auftretenden Spinnmilben (siehe S. 54) verursachen bei schwerem Befall Blattabwurf, was zu einer schlechten Ernte führen kann. Die Blätter sind anfangs hell ge-sprenkelt, dann zunehmend bronzefarben. Teils werden Blätter und Triebe mit feinen Gespinsten überzogen.

Prüfen Sie bei allen Blattaufhellungen ohne erkennbare Ursachen, ob es sich mög-licherweise um Nährstoffmangel (siehe S. 27) handelt.

### Fleischfleckenkrankheit

Bei diesen „Fleischflecken" könnte man ver-muten, der Birnengitterrost sei auf Pflau-men übergewechselt: Nur wenige Pilzkrank-heiten rufen am Obst so auffällig rote Blatt-flecken hervor. Zu ernsthaften Schäden, sprich: zu Ernteeinbußen, kommt es aller-dings nur bei starkem Befall und Blattab-wurf. Betroffen sind vor allem 'Haus-zwetschgen'.
**Schadbild:** Zunächst gelbliche, dann blut-rote, runde bis ovale Blattflecken, teils fast zentimetergroß; manchmal vereinzelt, manchmal zahlreich auf den Blättern. Die fleckigen Stellen sind etwas verdickt, einge-sunken und wirken so nach unten ausge-beult. Bei starkem Befall vorzeitiger Laubab-wurf im Spätsommer.
**Zeitpunkt:** Ab April oder Mai, bei feuchtem Wetter.
**Abhilfe:** Stark betroffene Blätter entfernen, ebenso später alles Falllaub. Früh ausge-brachte Pflanzenstärkungsmittel oder Aus-züge (Schachtelhalm, Zwiebelschalen, Knob-lauch) können den Erreger etwas eindäm-men.

### → Welkende Zweige und Äste

Bakterienbrand (siehe S. 90) und die Valsakrankheit (siehe S. 111) kannte man lange Zeit vor allem als Gefahren für Kirschen. Mittlerweile sind aber Pflaumen und Co. in manchen Regio-nen ebenso stark betroffen. Beide Krankheiten schädigen Blätter, Triebe, Rinde und Früchte und können zum Absterben ganzer Bäume führen.

### Blüten- und Frucht-Monilia

Monilia-Pilze können in die Blüten eindrin-gen oder erst später die Früchte befallen. Im ersten Fall kommt es zur Blüten-Monilia: Die Blütenbüschel werden schlagartig braun und welk, ebenso die angrenzenden Blätter. Die vertrockneten Blüten und Blät-ter bleiben am Baum hängen. Seltener ver-dorren hier auch ganze Triebe und Zweig-partien, wie das bei der Sauerkirsche der Fall ist (Monilia-Spitzendürre).

Aus einem späteren Befall resultiert die Monilia-Fruchtfäule: Auf den Früchten bil-den sich Faulstellen mit weißen bis graugel-ben Sporenlagern. Sie „verschrumpeln" zu-nehmend und verbleiben meist als Frucht-mumien am Baum. Als besonders anfällig werden die Pflaumensorten 'Cacaks Frucht-bare', 'Cacaks Schöne', 'Stanley' sowie 'Oul-lins Reneklode' angesehen.

Zur Vorbeugung und Abhilfe siehe Blü-ten-Monilia an Kirschen (siehe S. 108) und Monilia-Fruchtfäule (siehe S. 113).

**Die Scharkakrankheit**
Das Virus ruft verwaschenen Blattflecken und -ringe hervor sowie markante Rillen auf den Früchten.

## Scharka-, Pockenkrankheit ⚠

Diese gefürchtete, meldepflichtige Viruskrankheit tritt an Pflaume, Zwetschge, Reneklode und Mirabelle auf, ebenso an Aprikose und Pfirsich. Befallen werden außerdem Schlehen und verwandte Ziergehölze wie die Blutpflaume. Das Virus wird durch Blattläuse übertragen und sehr schnell verbreitet. Zur Infektion kann es auch beim Veredeln kommen. Junge Bäume werden stärker geschädigt; bei älteren Bäumen beschränkt sich der Befall oft auf einzelne Äste.

**Schadbild:** Manche Sorten zeigen nur Blattsymptome, bei anderen werden vor allem die Früchte geschädigt. Oft führt die Krankheit zu gehemmtem Wachstum, teils mit brüchigen Jungtrieben und Rissen in der Rinde.

Auf den Blättern verwaschen hell- bis olivgrüne Flecken, Ringe oder Linien; teils nur schwach ausgeprägt und im Gegenlicht erkennbar. Bei den nachfolgend als anfällig genannten Sorten dagegen zeigen sich öfter markant gelbe Blattflecken.

Vor allem bei Zwetschgen deformierte Früchte, mit eingesunkenen Stellen und Rillen, darunter rötlich verfärbtes Fruchtfleisch; Früchte ungenießbar; oft vorzeitiger Abwurf.

**Zeitpunkt:** Ab Frühsommer; Fruchtschäden besonders ausgeprägt bei trockenem Wetter.

**Abhilfe:** Vorbeugend auf gesunde Pflanzware achten und gering anfällige Sorten bevorzugen. In scharkagefährdeten Regionen Blattläuse gezielt bekämpfen. Gute Wasserversorgung in Trockenzeiten kann Fruchtschäden verringern. Bei begründetem Verdacht auf Scharkakrankheit sollte man sich mit dem zuständigen Pflanzenschutzamt in Verbindung setzen.

### → Scharkaanfällige und scharkafeste Sorten

Verzichten Sie bei Neupflanzungen in scharkageplagten Lagen besser auf scharkaanfällige Sorten; das sind vor allem: 'Hauszwetschge'-Typen, 'Auerbacher', 'Cacaks Fruchtbare', 'Fellenberg', 'Felsina', 'Lützelsachser Frühzwetsche', 'Ortenauer', 'Tegera' und 'Zimmers Frühzwetsche'.

**Pflaumenwickler**
Gummitröpfchen an
jungen Früchten
verraten, dass sich die
Maden breit gemacht
haben. Sie zerfressen
die Pflaumen von
innen.

Als gering anfällig bis „hochtolerant" gelten dagegen die Pflaumen und Zwetschgen 'Bühler Frühzwetschge', 'Cacaks Beste', 'Chrudimer', 'Czernowitzer', 'Elena', 'Hanita', 'Haroma', 'Katinka', 'Ontariopflaume', 'Opal', 'The Czar', 'Topper', 'Tophit', 'Unika'. Resistent sind 'JoJo' und die seltener angebotene 'Freya'.

Die Reneklode 'Graf Althans' ist tolerant, 'Oullins Reneklode' noch widerstandsfähiger. Die Mirabellen 'Bellamira' und 'Mirabelle von Nancy' sind weitgehend resistent.

### Pflaumenwickler, Pflaumenmade

Fast jede Obstart hat ihren eigenen Wickler, wobei die Maden des Pflaumenwicklers auch Pfirsiche, Aprikosen und Kirschen nicht verschmähen. Die kleinen, graubraunen, nachtaktiven Wickler-Falter fliegen ab Anfang Mai und legen ihre Eier einzeln an jungen Früchten ab. Nach ein bis zwei Wochen schlüpfen die erst weißen, später rötlichen, bis 12 mm langen Maden (Larven) und bohren sich in die Früchte. Nach rund vier Wochen verpuppen sie sich unter Borkenschuppen am Stammgrund oder im Boden. Der Schaden durch diese erste Generation bleibt meist gering, da die Bäume Ende Juni ohnehin überzählige Früchte abstoßen – vorrangig die befallenen. Die Maden der zweiten, ab Juli fliegenden Generation dagegen können herbe Ernteausfälle verursachen. Zudem werden die geschädigten Früchte häufig von Monilia-Fäule befallen.

**Schadbild:** Junge Früchte vorzeitig bläulich verfärbt, mit kleinem Bohrloch, häufig mit einem farblosen Gummitröpfchen; meist abfallend. Im Innern Fraßgänge mit dunklen Kotkrümeln, oft noch mit der Made. Später bei reifenden Früchten stark zerfressenes Fruchtfleisch, rund um den Kern. Am Boden liegende Früchte meist mit einem etwa 2 mm großen Ausschlupfloch.

**Zeitpunkt:** Ab Mitte Mai, dann wieder ab Mitte Juli bis September.

**Abhilfe:** Befallene Früchte frühzeitig und gründlich von Baum und Boden entfernen. Pflaumenmaden-Fallen mit Pheromonen

(Lockstoffen) zeigen den Beginn des Schmetterlingsflugs an und reduzieren die männlichen Falter, allerdings längst nicht alle. Zum Spritzen können Quassia-, Wermut- oder Rainfarnbrühe eingesetzt werden, zur biologischen Bekämpfung Trichogramma-Schlupfwespen.

### Pflaumensägewespe

Zwei in Lebensweise und Schadbild sehr ähnliche Arten können an Pflaumen schaden: Die Schwarze sowie die bräunliche Gelbe Pflaumensägewespe. Sie sind rund 5 mm lang, ihre weißlichen Larven etwa zentimetergroß. Die Wespen werden bei sonnigem Wetter durch die weißen Blüten angelockt. Sie legen ihre Eier an den Zipfeln der Kelchblätter ab, teils auch direkt in die Blüten. Die Larven fressen in den jungen Früchten. Sie verlassen die erste ausgehöhlte Frucht und bohren sich in den Folgewochen in bis zu fünf weitere ein. Im Sommer suchen sie den Boden auf, um dort in einem Kokon bis zum nächsten Frühjahr zu überdauern.

**Schadbild:** Früher Abwurf junger Früchte, die bei näherem Hinsehen ein oder zwei rundliche Ein- und Ausbohrlöcher aufweisen; daraus quillt schwärzlicher, feuchter Kot. Früchte innen stark ausgehöhlt, auch die Kerne; teils noch mit einer Larve. Meist mehrere oder alle Früchte eines Büschels befallen.

**Zeitpunkt:** Ab Fruchtbildung, Wespenflug ab Blühbeginn.

**Abhilfe:** Beleimte Weißtafeln helfen bei der Flugkontrolle und fangen schon einige der Tiere ab. Betroffene und abfallende Früchte sorgfältig entfernen. Bei starkem Fruchtbehang hat ein Befall keine gravierenden Folgen und trägt sogar zur erwünschten Ausdünnung bei. Wenn nötig, können gegen Blütenende Quassia-Auszüge zum Einsatz kommen. Zugelassen sind auch chemische Mittel mit dem Wirkstoff Thiacloprid.

### → Weitere Fruchtschädlinge

Seinem Namen zum Trotz zeigt der Apfelfruchtstecher (siehe S. 85) auch eine Vorliebe für Pflaumen. Der rotbraune Rüsselkäfer hinterlässt an den Früchten kleine verkorkte, eingesunkene Flecken. Teils werden die Pflaumen durch den Fraß seiner winzigen Larven verunstaltet. Größeren Schaden kann die Kirschessigfliege (siehe S. 61) anrichten: Ihre weißen Maden zerfressen das gesamte Fruchtfleisch – manchmal sogar die ganze Ernte.

### Pflaumenrost ⁘

Rostpilze an Pflaumen und Zwetschgen können durch starken Blattfall besonders junge Bäume beeinträchtigen. Bei späten Sorten reifen außerdem die Früchte schlecht aus, wenn das Laub vorzeitig auffällt. Der Erreger des Pflaumenrosts überwintert an abgeworfenen Blättern. Von dort aus befällt er im Frühjahr Anemonenarten, zu denen auch Buschwindröschen und Leberblümchen zählen. An diesen bildet er seine Sommerspo-

**Narrenkrankheit**
Kuriose Früchte, kurioser Name:
Ein Pilz ruft solche Verformungen
an Zwetschgen hervor.

ren, die im Juni dann wieder Pflaumenbäume infizieren. Seltener verbleiben die Pilze auch ganzjährig an befallenen Zweigen.

**Schadbild:** Auf den Blattoberseiten kleine gelbe Flecken, oft sehr zahlreich. Später blattunterseits zimtbraune, stecknadelkopfgroße Pusteln, die dunkelbraun bis schwärzlich werden. Häufig Ausbreitung auf die gesamte Blattfläche; vertrocknende Blattspitzen; vorzeitiger Laubabwurf.

**Zeitpunkt:** Blattflecken ab Juni, Rostpusteln im Spätsommer/Frühherbst. Vor allem bei feucht-warmem Wetter.

**Abhilfe:** Siehe allgemeine Maßnahmen gegen Pilzkrankheiten (siehe S. 40). Vorbeugend kann man auf Anemonenarten im Garten verzichten. Gegen Pflaumenrost sind Mittel mit dem Wirkstoff Difenoconazol zugelassen.

### Narrenkrankheit, Taschenkrankheit

Diese „narrenhafte" Verformung der Früchte tritt vor allem an Zwetschgen auf, besonders an ʻHauszwetschge'-Typen. Der Pilz besiedelt zunächst die Triebe, ohne diese zu schädigen, und überwintert dann auf diesen oder in Knospenschuppen. Die eigentliche Infektion erfolgt während der Blüte, vor allem bei kühlem, regnerischem Wetter.

**Schadbild:** Einzelne Früchte mit besonders schnellem Wachstum verformen sich dadurch auffällig: länglich, flach, schotenförmig gekrümmt bis löffelartig; bleiben zunächst hellgrün, dann von grauweißem Pilzrasen überzogen, später braunviolett und von der Spitze her eintrocknend oder faulend. Fruchtfleisch hart, ohne Steinkern, ungenießbar. Teils auch verformte, kleine Blätter sowie verstärkter Blattfall.

**Zeitpunkt:** Während der Fruchtbildung.

**Abhilfe:** Vorbeugend die Kronen licht und luftig halten. Befallene Früchte umgehend entfernen. Stark betroffene Zweige weg- oder zurückschneiden.

### Halswelke und Aufplatzen

Früchte mit „welkem Hals" sieht man vor allem, wenn sich während der Reife längere Trockenperioden und stark verregnete Wochen abwechseln. Vermutlich wird so die Wasseraufnahme der Früchte gestört. Diese schrumpfen um den Stielansatz herum ein, werden dort runzlig, fallen teils auch vorzeitig ab. Sie bilden kaum Fruchtzucker und schmecken fad.

Als besonders anfällig gelten 'Cacaks Fruchtbare', 'Elena', 'Fellenberg', 'Hanita', 'Hauszwetschge', 'Ortenauer' und 'Topfive'.

Auch das Aufplatzen von Früchten hängt mit dem Wechsel der Witterungsverhältnisse zusammen, wobei hohe Niederschlagsmengen die Hauptursache sind. In der Folge werden die Früchte oft von Wespen zerfressen oder faulen. Hier gibt es ebenfalls empfindlichere Sorten, zum Beispiel 'Haroma', 'Königin Viktoria' sowie alle Renekloden.

# Sauer- und Süßkirschen

Leckere Kirschen direkt vom Baum: Das ist ein unschlagbarer Genuss – sofern keine Kirschmaden, Kirschkernstecher oder Fruchtfäulen gründlich den Appetit verderben.

**Die raumgreifenden Süßkirschen** blieben früher für viele Gartenbesitzer ein unerfüllbarer Traum. Dank schwachwüchsiger Unterlagen kann man heute selbst von Busch-, Zwerg- und Säulenbäumen schmackhafte, süße Herz- und Knorpelkirschen ernten.

Dabei kann man aber auch die Erfahrung machen, dass Süßkirschen etwas heikel sind; angefangen bei der sehr zeitigen Blüte, die durch Spätfröste gefährdet ist. Zudem führt kühles Wetter im April und Anfang Mai dazu, dass noch wenig Bienen ausschwärmen. Die sind aber für die meisten Süßkirschensorten unverzichtbar, weil sie den Pollen einer zweiten, zeitgleich blühen-

den Sorte brauchen, um Früchte anzusetzen. Mit selbstfruchtbaren Sorten, wie sie für den Hausgarten zunehmend angeboten werden, geht man diesem Problem aus dem Weg. Dazu zählen zum Beispiel 'Celeste' (sehr früh), 'Stella' (früh) und 'Lapins' (spät).

## 66 Wer Kirschen mag, lernt schnell zu klettern.

Sprichwort aus Zeiten vor der Einführung kleinwüchsiger Bäume

Sauerkirschen dagegen sind überwiegend selbstfruchtbar, grundsätzlich etwas robuster und leiden zudem weniger unter Kirsch-

**Gummifluss**
Das Austreten von gummiartigen Tröpfchen ist bei Bäumen auf dichten, schweren Böden besonders stark ausgeprägt.

maden. Dafür werden sie besonders von der Monilia-Spitzendürre bedroht. Die Anfälligkeit für diese Krankheit ist ein wichtiges Kriterium bei der Sortenwahl.

Schon die Kirschobstbäume bieten zur Blüte einen schönen Anblick. Noch ansprechender und ausdauernder blühen die Zierkirschen. Allerdings leiden die verwandten Ziergehölze wie Zierkirsche, Lorbeerkirsche, Traubenkirsche und Mandelbäumchen teils unter denselben Schaderregern wie Sauer- und Süßkirsche. So können diese im ungünstigen Fall auch zu Infektionsquellen werden.

## Gummifluss

Das Austreten gummiartiger Tropfen ist beim Steinobst eine verbreitete Erscheinung, besonders bei Süßkirsche, Pfirsich und Aprikose. Es handelt sich um eine physiologische Störung, die oft aus ungeeigneten Standorten resultiert; schlecht durchlüftete Böden spielen da eine wichtige Rolle. Zugleich ist Gummifluss eine typische Reaktion auf jede Art von Verletzung, sei es durch Schnitt, Frost, Krankheiten oder Schädlinge.

**Schadbild:** An Stämmen und Ästen, teils auch an Früchten und Fruchtstielen tritt eine gummiartige, harzähnliche, farblose bis gelb- oder rotbraune Flüssigkeit aus; teils in Tröpfchen, teils in größeren Mengen. Dies vor allem an Rindenrissen und Schnittwunden; manchmal auch an scheinbar unverletzten Stellen, an denen dann die Rinde aufreißt. Zum Teil sterben ganze Äste ab, seltener ganze Bäume.

**Zeitpunkt:** Ganzjährig.

**Abhilfe:** Vor dem Pflanzen schwere, nasse Böden gründlich verbessern; möglichst frostgeschützte Plätze wählen.

## Kirschblütenmotte

Ein kleiner, rund 5 mm langer, weißbrauner Falter, dessen Raupen vor allem Sauer- und Süßkirsche schädigen, gelegentlich auch anderes Steinobst. Die Falter fliegen zwischen Juni und September; die Weibchen legen ihre Eier an der Zweigrinde ab, hauptsächlich im oberen Bereich der Krone. Im Frühjahr schlüpfen die noch winzigen, gelbweißen Raupen und bohren sich in die schwellenden Knospen; später auch in die Blüten, um an Staubblättern und Fruchtknoten zu fressen. Die älteren, bis 7 mm langen, grünlichen Raupen fressen auch an den jungen Blättern. Gegen Mitte Mai seilen sie sich mit einem Faden vom Baum ab, um sich im Boden zu verpuppen.

**Schadbild:** Blüten- und Blattknospen mit nadelkopfgroßen Einbohrstellen; später kleine Löcher in Blütenblättern und größere in Laubblättern. Knospen und Blüten innen zerfressen, mit Kotkrümeln und feinen Gespinsten am Kelcheingang.

**Zeitpunkt:** Ab Knospenschwellen und Austrieb.

**Abhilfe:** Der Befall – und damit der Ernteausfall – hält sich meist in Grenzen. Bei öfterem Auftreten können frühzeitige Austriebsspritzungen den Schaden mindern: mit Quassia-, Rainfarn- oder Wermutauszügen, notfalls auch mit dem chemischen Wirkstoff Thiacloprid.

### Schrotschusskrankheit

Diese Pilzkrankheit macht besonders der Süßkirsche zu schaffen, tritt aber auch an Sauerkirsche und anderen Steinobstarten auf. Der Erreger überwintert an Zweigen, an Fruchtmumien, die am Baum hängen blei-

---

### Checkliste

# Verletzungen und Gummifluss vermeiden

☐ **Schnittzeitpunkt:** Vorzugsweise im Sommer beziehungsweise gleich nach der Ernte, sodass die Wunden rasch verheilen.

☐ **Sauberer Schnitt:** Nur mit scharfem Werkzeug, gezielte Schnittführung; bei Sägeschnitten ausgefranste Ränder mit Hippe oder Messer glätten; größere Wunden mit Verschlussmittel verstreichen.

☐ **Schnitt auf Zapfen:** Bei stark gefährdeten Bäumen kräftige Triebe nicht direkt am Stamm oder Ast wegschneiden, sondern auf rund 20 cm lange Zapfen.

☐ **Bindungen:** Junge Stämme nicht zu eng an Stützpfähle binden. Die Bindungen dem Wachstum entsprechend lockern, um Einschnürungen zu vermeiden.

☐ **Weißanstrich:** Stämme und dicke Äste im Herbst und Spätwinter mit einem Weißanstrich versehen, um Rindenrissen vorzubeugen.

---

**Schrotschusskrankheit**
Die Kirschblätter erscheinen wie mit einer Schrotflinte durchlöchert. Ursache ist ein Schadpilz.

ben, und an abgefallenen Blättern auf dem Boden. Bei feuchtem Frühjahrswetter kann er bereits mit dem Knospenaufbruch weitere Bäume infizieren. Seine Sporen werden durch Regen, Tropfwasser und Wind verbreitet.

**Schadbild:** Auf jungen Blättern kleine, rötliche bis braune Flecken, die später absterben und herausbrechen; so entsteht der „Schrotschusseffekt" mit verschieden großen Löchern. Bei starkem Befall früher Blattabwurf, vor allem im Innern der Baumkrone. Auf den Früchten öfter runde, dunkle, leicht eingesunkene Flecken, zuweilen mit Gummitröpfchen; werden teils verkrüppelt und ungenießbar. Seltener dunkle Rindenflecken mit Gummifluss. Achtung Verwechslung: Ausbrechende Blattflecken kommen auch bei Ringfleckenviren (siehe S. 109) und Bakterienbrand (siehe S. 90) vor.

**Zeitpunkt:** Ab Frühjahr, oft schon bald nach dem Austrieb; bei und nach feuchtem Wetter.

**Abhilfe:** Sehr wichtig ist das Lichthalten der Kronen, um schnelles Abtrocknen zu fördern; siehe auch allgemeine Maßnahmen gegen Pilzkrankheiten (siehe S. 40). Im feuchten Frühjahr und Frühsommer wiederholt Pflanzenstärkungsmittel, Schachtelhalm- oder Knoblauchauszüge ausbringen. Stark befallene Triebe herausschneiden, im Herbst Fruchtmumien und Falllaub gründlich entfernen.

### Kirschblattläuse

Sauerkirsche und Süßkirsche haben jeweils ihre „eigene" Blattlaus, wobei sich die Lausarten kaum unterscheiden: Beide sind glänzend schwarz, rund 2 mm klein und kugelig, sodass sie fast wie winzige Käfer aussehen. Die jungen Läuse saugen oft schon beim Austrieb an den Kirschblättern. Zwischen Mitte Mai und Anfang Juni wechseln sie auf krautige Sommerwirte wie Labkraut und Ehrenpreis. Im Spätsommer oder Herbst kehren sie auf die Bäume zurück und legen an den Knospenanlagen ihre Eier zum Überwintern ab. Manche machen es sich bequemer und bleiben das ganze Jahr über auf den Kirschbäumen.

**Schadbild:** Bei der Süßkirsche an den Triebspitzen stark gekräuselte, eingerollte Blätter,

Triebe oft gestaucht. Bei der Sauerkirsche meist nur gewellte, gewölbte Blätter; ebenfalls gestauchte Triebe. An beiden Kirscharten meist dichte Lauskolonien auf den Blattunterseiten; starke Honigtaubildung, Blätter häufig schwarz verschmutzt (Rußtau) und mit reichlich Ameisenbesuch.

**Zeitpunkt:** Ab dem Austrieb, hauptsächlich im Frühsommer; besonders in warmen, trockenen Wochen.

**Abhilfe:** Siehe Seite 50.

### → Verfressene Raupen und Käfer

Die grünen, bis 2,5 cm langen Raupen des Kleinen Frostspanners (siehe S. 48) sind die häufigsten „Fresser" an Knospen, Blüten und junge Blättern der Kirschbäume. Später höhlen sie nicht selten auch die Früchte aus.

Ab April fressen manchmal auch die großen, auffälligen Raupen von Schlehenspinner und ähnlichen Schadspinnern (siehe S. 56) an Blättern und Früchten; etwas später dann auch Mai-, Juni- und Gartenlaubkäfer (siehe Engerlinge, Seite 68).

### Blüten-Monilia, Monilia-Spitzendürre

Der Pilz Monilia laxa dringt über die Blüten ein. Diese werden welk und sterben ab. Bei der Süßkirsche und anderen Steinobstarten beschränkt sich das meist auf die Blütenbü-schel. Bei der Sauerkirsche dagegen welken auch Triebspitzen und sogar komplette Zweige. Im Sommer kann der Erreger auch die reifenden Früchte befallen, teils zusammen mit einem verwandten Schadpilz (siehe Monilia-Fruchtfäule, S. 37, 99). Er überwintert in befallenen Zweigen sowie verschrumpften Fruchtmumien und Resten welker Blütenbüschel, die am Baum hängen bleiben.

**Schadbild:** Blütenbüschel und die sie umgebenden Blätter werden meist schlagartig braun und welk, fallen aber nicht ab. Besonders bei der Sauerkirsche auch Welke der Triebspitzen und kompletter Jungtriebe; teils Ausdehnung auf ganze Zweigpartien, bis hin zum starken Verkahlen der Krone. Häufig Gummiflusstropfen am Übergang zwischen gesundem und krankem Gewebe. Später Bildung eines gelblichen bis grauen Pilzrasens.

**Zeitpunkt:** Bald nach dem Verblühen, vor allem nach Regenphasen.

**Abhilfe:** Die Krone durch Schnitt luftig halten. Vorbeugen können Pflanzenstärkungsmittel und -auszüge (Meerrettich, Schachtelhalm, Zwiebelschalen, Knoblauch), die bei feuchtem Wetter während der Blüte mehrmals über die Zweige gesprüht werden. Auch Pflanzenschutzmittel (mit den Wirkstoffen Fenhexamid oder Difenoconazol) werden in erster Linie vorbeugend eingesetzt; einmal, wenn in den Knospen die ersten Blütenblätter spitzen, dann nochmals während der Vollblüte. Gegen Blühende kann noch eine dritte Spritzung erfolgen.

**Monilia-Spitzendürre**
Oft welken komplette Triebe innerhalb kurzer Zeit. Neben Sauerkirschen werden auch Ziergehölze wie die Forsythie mit ähnlichen Symptomen befallen.

Bei Auftreten der Krankheit betroffene Triebe (Sauerkirsche) bis ins gesunde Holz zurückschneiden. Später am Baum oder auf dem Boden verbliebene Fruchtmumien sowie welke Blütenreste gründlich entfernen.

### → Gering anfällige Sorten

Eine wirkliche Moniliaresistenz scheint es nicht zu geben; zumindest bleibt sie nicht dauerhaft erhalten. Als tolerant oder gering anfällig haben sich bislang vor allem folgende Sauerkirschensorten gezeigt: 'Achat', 'Csengödi', 'Favorit', 'Jade', 'Ludwigs Frühe', 'Karneol', 'Morina', 'Safir', 'Topas' und 'Ungarische Traubige'.

Die altbekannte 'Schattenmorelle' dagegen ist das Paradebeispiel für hohe Moniliaanfälligkeit.

### Ringfleckenviren ⚠

Solche Viruskrankheiten können vor allem in Kirschanbauregionen auch im Garten auftreten. Sie kommen an Sauer- und Süßkirschen vor. Wie deutlich die hellgrünen oder braunen Ringflecken auf den Blättern hervortreten, hängt viel von der jeweiligen Sorte ab. Das Ringfleckenvirus an Sauerkirschen ist auch als Stecklenberger Krankheit bekannt und am gefährlichsten. Die Übertragung der Erreger erfolgt vor allem beim Veredeln mit infizierten Pflanzenteilen; außerdem über Pollen, Wurzelkontakt benachbarter Bäume sowie Nematoden (Älchen).

Vom Chlorotischen Ringfleckenvirus werden die Bäume meist nur mäßig oder erst nach Jahren wiederholten Auftretens beeinträchtigt. Auf älteren Blättern zeigen sich hellgrüne, verwaschene Ringmuster und Linien, oft nur vereinzelt.

An Süßkirschen kann außerdem die Pfeffinger Krankheit auftreten, ein Virus, das auch Ringflecken an Himbeeren hervorruft. Wichtigste Symptome: ölartig verwaschene Blattflecken; neue Blätter schmal und klein, mit stark gezähnten Rändern; Neutriebe gestaucht, mit rosettenartigen Blattbüscheln.

Das Nekrotische Ringfleckenvirus führt zu braunen Ring- und Blattflecken, teils sehr zahlreich. Es wirkt sich an Süßkirschen teils ähnlich aus wie die Stecklenberger Krankheit der Sauerkirsche: Aufbrechende Blüten- und Blattknospen verbräunen und vertrocknen; betroffene Triebe sterben häufig ab. An älteren Blättern braune oder hellgrüne Ringflecken, die später ausbrechen und viele kleine Löcher hinterlassen (ähnlich wie bei der Schrotschusskrankheit, siehe S. 96, 106). Teils vorübergehende Erholung, Blätter dann oft fahlgelb gescheckt, unterseits mit „knubbelartigen" Auswüchsen. Oft verstärkter Gummifluss. Bei starkem Befall können ganze Bäume absterben.

**Zeitpunkt:** Ab Austrieb.

**Abhilfe:** Auf gesunde Pflanzware achten. Eindeutig befallene Bäume entfernen. Siehe auch „Was tun gegen Viren?", Seite 43.

### → Miniermotten

Helle, geschlängelte Linien auf den Blättern deuten auf Miniermotten hin (siehe S. 53). Die Miniergänge können ab April auftreten. Seltener kommen auch größere, weißliche Flecken vor.

### Bakterienbrand ⚠

Der Erreger dieser Krankheit ist ein verbreiteter Schwäche- und Wundparasit, vor allem an Sauerkirschen, zunehmend aber auch an anderen Steinobst- sowie Kernobstbäumen. Wirtspflanzen und damit mögliche Infektionsquellen sind außerdem Ziergehölze wie Flieder und Forsythie. Bakterienbrand (Pseu-domonas) kommt besonders in niederschlagsreichen, recht wintermilden Regionen vor. Das Bakterium dringt meist im Herbst in die Rinde ein, über Schnittwunden, Frostrisse und ähnliche Verletzungen sowie über die Narben abgefallener Blätter. Die Folgen zeigen sich erst ab dem folgenden Frühjahr. Während der Wachstumszeit können dann weitere Infektionen über Blüten und die Spaltöffnungen der Blätter erfolgen.

**Schadbild:** Die auffälligsten Anfangssymptome sind meist kleine, braunschwarze Blattflecken mit hellgrünem bis rötlichem Rand, die nach Absterben kleine Löcher hinterlassen. Knospen bleiben teils ungeöffnet; Blütenstände verbräunen und sterben ab. Auf der Rinde eingesunkene, dunkle Partien (Rindenbrand) mit Rissen und Gummifluss; die äußere, dünne Rindenschicht hebt sich oft ab. Besonders an dünnen Ästen auch Wucherungen und Verdickungen. An Früchten erst kleine, wässrige, dann größer werdende, braunschwarze Flecken. Schließlich sterben Triebe, Äste oder gar ganze Bäume ab, oft in kurzer Zeit.

**Zeitpunkt:** Ab Frühjahr, besonders bei kühl-feuchtem Wetter.

**Abhilfe:** Ein sonniger, luftiger, möglichst frostgeschützter Standort mindert das Befallsrisiko. Alle unnötigen Verletzungen vermeiden. Befallene Triebteile großzügig wegschneiden, erkrankte Rindenpartien am Stamm frühzeitig ausschneiden. Kupferspritzmittel, die bei feuchtem Wetter zur Zeit des Knospenaustriebs und des Blattfalls ausgebracht werden, können ein wenig vorbeugen.

Es gibt zwar Sortenunterschiede bei der Anfälligkeit, aber noch keine überregionalen Erkenntnisse, aus denen sich „allgemeingültigen" Empfehlungen ableiten lassen.

### Valsakrankheit, Krötenhautkrankheit ⚠️

Süßkirschen werden von diesem Schadpilz besonders stark geschädigt – vor allem, wenn die Bäume bereits geschwächt oder durch Wettereinflüsse gestresst sind. Er befällt auch Sauerkirsche und andere Steinobstarten.

Der Erreger ist ein typischer Wundparasit. Er dringt über Frostrisse, Schnittwunden und andere Verletzungen in die Rinde ein, außerdem über die Narben, die frisch abgeworfene Blätter hinterlassen. Entsprechend infiziert er die Bäume hauptsächlich zwischen Herbst und Frühjahr. Dazu und für seine weitere Verbreitung braucht er Regen. Doch nachdem er einmal unter der Rinde ist, kann er sich bei sommerlicher Wärme und Trockenheit besonders gut ausbreiten.
**Schadbild:** Welkende Triebe, Zweige und Äste, mit verbräunenden Blättern und absterbenden Früchten; im Sommer oft schlagartig. Meist starker Gummifluss. Auf der Rinde anfangs längliche, ovale Streifen, dann braunrote, eingesunkene Partien mit aufreißender Rinde. Darauf Bildung warzenartiger, schwarzer Fruchtkörper, wodurch die Oberfläche „krötenhautartig" erscheint. Bei starkem Befall komplettes Absterben der Äste.

**Zeitpunkt:** Ab spätem Frühjahr; Absterbeerscheinungen besonders stark in trockenen Sommern.
**Abhilfe:** Alle unnötigen Verletzungen vermeiden, wie beim Gummifluss beschrieben (siehe S. 105). Erkrankte Teile bis ins gesunde Holz zurückschneiden, Schnittstellen mit Wundverschlussmittel behandeln. Bäume mit starkem Stammbefall komplett roden.

### Kirschfruchtstecher

Dieser rund 7 mm große, grüne bis kupferfarbene Rüsselkäfer heißt mit vollem Namen Goldgrüner Kirschfruchtstecher, da er tatsächlich goldig glänzt. Bisher ein Gelegenheitsschädling, der sich sonst an Schlehen und Traubenkirschen labt, trat er in den letzten Jahren häufiger an Obst auf, hauptsächlich an Sauerkirschen.

Der Käfer überwintert in Rindenritzen oder im Boden, nahe am Stamm. Er schwärmt erst aus, wenn es warm wird, und frisst an Blüten und jungen Früchten. Zur Eiablage bohren die Weibchen einen Gang in die Früchte. Die Larve frisst sich in den noch weichen Steinkern und verlässt die Frucht erst kurz vor der Reife, um sich im Boden zu verpuppen.
**Schadbild:** Zerfressene Knospen und angefressene Blüten; junge Früchte mit flach abgeschabten, braunen Stellen. An grünen und grünroten Kirschen muldenartige, dunkle Einstichstellen, die vernarben; darin die weiße Larve und ein oft schon zerfressener Kern. Meist an derselben Stelle später das größere,

runde Ausbohrloch der Larve. Früchte ungenießbar.

Achtung: Die Fruchtlöcher können mit
den Fraßschäden des Frostspanners (siehe S.
48) verwechselt werden.

**Zeitpunkt:** Käferfraß ab April, auffällige
Fruchtschäden meist ab Mitte Mai.

**Abhilfe:** Meist genügt es, befallene Früchte
von Baum und Boden zu entfernen. Bei
Fraßschäden an Knospen und Blüten morgens die Zweige abklopfen (Karton unter-
halten). Fallen viele Käfer herab, können
notfalls bis Beginn der Fruchtbildung Mittel
mit dem Wirkstoff Thiacloprid eingesetzt
werden.

### → Kirschkernstecher

Auch ein Rüsselkäfer, nicht zu verwechseln mit dem Kirschfruchtstecher. Der 4 mm große, rostbraune
Käfer macht sich jedoch erst während
der Fruchtbildung an die Kirschen. An
diesen sieht man zunächst nur nadel-
stichfeine Löcher. Die weißliche Larve
zerfrisst den Kern und hinterlässt zur
Fruchtreife recht große Ausbohrlöcher. Abhilfe wie beim Kirschfruchtstecher.

### Blattbräune der Süßkirsche

Die Gnomonia-Blattbräune gehört zu den
unangenehmen „Newcomern" der letzten
Jahrzehnte und tritt immer häufiger auf.
Wenn es im Frühjahr und Frühsommer häufig regnet, droht ein starker Befall. Der Erreger überdauert an den welken Blättern, die
am Baum hängen bleiben.

**Schadbild:** Auf den Blättern zunächst undeutliche, verwaschene Flecken, die im
Sommer gelb, dann braun werden und sich
über das ganze Blatt ausbreiten. Blattstiele
hakenförmig gekrümmt. Die welken Blätter
fallen über Winter nicht ab. Teils auch
Fruchtbefall mit klein bleibenden, rotbraun
gefleckten Kirschen, zunehmend verkrüppelt und braunschwarz verfärbt.

**Zeitpunkt:** Ab Mitte Mai, auffälliger dann
ab Juni; bei und nach feuchtem Wetter.

**Abhilfe:** Siehe allgemeine Maßnahmen gegen Pilzkrankheiten, Seite 40.

### Sprühfleckenkrankheit ✖

Eine der Pilzkrankheiten, die an allen Steinobstarten vorkommen, am häufigsten aber
an Kirschen. Der Pilz dringt im Frühjahr
über die Spaltöffnungen in die Blätter ein.
In verregneten Frühsommer- und Sommerwochen kann er sich sehr rasch ausbreiten.
Bei starkem Befall wirft der Baum schon bis
Ende Juli sein gesamtes Laub ab. Der Erreger
überdauert auf den abgefallenen Blättern.

**Schadbild:** Blattoberseits kleine, rundliche,
violettrote bis dunkle Flecken, meist zahlreich und an der Hauptader zusammenflie-
ßend; unterseits später weiß-braune, eckige
Sporenlager. Anders als bei der Schrotschusskrankheit (siehe S. 96, 106) brechen die
Blattflecken nicht aus. Stark befallene Blätter bald vergilbend und abfallend.

**Zeitpunkt:** Ab Ende Mai, Anfang Juni; vor allem bei feucht-warmem Wetter.
**Abhilfe:** Siehe allgemeine Maßnahmen gegen Pilzkrankheiten, Seite 40.

**Kirschblattwespe**

Die etwa 5 mm großen, schwarzen Blattwespen treten nur gelegentlich auf und schaden dann teils auch an anderen Obstarten. Befallen werden außerdem Ziergehölze, etwa Felsenbirne und Eberesche. Die Wespen fliegen erstmals gegen Ende Mai und legen ihre Eier an den Blattunterseiten in kleine Schlitze ab. Nach rund zwei Wochen schlüpfen die anfangs gelblichen Larven, die zentimetergroß werden, sich mit einer schwarzen Schleimhülle umgeben und dann an kleine Nacktschnecken erinnern. Nach der Verpuppung im Boden folgt ab Spätsommer die zweite Wespen- und Larvengeneration, die die Blätter meist stärker schädigt. Schließlich überwintern die Larven etwa 10 cm tief im Boden.
**Schadbild:** Blätter an den Oberseiten flächig abgeschabt; die untere Haut bleibt stehen, wodurch die Fraßstellen wie gelbliche bis braune Blattflecken verschiedener Größe erscheinen. Blätter rollen sich teils ein und vertrocknen. Bei stärkerem Befall auch Skelettier- und Kahlfraß.
**Zeitpunkt:** Ab Juni, dann wieder verstärkt im August/September.
**Abhilfe:** Stark befallene Blätter entfernen. Das ist in der Regel ausreichend. Wenn nötig, können Quassia-Auszüge zum Einsatz kommen. Zugelassen sind auch Mittel mit dem Wirkstoff Thiacloprid; die sollten allerdings nicht während der Fruchtreife ausgebracht werden, da nach dem Ausbringen eine Wartezeit von zwei Wochen nötig ist.

**Röteln der Süßkirsche**

Wenn Kirschen „röteln", werden sie schon ungefähr bei Erbsengröße rot, dann braun und schließlich abgeworfen. Das geschieht meist im Juni. Als wichtiger Auslöser wird eine unharmonische Nährstoffversorgung angesehen. Auch häufiger Wechsel zwischen Trockenheit und Nässe, starke Temperaturschwankungen während der Blüte sowie kühle Witterung gleich nach der Blüte können zum Röteln führen. Mit ausgeglichener, angepasster Düngung sowie entsprechender Wasserversorgung kann man das Risiko des Rötelns vermindern.

### → Monilia-Fruchtfäule

Von dieser an vielen Obstarten auftretenden Fäule sind Süßkirschen ebenso betroffen wie Sauerkirschen. Die Kirschen zeigen oft zunächst wässrige, blasse Flecken, die dann verbräunen. Sie faulen, werden von einem weißlichen bis gelbbraunen Sporenbelag überzogen und bleiben oft als Fruchtmumien am Baum hängen. Vorbeugung und Maßnahmen entsprechen denen bei der Blüten-Monilia (siehe S. 99, 108).

**Kirschfruchtfliegen**
legen ihre Eier in die Früchte
ab. Die kleinen Maden fressen
vor allem am Fruchtfleisch um
den Stein herum.

## Kirschfruchtfliege, Kirschmade ⚅

Von diesen etwa 5 mm großen, dunklen Fliegen mit einem gelben Schild zwischen den Flügeln gibt es zwei im Aussehen kaum unterscheidbare Arten: die stark verbreitete heimische Kirschfruchtfliege und die Amerikanische Kirschfruchtfliege, die vor allem in wärmeren Regionen auftritt. Die heimische Art ist ab Mitte/Ende Mai unterwegs und legt ihre Eier bevorzugt in noch gelbgrüne bis gelbrote Früchte ab. Dadurch bleiben früh reifende Sorten oft verschont; ihre Maden sind vor allem ein Ärgernis in mittelspäten bis späten Süßkirschen.

Die Amerikanische Kirschfruchtfliege erscheint zwar drei bis vier Wochen später, ist aber bei der Eiablage weniger wählerisch. So werden auch rote, fast reife Früchte befallen, außerdem verstärkt Sauerkirschen.

Die Weibchen legen bis zu 400 Eier jeweils einzeln in die Kirschen ab. Bald darauf fressen sich die weißen, rund 6 mm langen Maden in die jungen Kirschen hinein und zerstören das Fruchtfleisch um den Stein. Nach etwa drei Wochen wandern sie in den Boden ab, um dort als Puppen zu überwintern.

**Schadbild:** Glanzlose, matte Kirschen, stellenweise mit braunen, eingesunkenen Flecken. Betroffene Früchte faulen am Baum oder fallen vorzeitig ab. Darin oft noch eine weiße Made samt Kotkrümeln oder ein bräunliches Ausbohrloch nahe am Stiel.
**Zeitpunkt:** Hauptsächlich im Juni/Juli; bei sonnigem, warmem Wetter.
**Abhilfe:** In wenig spätfrostgefährdeten Lagen können Sie schon durch die Wahl früher Sorten etwas vorbeugen. Kleinkronige Bäume lassen sich während der Flugzeit mit Kulturschutznetzen abdecken. Zum Abfangen der Fliegen kurz vor und während der Hauptflugzeit gelbe, beleimte Kirschfruchtfliegenfallen in die Bäume hängen.

Nach einem Befall betroffene Früchte entfernen und später alle Kirschen komplett abernten, sämtliches Fallobst beseitigen und den Boden im Spätherbst lockern, um möglichst viele Puppen zu zerstören. Deckt man von Anfang Mai bis Mitte Juni den Boden unter den Bäumen mit Vliesen ab, können die neu geschlüpften Fliegen nicht „hochkommen". Dieselbe Bodenbedeckung hindert später, von Früh- bis Spätsommer, die Maden daran, sich im Boden unter dem Baum zu verpuppen.

## → Kirschessigfliege

Erst Anfang der 2010er Jahre hat diese 3 mm kleine, hellbraune Fliege mit ebenso kleinen, weißen Maden bei uns die Palette der gefährlichen Fruchtfliegen vergrößert. Sie schädigt nicht nur Kirschen, sondern fast alle Obstfrüchte; und das bei warmem, trockenem Wetter in großem Ausmaß und mit rasanter Vermehrungsrate. An befallenen Kirschen sieht man zunächst kleine Einstichstellen und eingedellte, weiche Flecken. Nach wenigen Tagen fallen die Früchte in sich zusammen, da sie innen völlig zerfressen sind.

### Kirschfresser und -picker

Die saftigen Früchte haben viele tierische „Fans". Dazu kommen öfter Frostspannerraupen (siehe S. 163), die die Kirschen so ausfressen, dass nur eine hohle Halbkugel übrig bleibt. Auch die Raupen von Schadspinnern (siehe S. 56) und die Maden des Pflaumenwicklers (siehe S. 101) laben sich gelegentlich an Kirschen. Baum- oder Blattwanzen zeigen ihre Anwesenheit durch leicht eingesunkene Fruchtpartien mit kleinen braunen Flecken; oft auch schon durch unregelmäßige Löcher in den Blättern.

Warum die Stammform der Süßkirsche „Vogelkirsche" heißt, muss man keinem erklären, der Kirschbäume im Garten hat. Abwehrmaßnahmen gegen Stare und andere Vögel sind unter dem Stichwort Fraß an Früchten auf Seite 60 genannt; ebenso Vorkehrungen gegen Ohrwürmer und Wespen.

### Platzen der Süßkirsche

Dass fast reife Süßkirschen bei starkem Regen viel eher aufplatzen als Sauerkirschen, hat einen einfachen Grund: Sie enthalten mehr Zucker. Wasser zieht es grundsätzlich dahin, wo viel Zucker konzentriert ist. In die Kirschen dringt das Regenwasser über die Stielgrube ein. So bläht sich gewissermaßen der Fruchtinhalt auf, aber die Haut kann zu dem Zeitpunkt nicht mehr wachsen und reißt schließlich auf.

Bei kleinen Kirschbäumen können Sie es halten wie die Profis und die Früchte mit einem einfachen Foliendachgerüst vor Regen schützen. Gerade in niederschlagsreichen Regionen lohnt es sich, schon bei der Sortenwahl an die Gefahr des Platzens zu denken: Als sehr platzfest gelten zum Beispiel 'Annabella' 'Karina', 'Kordia' und 'Regina'.

## → Schilde, Krusten, Beläge

Oft fallen erst im Herbst nach dem Laubfall kleine Schilde oder braune bis graue, krustenartige Beläge auf Ästen und Stämmen auf. Dann handelt es sich meist um die Kommaschildlaus (siehe S. 59), seltener um die gefährliche San-José-Schildlaus (siehe S. 58).

# Pfirsich, Nektarine, Aprikose

Es gibt kaum etwas Köstlicheres als einen Pfirsich, der ohne Umschweife, Nachreife oder Lagerung so genossen wird, wie er vom Baum kommt. Da lohnt sich so manche Mühe.

**Pfirsiche und ihre glattschaligen Varietäten,** die Nektarinen, sowie Aprikosen brauchen zwar keine übermäßig anspruchsvolle Pflege. Allerdings rentiert sich hier ganz besonders der Aufwand für eine sorgfältige Sorten- und Standortwahl. Diese wärmeliebenden Obstarten leiden häufiger und stärker unter Frostschäden als die meisten anderen. Sie sollten deshalb einen möglichst warmen, sonnigen Platz erhalten.

In der Regel stehen Pfirsich und Co. am besten nahe einer Hauswand oder, als Spalier gezogen, direkt davor. An einer Südwand, die schon im Spätwinter und Frühjahr kräftig besonnt wird, können sich allerdings Austrieb und Blüte verfrühen – mit der Folge, dass Spätfröste umso mehr Schaden anrichten. Wenn es die Baumgröße möglich macht, lässt sich mit vorübergehender Vliesabdeckung das Schlimmste verhindern.

Die Aprikose gedeiht auch noch auf recht trockenen Böden. Falls sie an der Hauswand oder unter einem Dachvorsprung nur mäßig Regen abbekommt, ist dies umso besser: Das mindert Blütenschäden und den Befall durch Pilzkrankheiten. Allerdings sollte man dann während der Fruchtausbildung des Öfteren gießen.

Als robuste Pfirsichsorten, auch für rauere Lagen, haben sich zum Beispiel 'Flamingo', 'Früher Roter Ingelheimer', 'Kernechter vom Vorgebirge' und 'Pilot' erwiesen. Bei den Aprikosen gelten unter anderem die Sorten 'Hagrand', 'Hilde', 'Mino' und 'Ungarische Beste' als recht frostfest.

Bei Bedenken oder Mangel an geeigneten Gartenplätzen gibt es schließlich noch eine elegante Alternative: Säulen- und Zwergformen lassen sich auch gut in großen Kübeln ziehen.

## Kräuselkrankheit

Dieser Schadpilz befällt Pfirsiche und Nektarinen, seltener Aprikosen. Weiß- und rotfleischige Pfirsiche (zum Beispiel 'Benedicte', 'Revita', 'Roter Weinbergpfirsich') sind etwas weniger gefährdet als gelbfleischige.

Der Erreger überwintert in den Knospen und auf den Trieben. Sobald die Knospen anschwellen, kann er schon den künftigen Neuaustrieb befallen. Im Frühsommer werden Sporen ausgeschleudert, die weitere Äste und in der Nähe stehende Bäume infizieren. Wird ein Baum häufig von der Kräuselkrankheit geplagt, lässt der Erntesegen merklich nach.

**Kräuselkrankheit**
Die Pilzkrankheit führt nicht nur zum Kräuseln der Blätter, sondern zu stark aufgewölbten, häufig roten Blasen.

**Schadbild:** Blätter gekräuselt, blasig aufgetrieben, brüchig, oft verdickt und rötlich oder blassgrün verfärbt; ab Juni mit weißem, haarigem Belag, dann oft welkend und abfallend. Reduzierte Knospen- und Fruchtbildung. Teils kleine, deformierte, runzlige Früchte. Bei starkem Befall Gummifluss, teils sogar absterbende Triebe.

**Zeitpunkt:** Erste Symptome bald nach dem Austrieb.

**Abhilfe:** Zur Bekämpfung sind Mittel mit dem Wirkstoff Difenoconazol zugelassen. Als Alternativen bieten sich Pflanzenstärkungsmittel oder Auszüge aus Meerrettich, Schachtelhalm oder Knoblauch an. Ganz gleich, ob „Chemie" oder „Natur": Die Mittel müssen ausgebracht werden, sobald sich die Knospen regen und etwas dicker werden. Das kann bei mildem Wetter schon im Januar der Fall sein. Die Behandlungen werden dann bis zum Öffnen der Knospen mehrmals wiederholt (mit Difenoconazol höchstens drei Spritzungen). Ansonsten alle Blätter und Triebspitzen mit Befallsanzeichen frühzeitig entfernen.

**Pfirsichmehltau**

Diese ganz auf den Pfirsich spezialisierte Mehltauart kann sich nur bei warmem Wetter und hoher Luftfeuchtigkeit stark ausbreiten und tritt besonders in geschützten Lagen auf. In einem kühlen Frühling zeigen sich kaum Blattsymptome, sodass der Befall erst an den Früchten erkennbar wird. Der Erreger überwintert in infizierten Knospen.

**Schadbild:** An jungen Blättern oberseits gelbliche Flecken; auf den Unterseiten Bildung weißer Mehltaubeläge. Blätter rollen sich teilweise ein, vertrocknen und fallen ab. Auch junge Triebe mit weißlichem Belag, Spitzen teils gekrümmt. Auf den Früchten weiße bis hellgraue, mehlige Flecken unterschiedlicher Größe; auf noch grünen Pfirsichen ebenso wie auf bereits ausgefärbten. Fruchthaut manchmal aufreißend, mit nachfolgender Fäulnis oder Fruchtabwurf.

**Zeitpunkt:** Ab Blattentfaltung; bei warmem Wetter.

**Abhilfe:** Siehe allgemeine Maßnahmen gegen Pilzkrankheiten (Seite 40). Befallene Triebe herausschneiden.

## Schrotschusskrankheit

Diese Pilzkrankheit befällt alle Steinobstar-tarten. An Pfirsich und Aprikose schädigt sie neben Blättern und Früchten öfter auch die Triebe und kann bei häufigem Auftreten die Bäume stark schwächen. Der Erreger über-wintert an Zweigen befallener Bäume, an Fruchtmumien, die am Baum hängen blei-ben, und an Falllaub. Ab Frühjahr kann er bei feuchtem Wetter weitere Bäume infizie-ren. Seine Sporen werden durch Regen, Tropfwasser und Wind verbreitet.

**Schadbild:** Auf jungen Blättern kleine, röt-liche bis braune Flecken, die später abster-ben und ausbrechen, sodass die Blätter schrotschussartig durchlöchert erscheinen. Bei starkem Befall früher Blattabwurf. Auf den Früchten öfter runde, dunkle, leicht eingesunkene Flecken mit rötlichem Rand, zuweilen mit Gummitröpfchen; werden teils verkrüppelt und ungenießbar. An jun-gen Trieben längliche, dunkle, eingesunke-ne, oft rot umrandete Flecken, häufig mit Gummiflusstropfen; schlimmstenfalls Ab-sterben ganzer Zweigpartien. An älteren Trieben teilweise geschwulstartige Wuche-rungen;

**Zeitpunkt:** Ab Frühjahr, teils schon bald nach dem Austrieb; bei und nach feuchtem Wetter.

**Abhilfe:** Siehe Schrotschusskrankheit an Kirschen (Seite 106). Befallene Triebe bis ins gesunde Holz zurückschneiden, Schnittstel-len mit Wundverschlussmittel behandeln.

## Pfirsichläuse

An Pfirsich, Nektarine und Aprikose kommt eine Reihe verschiedener Blattläuse vor, meist um 2 mm groß, grün, gelblich oder grau – und in Scharen an den Blattuntersei-ten. Die größte Bedeutung hat die Grüne Pfirsichblattlaus, die Hunderte von Pflan-zen befällt und zahlreiche Viren übertragen kann, darunter auch die Scharkakrankheit. Am Pfirsichbaum saugt sie allerdings nur zeitweise, da sie den Sommer lieber an Ge-müse und anderen zartblättrigen Pflanzen verbringt.

Die anderen Läuse wechseln teils eben-falls ihre Wirte. Dagegen bleibt die Schwarz-gefleckte Pfirsichlaus ihrem Baum treu, und auch die Mehlige Pfirsichlaus verzichtet teils auf den Wechsel. Das führt dazu, dass Pfirsich und Co. von Frühjahr bis Herbst oft intensiv geplagt werden.

**Schadbild:** Besonders an jungen Trieben die Blätter stark gekräuselt, häufig einge-rollt; Blätter vergilbend, bei starkem Befall braun und welk. Häufig gestauchte Jungtrie-be und deformierte Triebspitzen. Teils auch verkrüppelte Knospen und Blüten. Klebrige, oft schwärzliche Beläge. Zahlreiche Ameisen im Umfeld der Lauskolonien.

**Zeitpunkt:** Ab dem Austrieb, hauptsächlich im späten Frühjahr; vor allem in warmen, trockenen Wochen.

**Abhilfe:** Siehe Seite 50.

## Spinnmilben

Warmes, sonniges Wetter ist ideal für Pfirsich und Aprikose – aber auch für die Spinnmilben, die ebenso wie die Blattläuse in großer Zahl an den Blattunterseiten saugen. Anders als die Läuse erkennt man die winzigen Milben höchstens mit geschärftem Blick. Die Weibchen der Obstbaumspinnmilbe fallen allerdings als rote Pünktchen auf. Diese Art bildet kaum auffällige Spinnfäden. Wenn Pflanzenteile mit feinen, hellen Gespinsten überzogen sind, handelt es sich um die Gemeine Spinnmilbe. Diese tritt eher an Kübel- und Spalierobst auf als an frei stehenden Bäumen im Garten.

**Schadbild:** Auf den Blättern zahlreiche winzige, helle Pünktchen (Saugstellen), die im Gegenlicht silbrig wirken; vor allem im Bereich der Blattrippen. Sie verschmelzen zunehmend zu hellgrauen bis bronzefarbenen Flecken; Blätter rollen sich teils ein und fallen ab. Früchte zuweilen berostet. Bei starkem und häufigem Befall gehemmtes Wachstum.

**Zeitpunkt:** Ab dem Austrieb, verstärkt im Hochsommer.

**Abhilfe:** Siehe Seite 54 f.

### → Versprühte Flecken

Hauptsächlich bei Aprikosen erscheinen bei feuchtem Frühsommerwetter kleine, rundliche, violettrote Flecken auf den Blättern. Diese Sprühfleckenkrankheit (siehe S. 112) kann bei starkem Befall dazu führen, dass der Baum schon früh alle Blätter verliert.

## Blüten- und Frucht-Monilia

Monilia-Pilze treten an vielen Obstarten auf. Sie dringen teils schon in die Blüten ein oder befallen später die Früchte. Bei der Blüten-Monilia werden Blütenbüschel schlagartig braun und welk, ebenso die angrenzenden Blätter. Die vertrockneten Blüten und Blätter bleiben am Baum hängen. An manchen Pfirsich- und besonders an Aprikosensorten kann es auch zu einer ausgeprägten Welke der Triebspitzen kommen, ähnlich wie bei der Monilia-Spitzendürre der Sauerkirsche. Als ziemlich moniliafest hat sich besonders die Aprikosensorte 'Mino' erwiesen.

Bei der Monilia-Fruchtfäule zeigen sich auf den Früchten zunächst ringförmige Faulstellen, die zunehmend von weißen bis graugelben Sporenlagern überzogen werden. Die später eingeschrumpften Fruchtmumien hängen meist noch nach dem Laubfall an den Zweigen.

Zur Vorbeugung und Abhilfe siehe Blüten-Monilia an Kirschen (S. 108) und Monilia-Fruchtfäule (S. 37). Die dort genannten Pflanzenschutzmittel sind bei Pfirsich und Aprikose streng genommen nicht zugelassen und hier auch nur mäßig wirksam.

## Pfirsichschorf

Von diesem Schorfpilz werden Aprikosen und Nektarinen ebenso befallen wie Pfirsiche. Er tritt hauptsächlich nach feuchtem Frühjahrswetter auf und schädigt vor allem die Früchte. Spät reifende Sorten leiden darunter etwas stärker als frühe. Der Pilz überwintert an befallenen, jungen Trieben.

**Schadbild:** Auf der Fruchtschale mehr oder weniger zahlreiche, kleine, olivgrüne Flecken, die sich ausbreiten und zu einem schwarzen, samtartigen Belag entwickeln. Auf der Rinde diesjähriger Triebe braune bis schwarze, schorfartige Flecken.

**Zeitpunkt:** Während der Fruchtreife; Rindenflecken ab Mai.

**Abhilfe:** Vorbeugend die Krone durch Schnitt luftig halten. Eindeutig befallene Triebe zurück- beziehungsweise wegschneiden. Siehe auch allgemeine Maßnahmen gegen Pilzkrankheiten (Seite 40).

## Pfirsichwickler

Neben dem Pfirsichwickler machen sich auch Apfelwickler (siehe S. 83) und Pflaumenwickler (siehe S. 101) gern an Pfirsich und Co. zu schaffen. Alle drei sind kleine, bräunliche Falter mit 1–2 cm großen Raupen (Maden), die die Früchte anbohren.

Im Gegensatz zu den beiden anderen tritt der ursprünglich aus Asien eingeschleppte Pfirsichwickler erst seit kurzem bei uns auf. Dass es eine andere, bisher unbekannte Art ist, merkte man daran, dass der Neuling Triebe aushöhlt, was bei Apfel- und Pflaumenwickler nicht vorkommt. Die Pfirsichwickler fliegen bei mildem Frühlingswetter schon ab Ende März und damit deutlich früher als die anderen. Die Raupen dieser ersten Generation verursachen die Triebschäden. Die der zweiten Generation dringen dann zwischen Ende Juni und September in die Früchte ein.

**Schadbild:** Spitzen junger Triebe welken aufgrund der Raupen, die sich bis 6 cm tief eingebohrt und das Mark zerfressen haben. Später Früchte mit Bohrloch, dieses meist mit braunen Kotkrümeln und Gummitropfen.

**Zeitpunkt:** Triebschäden ab Mai, Fruchtschäden ab Ende Juli.

**Abhilfe:** Betroffene Triebspitzen frühzeitig wegschneiden. Befallene und abgeworfene Früchte konsequent entfernen. Im Winter die Bäume kontrollieren, vor allem am Stammgrund, und eventuell vorhandene Raupenkokons abkratzen. Wermut-, Rainfarn- und Quassiaauszüge können einen Befall eindämmen. Die erst in den Trieben, dann in den Früchten versteckten Raupen lassen sich mit Spritzmitteln allerdings nur schwer erwischen.

## Weitere Fruchtschädlinge

Neben den Wicklern und ihren Maden schaden oft die grünen Raupen des Kleinen Frostspanners (siehe S. 48) an den Früchten, besonders an Aprikosen, die sie stark zerfressen. Ohrwürmer fressen flache, rundliche Mulden in die Fruchtschalen; zuweilen gefolgt von Wespen (siehe S. 61), die sich dann tiefer ins Fruchtfleisch arbeiten.

Pfirsiche und Aprikosen gehören zu den bevorzugten „Opfern" der Marmorierten Baumwanze (siehe Baum- und Blattwanzen, Seite 52). Ihr Saugen führt zu eingedellt wirkenden Früchten, mit größeren eingesunkenen Partien und kleinen braunen Flecken. Ähnlich erscheinen zunächst Früchte, in die die Kirschessigfliege (siehe S. 61, 115) ihre Eier abgelegt hat. Sie sacken aber bald in sich zusammen, weil die kleinen, weißen Maden innen das Fruchtfleisch zerfressen.

### → Merkwürdige Zweigbeläge

Verschiedene Schildläuse überziehen Zweige, Äste oder auch die Stämme mit ungewöhnlichen Belägen. Dabei handelt es sich um Ansammlungen von dicht gepackten Schilden, unter denen sich die Tiere verbergen. An Pfirsich und Aprikose sind das meist Napfschildläuse mit braunen, halbkugeligen Gebilden ab April (siehe S. 97), Kommaschildläuse unter flachen, braunen Schilden ab August (siehe S. 59) oder Maulbeerschildläuse mit im Winter auffälligen, weißen Schildüberzügen (siehe S. 60).

### Scharka-, Pockenkrankheit ⚠

Die größte Bedeutung hat diese meldepflichtige Viruskrankheit bei der Pflaume und ist dort ausführlicher beschrieben (siehe S. 100). Sie kann aber auch Aprikose und Pfirsich schwer zusetzen. Bei Pfirsich und Nektarine sind die Anzeichen meist undeutlich; was aber nicht heißt, dass sie auf Dauer gesund bleiben.

Das durch Blattläuse übertragene Virus kommt vor allem an der Aprikose vor beziehungsweise wirkt sich bei dieser am stärksten aus. Dass an Aprikosenbäumen etwas „komisch" ist, fällt meist im Lauf des Sommers auf. Teils kommt es nur zu Blattsymptomen, mal schwächer, mal stärker ausgeprägt, was auch von der Sorte abhängt: helle Ringe und Linien, Aufhellungen an den Blattadern, gelbe Flecken oder auch deformierte Blätter. Häufig will das Wachstum der Triebe und Zweige nicht so recht in Schwung kommen, manchmal werden Jungtriebe brüchig.

Treten Fruchtsymptome auf, sind sie an Aprikosen oft sehr auffällig: auch hier Ringe und Linien, hell oder dunkel, die Umrisse oft eingesunken. Verfärben sich Linien und Flächen dunkel, erinnern die Früchte an marmorierte Eier. Ganz eindeutig ist die Sache, wenn sich auch auf dem Kern entsprechende Ringe und Muster zeigen – wie aufgemalt mit einem gelben Stift.

Man sollte sich unbedingt mit dem zuständigen Pflanzenschutzamt absprechen, wenn die Anzeichen auf einen Scharkabefall hinweisen. Informieren Sie sich vor Neupflanzungen über das Sortenangebot. Die Aprikose 'Kuresia' gilt als scharkaresistent. Sehr widerstandsfähig sind bislang auch

'Clarina', 'Goldrich', 'Harlayne', 'Hilde', 'Mino' und 'Orangered'.

### Aprikosensterben ⚠

Diese auch als Apoplexie bekannte Erscheinung gibt bis heute Rätsel auf. Aprikosenbäume bekommen plötzlich immer mehr trockene Triebspitzen und Äste und gehen schließlich nach wenigen Jahren ein. Erste Signale sind oft ein schwacher oder ausbleibender Austrieb im Frühjahr und zeitig welkende Blätter. Meist tritt unterhalb der welkenden Partien starker Gummifluss auf, teils reißt die Rinde auf. Das kommt vor allem an noch recht jungen Bäumen vor.

Vermutet wird ein Zusammenspiel mehrerer Ursachen, unter denen wahrscheinlich Boden- und Welkepilze eine Rolle spielen. Teils scheint sich auch die aufveredelte Sorte nicht so recht mit der Unterlage zu vertragen. Das hilft einem aber alles wenig, nachdem der Baum einmal gepflanzt ist.

Für die Praxis ist es wichtiger, sich nach robusten, wenig frostempfindlichen Sorten und Unterlagen zu erkundigen; des Weiteren einen möglichst sonnigen, warmen, geschützten Platz zu wählen und schwere Böden gründlich zu lockern und verbessern. Ungeeignete Standorte und Böden sowie Winter- und Spätfröste werden häufig als die wichtigsten Auslöser des Aprikosensterbens benannt. Vorbeugend hilft, nicht zu viel Stickstoff zu düngen, besonders in der zweiten Jahreshälfte; außerdem ein regelmäßiger, baumgerechter Schnitt.

Zeigen sich die genannten Symptome, bleibt einem nur, alle erkrankten Zweige und Äste zu entfernen und auf gesunden Neuaustrieb zu hoffen. Doch häufig können betroffene Bäume nicht gerettet werden.

### → Welke- und Absterbeerscheinungen

Mit Scharkakrankheit und Aprikosensterben sind zwei charakteristische Baumschäden beschrieben, die öfter Kopfzerbrechen bereiten. Daneben gibt es weitere bedrohliche Steinobstplagen, die besonders häufig an Kirschen auftreten: so der Bakterienbrand (siehe S. 90, 110), der auch an Pfirsich und Aprikose vorkommt, die Valsakrankheit (siehe S. 111), hauptsächlich eine Gefahr für die Aprikose – nicht zu vergessen die Blüten-Monilia (siehe S. 99, 108), die sich zur Triebwelke „auswachsen" kann.

Gerade bei Aprikose und Pfirsich geraten solche oder ähnliche Krankheiten immer wieder in den Blickpunkt; nicht zuletzt, weil sie etwas kälteempfindlicher sind und schwere, oft nasse Böden besonders schlecht vertragen. Die Welkeerscheinungen haben verschiedene Ursachen und Bezeichnungen und sind schwer auseinanderzuhalten. Da sollte man ruhig einmal den Rat von Experten einholen.

# Walnuss

Der Walnussbaum ist recht robust, sofern er nicht von Spätfrösten geplagt wird. Er hat aber auch manches zu bieten, das ihn für spezielle Schaderreger interessant macht.

**Zu den größten Enttäuschungen** gehört das Ausfallen vieler Blüten nach frostigen Frühjahrsnächten. Auch junge Triebe werden teils stark mitgenommen. Gerade wer in einer etwas raueren Region einen Walnussbaum pflanzen möchte, sollte sich vorher genau erkundigen: Manche Sorten, zum Beispiel ‘Geisenheimer Walnuss’ und ‘Lake’, sind deutlich weniger spätfrostgefährdet als andere. Das gilt auch generell für veredelte Bäume im Vergleich zu Sämlingsbäumen. Veredelte Walnüsse bleiben außerdem kleiner und tragen schon früher.

### Holz- und Triebschäden

Gelegentlich dringen die Raupen von Blausieb oder Weidenbohrer (siehe S. 63) in die Stämme und Äste ein. An älteren Walnussbäumen zeigen sich zuweilen Pilzkörper, vor allem von Porlingen. Wirklich gefährlich wird in der Regel nur der seltenere Hallimasch (siehe S. 39). Eine ernste Bedrohung ist außerdem der bakterielle Wurzelkropf, der hauptsächlich junge Bäume befällt.

Sehen Äste und Teile des Stamms im Herbst wie gekalkt aus, dann sitzen daran unzählige Maulbeerschildläuse (siehe S. 60).

Die Walnuss gehört zu den bevorzugten Opfern dieser Läuse, die junge Bäume stark schädigen können.

Wenn einzelne junge Triebe welken und absterben, ist der Baum möglicherweise von der Rotpustelkrankheit (siehe S. 37) befallen. Klarer wird die Sache, wenn sich im Herbst kleine gelbe bis rötliche Pusteln auf Ästen und Stamm zeigen.

### → Blutende Bäume

Werden Äste und kräftige Zweige abgesägt, tritt oft reichlich Saft aus – der Walnussbaum „blutet". Das können Sie vermeiden, indem Sie zwischen Mitte August und Mitte September schneiden. Die Wunden verheilen dann noch recht schnell, aber es kommt kaum zum Bluten, weil der Saftstrom nicht mehr so stark ist. Ein weiterer günstiger Schnittzeitpunkt ist der Vorfrühling bis spätestens Anfang März.

### Schädlinge an Blättern

Für die Walnussblätter gibt es kaum Interessenten: Ihr hoher Gerbstoffgehalt verdirbt den meisten Schädlingen den Appetit. Gelegentlich versuchen sich daran Schmetterlingsraupen, richten aber wenig Schaden an.

Das gilt auch für winzige Gallmilben, die ab Frühsommer bei warmem Wetter auftauchen und an den Blättern saugen. Das führt bei der Filzgallmilbe zu blasigen Aufwölbungen, mit hellen, filzigen Flecken an der Unterseite; bei der Pockengallmilbe zu stecknadelgroßen Knötchen, die sich rötlich verfärben. Teils rollen sich die Blätter ein. Durch frühes Entfernen befallener Blätter lässt sich ein erneutes Auftreten im nächsten Jahr reduzieren.

Über Sommer kommen manchmal Zierläuse zu Besuch. Diese recht großen, gelblichen, schwarz gepunkteten Läuse sitzen dicht an dicht entlang der Mittelrippe des Blatts. Durch ihr Saugen schaden sie wenig, sie können aber die Blätter stark mit Honigtau verkleben. Dieser wird teils durch Rußtaupilze schwarz. Honig- und Rußtaubeläge sind meist auch der einzig nennenswerte Schaden von Schmierläusen. Die durch Wachsüberzüge weißlichen Tiere finden sich oft in größeren Kolonien an den Blattunterseiten.

### Marssonina-Blattfleckenkrankheit

Diese auch Anthraknose bekannte Pilzkrankheit kann sich in verregneten Sommern schnell ausbreiten. Der Erreger überwintert an befallenen Blättern und Früchten am Boden.

**Schadbild:** Auf den Blättern zahlreiche kleine, dunkel- bis rötlich braune Flecken, die teils zu größeren Partien zusammenfließen; bei starkem Befall früher Laubabwurf. Auf den grünen Fruchtschalen schwarze Flecken, die sich allmählich ausdehnen.
**Zeitpunkt:** Ab Frühsommer, bei feuchtwarmem Wetter.
**Abhilfe:** Nach einem Befall gründlich alle Blätter und Früchte vom Boden entfernen.

### Walnussfruchtfliege

Die 6–8 mm großen, gelblichen Fruchtfliegen legen Anfang Sommer zahlreiche Eier an den Nüssen ab. Daraus schlüpfen kleine, gelblich weiße Maden, die an der grünen Fruchtschale fressen, aber nicht in den Nusskern eindringen. Nach rund vier Wochen wandern sie in den Boden ab, um sich zu verpuppen.
**Schadbild:** Zunehmend schwarz verfärbte, weich und schleimig werdende Schalen. Die schwarzbraunen Schalenüberreste trocknen später ein.
**Zeitpunkt:** Im Lauf des Sommers.
**Abhilfe:** Befallene Nüsse früh entfernen, wenn es nicht schon allzu viele sind; im Herbst auch alle Nüsse am Boden aufzusammeln. Die Nüsse nach der Ernte gut in der Sonne trocknen lassen, an einem luftigen Platz; dann lassen sich die Nusskerne leichter säubern.

Wenn die Walnussfruchtfliege häufig Ärger macht, können Sie den Boden unter dem Baum mit einer kräftigen Folie abdecken, von Mitte Juni bis zur Ernte. Das hindert neue Fliegen am Schlüpfen und später die Larven am Verpuppen.

## Apfelwickler

Dieser verbreitete Apfelschädling befällt gelegentlich auch Walnüsse. Dann wird er zur schlimmsten Nussplage, weil er den Kern zerstört. Die Entwicklung der kleinen graubraunen Falter und ihrer als Apfelmaden bekannten Raupen ist beim Apfel beschrieben, ebenso Möglichkeiten der Abwehr (siehe S. 83).

Die rötlichen, bis 2 cm große Raupen bohren sich im Spätsommer in die grüne Fruchtschale und hinterlassen ein recht großes Loch, dessen Umgebung sich schwarzbraun verfärbt. Am Loch und unter der Schale sieht man dunkle Kotkrümel. Die Raupe zerfrisst die Nusskernschale und das Innere der Nuss.

## Verschiedene Nussfresser

Nüsse am Baum wie am Boden munden verschiedenen Tieren, die aber selten die Ernte merklich schmälern. Zu den Nussfressern gehören Krähen und andere Vögel, Mäuse – und natürlich Eichhörnchen.

## Papiernüsse, brüchige Schalen

Bei sogenannten Papiernüssen sind die Nusskernschalen unvollständig ausgebildet, stellenweise brüchig, teils fast hautartig dünn. Sie werden dann öfter von Vögeln noch stärker zerstört. Als Ursachen für die brüchigen Schalen gelten nasskalte Witterung während der Fruchtentwicklung sowie überhöhte Stickstoffdüngung; außerdem tonreiche, oft feuchte Böden.

# Was haben meine Sträucher und Beeren?

Erdbeeren, Strauchbeeren, Haselnüsse: Auch in kleinen Gärten lässt sich allerhand ernten. Natürlich am liebsten ohne Einbußen durch irgendwelche Plagen – was mit etwas Glück und Voraussicht durchaus gelingen kann.

**Pflanzen mit kleinen Früchten** sind unter Schaderregern genauso begehrt wie stattliche, üppig tragende Obstbäume. Selbst die robuste Hasel mit ihren festen Nüssen bleibt nicht ganz verschont. Das gilt erst recht für die weichen Erdbeeren und Himbeeren.

Bei Erdbeeren und Sträuchern fällt es im Allgemeinen leichter als bei Bäumen, einen passenden Platz im Garten zu finden. Außerdem kann man das Umfeld, in dem sich später die Wurzeln ausbreiten, gezielter „beackern". Nutzen Sie diese Vorteile bewusst.

Bei den meisten Beerenobstarten gibt es eine große Auswahl an widerstandsfähigen Züchtungen. Dabei muss man aber oft entscheiden, was am wichtigsten ist: Kaum eine Sorte kann gegen alle Krankheiten tolerant oder gar resistent sein – und dann auch noch optimal schmecken. Ob es jetzt bei der Himbeere eher auf die geringe Grauschimmel-Anfälligkeit oder auf die Resistenz gegen Rutenkrankheit ankommt, können oft Gartenzaungespräche mit erfahrenen Nachbarn klären: Die wissen meist am besten, was vor Ort das größte Problem ist.

# Erdbeere

Als krautige Pflanzen sind Erdbeeren allgemein etwas empfindlicher als andere Obstarten. Doch viele Plagen kann man schon durch vorausschauende Pflanzung und Pflege vermeiden.

**Die üblicherweise in Beeten gepflanzten Erdbeeren** finden ihren Platz meist im Gemüsegarten. Dadurch leiden sie öfter unter Allerweltsschädlingen und -krankheiten wie Thripsen und Grauschimmel, die häufig auch an Gemüse vorkommen. In Gemüsebeeten können sich zudem ausdauernde Bodenschädlinge und -pilze besonders hartnäckig festsetzen, so etwa Wurzelnematoden. Zu diesen Gefahren „von unten" kommen Fäulen und andere Bedrohungen, denen die dem Boden aufliegenden Erdbeerfrüchte ausgesetzt sind.

## Tipps für gesunde Erdbeeren

Erdbeerpflanzen über die Ausläufer selbst zu vermehren ist recht einfach und kann Geld sparen. Es zeigt sich aber immer wieder, dass mit solchen „Eigengewächsen" bereits vorhandene Schaderreger weiter verbreitet werden. Deshalb lohnt sich gesundes Qualitätspflanzgut. Wenn es von seriösen Anbietern stammt, besteht kaum Gefahr, dass man sich Pilz- oder Virenkrankheiten in den Garten holt.

Viele Schaderreger überdauern an lebenden oder abgestorbenen Pflanzenteilen oder im Boden und werden erst mit der Zeit zum ernsthaften Problem. Wenn Sie Erdbeeren alle zwei bis drei Jahre an anderer Stelle neu pflanzen, machen sich viele der nachfolgend beschriebenen Plagen kaum bemerkbar. Allgemein empfehlen sich Anbaupausen von wenigstens zwei Jahren auf derselben Fläche. Treten Wurzelnematoden oder Welkepilze auf, sollten Erdbeeren frühestens nach vier Jahren wieder aufs selbe Beet kommen.

Eine gründliche Bodenvorbereitung verhilft den Pflanzen zu einem guten Start und macht Schaderregern das Auftreten schwerer. Ideal ist ein gut durchlässiger, sandig lehmiger, humoser Boden mit schwach saurem pH-Wert von 5,5 – 6,5 (siehe S. 16). Schwere, tonreiche Böden sollten gründlich gelockert und verbessert werden. Zur Humusversorgung taugt nur voll ausgereifter Kompost; keinesfalls unreifer Kompost oder gar frischer Mist.

Ausreichende Pflanzabstände beugen nicht nur Pilzkrankheiten, sondern auch der Ausbreitung tierischer Schädlinge vor. Je nach Sorte und Wuchstyp empfehlen sich Reihenabstände von 50 bis 80 cm und in der Reihe von 30 bis 35 cm. Setzen Sie die Pflanzen nicht zu tief: Die inneren Herzknospen dürfen nicht mit Erde bedeckt werden,

**Welkende Pflanzen:** Erdbeeren sind anfälliger für Welken als Obstgehölze. Naheliegende Ursachen wie versäumtes Gießen oder verdichtete, oft nasse Böden, in denen Wurzeln faulen, lassen sich mehr oder weniger einfach beheben. Nicht selten liegt es aber auch an Bodenschädlingen oder -pilzen, die teils sehr hartnäckig sind und hier im Folgenden beschrieben werden.

Auch dichter Unkrautbewuchs und wuchernde Ausläufer fördern das Auftreten von Pilzkrankheiten, weil die Beete so nach einem Regen schlecht abtrocknen. Deshalb sollte man regelmäßig jäten und die Ausläufer nach der Ernte entfernen. Gegossen wird am besten morgens, keinesfalls spät abends, und möglichst nicht über die Blätter und Früchte. Wichtig ist außerdem zurückhaltende Stickstoffdüngung, hilfreich ein spezieller Erdbeerdünger.

Bewährt hat sich das Mulchen ab der Blütezeit oder sobald sich die ersten Früchte bilden – und zwar mit trockenem, grob strukturiertem Material, das die aufliegenden Erdbeeren vor Fäulniskrankheiten schützt. Besonders gut eignen sich Stroh und Holzwolle. Auch mit Kakaoschalen und Miscanthus-(Chinaschilf-)-Mulch wurden gute Erfahrungen gemacht; beide sind bei Spezialanbietern erhältlich. Rindenmulch oder Gehölzhäcksel kommen höchstens für gut eingewachsene Pflanzen infrage, Rasenschnitt für diesen Zweck gar nicht.

Schließlich empfiehlt sich im Herbst und Frühjahr das Ausputzen, also das Befreien von allen welken und abgestorbenen Pflanzenresten und schon im Sommer das Entfernen beschädigter und überreifer Früchte. Besonders nach einem Befall mit Blattpilzen und -schädlingen (etwa Erdbeermilben) ist im Herbst das Abschneiden oder Abmähen des Laubs ratsam. Aber Vorsicht, nicht zu tief mähen, damit die Herzblatt- und Knospenanlagen nicht beschädigt werden.

### Wurzelnematoden ⚠

Nematoden (Älchen) sind winzige, fadenartige Würmer. An Erdbeeren treten auch Blatt- und Stängelnematoden auf (siehe S. 132), doch Welken werden vor allem durch Nematoden verursacht, die an den Wurzeln saugen. Sie leben je nach Art frei im Boden oder in den Wurzeln. Durch ihre Saugschäden schaffen sie Eintrittspforten für Bodenpilze; außerdem übertragen sie teils Viruskrankheiten. Wurzelnematoden breiten sich besonders in leichten, sandigen Böden aus. Sie halten sich oft über viele Jahre im Boden. Manche befallen auch zahlreiche andere Pflanzen, von Gemüse und Blumen bis hin zu Obstbäumen.

**Schadbild:** Kümmerlicher Wuchs, bis hin zur völligen Welke; meist gleichzeitig an benachbarten Pflanzen. Wurzelspitzen oft verdickt, teils hakenförmig gekrümmt; auf den Wurzeln häufig braunschwarze Flecken.

**Zeitpunkt:** Ganzjährig; oft besonders ausgeprägt und auffällig im späten Frühjahr.

**Abhilfe:** Befallene Pflanzen mitsamt möglichst großem Erdballen entfernen; das Loch mit kochendem Wasser übergießen und Gartengeräte gründlich reinigen. Breiten sich die Schäden weiter aus, besser das Beet ganz räumen, alle Pflanzen- und Wurzelreste sorgfältig entfernen und den Boden tief umgraben. Danach an derselben Stelle mindestens vier Jahre keine Erdbeeren pflanzen.

Nach einem Befall sowie zur Vorbeugung empfehlen sich „Feindpflanzen" als Gründüngung: Studentenblumen (Tagetes) und nematodenresistente Ölrettich eignen sich gut, um Nematoden im Boden einzudämmen.

### → Fraß durch Bodenschädlinge

Erdbeerwurzeln werden nicht nur Nematoden geschädigt, sondern auch von den Larven verschiedener Schädlinge zerfressen; vor allem von Larven des Dickmaulrüsslers (siehe S. 67), gelegentlich auch von Erdraupen, Engerlingen, Drahtwürmern und Maulwurfsgrillen (siehe „Weitere Bodenschädlinge", Seite 69). Wühl- und Feldmäuse (siehe S. 65) können sogar ganze Erdbeerbeete zerstören.

## Wurzelfäulen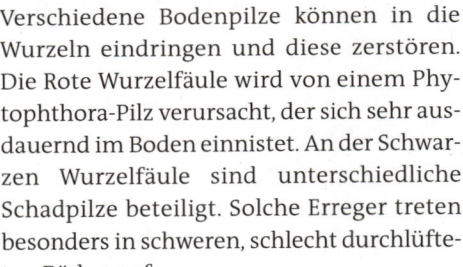

Verschiedene Bodenpilze können in die Wurzeln eindringen und diese zerstören. Die Rote Wurzelfäule wird von einem Phytophthora-Pilz verursacht, der sich sehr ausdauernd im Boden einnistet. An der Schwarzen Wurzelfäule sind unterschiedliche Schadpilze beteiligt. Solche Erreger treten besonders in schweren, schlecht durchlüfteten Böden auf.

**Schadbild:** Zeigt sich oft gleichzeitig an benachbarten Pflanzen. Schwacher Austrieb; gehemmter, gestauchter Wuchs. Junge Blätter teils bläulich grün, ältere gelb bis rotbraun. Wenige, kleine Früchte, die vertrocknen. Kaum Ausläuferbildung. Wenn es wärmer wird, welken zunächst die äußeren Blätter; früher oder später stirbt die ganze Pflanze ab.

Bei der Roten Wurzelfäule findet man beim Aufgraben nur noch die Hauptwurzel, die im Längsschnitt rotbraun verfärbt ist; die Seitenwurzeln fehlen. Bei der Schwarzen Wurzelfäulen sind die Haupt- und Faserwurzeln dunkelbraun bis schwarz.

**Zeitpunkt:** Ab Frühjahr; besonders ausgeprägt zur Blütezeit und dann wieder im Spätsommer, bei warmem, trockenem Wetter.

**Abhilfe:** Siehe „Tipps für gesunde Erdbeeren", Seite 128. Welkende Pflanzen umgehend entfernen. Treten immer wieder Wurzelfäulen auf, besser das ganze Beet räumen und dort mindestens vier Jahre keine Erdbeeren mehr anbauen.

> **Schäden an den Blättern:** Hauptsächlich an den Blättern schaden die im Folgenden beschriebenen Übeltäter, von Stängel- und Blattnematoden bis zum Erdbeermehltau (siehe S. 135). Teils verursachen sie zudem Fruchtschäden. Dunkle Blattflecken können auch ein Anzeichen für die Gnomonia-Fruchtfäule (siehe S. 138) sein.

## Rhizomfäule

Diese Pilzkrankheit äußert sich ähnlich wie die Wurzelfäulen, infiziert aber das Rhizom, also die verdickte, unterirdische Sprossachse, aus der die Blattstiele treiben. Derselbe Erreger verursacht auch die Lederbeerenfäule (siehe S. 137). Wie die Wurzelfäulen tritt er besonders in tonreichen, dichten Böden auf und kann darin auch mehrere Jahre überdauern.

**Schadbild:** Zeigt sich teils nur an Einzelpflanzen, teils an mehreren benachbarten Pflanzen. Zunächst Welke der inneren Herzblätter, dann auch die äußeren Blätter zunehmend schlaff und schließlich welk. Kleine, ledrige Früchte. Rhizom mit Faulstellen, beim Aufschneiden sieht man rotbraune Verfärbungen. Auch die Wurzeln oft mit rotbraunen Faulstellen.

**Zeitpunkt:** Meist erst während oder nach der Fruchtreife.

**Abhilfe:** Siehe „Tipps für gesunde Erdbeeren", Seite 128. Erdbeeren nicht nach einer Gründüngung mit Bienenfreund (Phacelia) oder nach Dicken Bohnen anbauen: Die sind ebenfalls Wirtspflanzen für diesen Pilz. Vorbeugend und bei Anfangsbefall können Pflanzenschutzmittel mit den Wirkstoffen Fosetyl und Fenamidone eingesetzt werden.

## Verticillium-Welke

Diese verbreitete Welkekrankheit kommt auch an Beerensträuchern, Bäumen, Gemüse und Zierpflanzen vor. Im Gegensatz zu anderen Welken tritt sie eher auf sandigen Böden auf. Der Schadpilz dringt meist über kleine Verletzungen an den Wurzeln ein, kann sich auch über die Ausläufer verbreiten und viele Jahre im Boden überdauern.

**Schadbild:** Zeigt sich oft gleichzeitig an benachbarten Pflanzen. Anders als bei der Rhizomfäule welken hier zuerst die äußeren Blätter; die Herzblätter verfärben sich dunkelgrün, teils rötlich. An Stielen und Ausläufern oft dunkle, längliche Flecken. Bei feuchtem Wetter zeitweise Erholung; auf Dauer aber meist Absterben der ganzen Pflanze, bei Trockenheit auch rasche Welke. Beim Aufschneiden von Rhizom und Hauptwurzeln sieht man verbräunte Gefäßringe.

**Zeitpunkt:** Meist erst nach der Ernte; vollständiges Absterben vor allem im Herbst und über Winter.

**Abhilfe:** Siehe „Tipps für gesunde Erdbeeren", Seite 128. Erdbeeren nicht nach und am besten nicht neben anfälligen Gemüsearten pflanzen: Das sind besonders Kartoffeln, Tomaten, Gurken, Bohnen und Erbsen.

### → Gering anfällige Sorten

Manche Erdbeersorten sind widerstandsfähig (tolerant) gegen Wurzelfäulen, Rhizomfäule und/oder Verticillium-Welke. Dazu zählen 'Alba', 'Clery', 'Daroyal', 'Darselect', 'Florence', 'Fraroma', 'Malwina', 'Mieze Nova', 'Rumba', 'Salsa' und 'Symphony'.

### Stängel- und Blattnematoden ⚠

Die winzigen Stängel- und Blattnematoden schädigen die Erdbeerpflanzen nicht ganz so stark wie Wurzelnematoden (siehe S. 129), können aber auch gefährlich werden. Blattnematoden besaugen die Pflanzen von außen; Stängelnematoden dringen in Stängel, Stiele und Blätter ein und befallen besonders Erdbeeren auf schweren, feuchten Böden. Sie können an lebenden und abgestorbenen Pflanzenteilen überwintern.

**Schadbild:** Gestauchter Wuchs. Blätter klein bleibend, verdreht, gefaltet oder aufgewölbt, Herzblätter teils fehlend. Stängel und Blattstiele aufgeschwommen, verdickt, oft verdreht.

Blattnematoden treten zuweilen gemeinsam mit Bakterien auf; das führt zur „Blumenkohlkrankheit": Die Blattrosetten sind fleischig verdickt, die Blüten vergrünt, mit gestauchten Stielen.

**Zeitpunkt:** Ab Frühjahr im April und Mai; besonders nach feuchtem Wetter.

**Abhilfe:** Allgemeine Vorbeugung wie bei den Wurzelnematoden beschrieben (siehe S. 129). Beim Gießen das Benässen oberirdischer Pflanzenteile vermeiden. Blattnematoden lassen sich teils durch Entfernen befallener Pflanzenteile eindämmen. Andernfalls ganze Pflanzen beseitigen. Auf betroffenen Beeten mindestens drei Jahre keine neuen Erdbeeren pflanzen.

### Eckige Blattfleckenkrankheit ⚠

Eine meldepflichtige Bakterienkrankheit, die zunehmend im Profianbau auftritt und auch in Hobbygärten Probleme bereitet. Die Bakterien werden vor allem über infiziertes Pflanzgut verbreitet. Sie dringen über kleine Verletzungen, über die Spaltöffnungen der Blätter und über Ausläufer in weitere Pflanzen ein. Ihr Bakterienschleim kann außerdem durch Regen- und Gießwasserspritzer verteilt werden. Die Erreger überdauern an abgestorbenen Blättern.

**Schadbild:** Zunächst kleine, wässrig bis ölig erscheinende Blattflecken; zunehmend größer und gelbbraun, schließlich rotbraun; Flecken durch die Blattadern eckig begrenzt. Bei stärkerem Befall und Feuchtigkeit Bildung von Bakterienschleim an den Blattunterseiten. Fruchtstiele und Kelchblätter werden braunschwarz, oft vertrocknen die Früchte.

**Zeitpunkt:** Ab Frühjahr, bei mäßig warmem, feuchtem Wetter.

**Abhilfe:** Siehe „Tipps für gesunde Erdbeeren", Seite 128. Besteht Verdacht auf diese Bakterienkrankheit, sollte man sich mit dem zuständigen Pflanzenschutzamt in Verbindung setzen. Eindeutig befallene Pflanzen gleich entfernen.

### Erdbeermilbe

Diese 0,2 mm kleinen, weißlichen bis hellbraunen Weichhautmilben lassen sich nur mithilfe einer sehr guten Lupe entdecken. Sie befallen hauptsächlich die jungen Blätter im Herz der Pflanze, legen an diesen ihre Eier ab und saugen bald darauf an den Pflanzen. Je nach Witterung entwickeln sich im Jahr vier bis acht Generationen.

Die Milben treten teils schon bei kühlen Frühlingstemperaturen auf, breiten sich aber besonders stark im Juli und August aus. Sie gelangen vor allem durch befallene Jungpflanzen in den Garten und können schon durch Kontakt benachbarter Pflanzenteile, über Ausläufer und bei Pflegearbeiten weiter verbreitet werden. Die Weibchen überwintern versteckt im Herz der Pflanzen.

**Schadbild:** Zeigt sich oft an mehreren benachbarten Pflanzen. Junge, noch nicht entfaltete Herzblätter kümmern. Entfaltete Blätter gekräuselt, verfärben sich bronzefarben oder grau bis rotbraun und sterben schließlich ab. Verkürzte Blütenstiele und verkrüppelte Früchte.

**Zeitpunkt:** Ab Frühjahr; verstärkt bei warmem Hochsommerwetter.

**Abhilfe:** Siehe „Tipps für gesunde Erdbeeren", Seite 128. Namhafte Anbieter führen nur Pflanzen, die in den Vermehrungsbetrieben auf Milbenfreiheit geprüft beziehungsweise entsprechend vorbehandelt wurden. Mischkultur mit Lauch, Zwiebeln oder Knoblauch kann der Ausbreitung vorbeugen, ebenso mehrmaliges Spritzen von Pflanzenauszügen (aus Rainfarn, Wermut, Knoblauch oder Schachtelhalm).

### Blattläuse

Blattläuse lassen sich an Erdbeeren nur gelegentlich blicken und richten in der Regel keinen großen Schaden an. Etwas stärker betroffen sind Pflanzen, die an geschützten Plätzen in Töpfen oder Balkonkästen kultiviert werden.

Die Blattläuse können vor allem als Virusüberträger gefährlich werden. Meist handelt es sich um die Knotenhaarlaus oder die Zwiebelblattlaus (Schalottenblattlaus), beide grün und rund 2 mm klein. Zuweilen saugen auch bräunliche, graue oder schwarze Läuse an den Erdbeerblättern.

**Schadbild:** Besonders die jungen Blätter teils stark gekräuselt und verdreht. Häufig klebrige Honig- und Rußtaubeläge. Bei starkem Befall Blätter welkend, Blatt- und Blütenstiele verkürzt, Früchte teils deformiert.

**Zeitpunkt:** Teils schon an warmen Frühlingstagen; verstärkt im Sommer und Frühherbst.

**Abhilfe:** Siehe Seite 50. Gegen Blattläuse an Erdbeeren sind Mittel mit Kaliseife zugelassen, außerdem mit den chemischen Wirkstoffen Thiacloprid und Pirimicarb.

Die Zwiebelblattlaus ist ein „Schwachpunkt" der ansonsten vorteilhaften Mischkultur mit Zwiebeln, Lauch oder Schnittlauch. Bei häufigem Auftreten sollte man auf diese Pflanzpartner verzichten.

### Kräusel- und Mosaikviren ⚠

Das im professionellen Erdbeeranbau gefürchtete Kräuselvirus „verirrt" sich auch in Hausgärten – mithilfe von Blattläusen, die die Viren übertragen. Gelegentlich treten zudem Mosaikviren auf, die ebenfalls durch Blattläuse verbreitet werden.

**Schadbild:** Kräuselvirus: Gekräuselte, verkrüppelte Blätter mit gelben bis braunen Flecken; schwaches Wachstum. Teils deformierte, gestreifte Blüten. Wenige, kleine Früchte, die meist sauer schmecken. Mosaikviren: Meist deutlich hell gescheckte Blätter, die sich oft einrollen; teils aufgehellte Blattadern und verkrüppelte Triebspitzen.

**Zeitpunkt:** Ab Frühjahr.

**Abhilfe:** Auf gesundes Pflanzgut achten. Stärkeren Blattlausbefall frühzeitig bekämpfen. Eindeutig befallene Pflanzen entfernen. Siehe auch „Was tun gegen Viren?", Seite 43.

### Eisenmangel

Gelbe, teils fast weißliche Blätter mit grün bleibenden Adern sind bei Erdbeeren eine häufige Erscheinung und weisen auf Eisenmangel hin. Die Symptome zeigen sich vor allem an jüngeren Blättern. Hauptursache ist meist ein zu hoher Kalkgehalt beziehungsweise pH-Wert des Bodens (siehe auch „Anzeichen von Nährstoffmangel", S. 27). Der Mangel lässt sich kurzfristig durch spezielle Eisendünger beheben; auf Dauer durch eine Bodenverbesserung und ausgewogenere Düngung (siehe „Tipps zum richtigen Düngen", S. 25).

### Zikaden

In warmen Sommern machen sich manchmal Zikaden an den Erdbeeren zu schaffen. Die meist unauffällig braun, gelblich, grün oder grau gefärbten, recht schlanken Insekten können mit ihren kräftigen Hinterbeinen schnell und weit springen. Ihre Larven sind nur wenige Millimeter groß, meist gelblich bis grün und erinnern oft an Blattläuse. Die Tiere überwintern meist in Form von Eiern an den Pflanzen.

Die 4–8 mm kleinen Zwergzikaden verursachen ähnliche Saugschäden wie Spinnmilben und Thripse, beeinträchtigen die Pflanzen aber kaum. Sie können allerdings gefährlich werden, wenn sie Viren oder Phytoplasmen übertragen. Auffälligere Spuren hinterlassen die etwas größeren Schaumzikaden mit ihrem schaumartigen „Kuckucksspeichel". Sie richten aber keinen nennenswerten Schaden an.

**Schadbild:** Zwergzikaden: Blätter weiß bis gelblich gesprenkelt, teils auch silbrig; zunächst entlang der Blattadern, dann übers

**Fleckige Blätter**
Oben: Aufhellung durch Eisenmangel
Rechts: Pilzliche Weißfleckenkrankheit

ganze Blatt ausgedehnt. Selten auch verkrüppelte Blätter oder Blüten. Schaumzikaden: schaumartige weiße Flocken oder Tropfen, vor allem an der Stängelbasis.
**Zeitpunkt:** Ab Mai; starke Schaumbildung meist im Juni.
**Abhilfe:** Die Tiere können mit kräftigem Wasserstrahl abgespült werden und lassen sich zum Teil auch mit beleimten Gelbtafeln abfangen. Zur Bekämpfung sind Mittel mit Kaliseife, Thiacloprid und Fenpyroximat zugelassen.

### Rot- und Weißfleckenkrankheit

Zwei verschiedene Pilze verursachen diese ähnlichen Blattfleckenkrankheiten und treten zuweilen auch gemeinsam auf. In feuchten Sommern können sie die Blätter stark beeinträchtigen und dadurch die Ernte schmälern sowie die Pflanzen schwächen. Die Erreger überwintern auf befallenen Blättern.
**Schadbild:** Auf den Blättern kleine, rötliche Flecken; bei der Rotfleckenkrankheit purpurrot, bei der Weißfleckenkrankheit rotbraun, zunehmend mit weißer bis grauer Mitte. Die Flecken können sich bei Feuchtig-

keit stark ausbreiten und die Blätter zum Absterben bringen. Flecken teils auch auf Stielen, Kelchblättern und Ausläufern.
**Zeitpunkt:** Ab spätem Frühjahr, meist aber erst kurz vor oder nach der Ernte; bei und nach anhaltend regnerischem Wetter.
**Abhilfe:** Siehe „Tipps für gesunde Erdbeeren", S. 128. Zur Bekämpfung sind Mittel mit dem Wirkstoff Difenoconazol zugelassen.

### Erdbeermehltau ✿

Die Erreger dieser Krankheit gehören zu den Echten Mehltaupilzen: Sie rufen aber nur andeutungsweise „echte", weiße Mehltaubeläge hervor, und das – ebenfalls untypisch – auf den Blattunterseiten. Befallen werden besonders Sorten mit hellgrünen, recht weichen Blättern. Der Pilz kann sich bei Wärme und hoher Luftfeuchte rasch ausbreiten und überwintert an den lebenden Pflanzenteilen.
**Schadbild:** Anfangs gekräuselte, nach oben eingerollte Blattränder. Auf den Blattunterseiten ein zarter, weißer Belag und unregelmäßige, rötliche Flecken, die recht groß werden können. Teils auch helle Beläge und Fle-

> ℹ️ **Beschädigte Blüten und Früchte:** An den Blüten und besonders an den Früchten machen sich verschiedene Schädlinge zu schaffen, von Erdbeerblüten- und -stängelstechern bis zu Schnecken und Ohrwürmern (siehe S. 61, 115). Daneben können einige Pilzkrankheiten die Ernte beeinträchtigen, besonders der Grauschimmel (siehe S. 35).

cken auf Blüten und Früchten. Früh befallene Früchte reifen nicht aus, bleiben grün oder werden bräunlich.

**Zeitpunkt:** Ab spätem Frühjahr; oft erst im Spätsommer, nach der Ernte.

**Abhilfe:** Siehe „Tipps für gesunde Erdbeeren", Seite 128. Vorbeugend können Pflanzenstärkungsmittel oder -auszüge (zum Beispiel mit Knoblauch, Schachtelhalm) helfen, die man schon ab Frühsommer mehrmals ausbringt.

### Erdbeerblüten- und -stängelstecher

Hier handelt es sich um zwei ähnliche, 2–4 mm große Rüsselkäfer; der Blütenstecher ist schwarzbraun, der Stängelstecher metallisch blauschwarz. Beide können auch Himbeeren und Brombeeren sowie Rosen befallen. Die Weibchen legen ihre Eier in den Blütenknospen ab und fressen den Blütenstiel darunter an (Blütenstecher) oder den Stiel des gesamten Blütenstands (Stängelstecher). Das führt zum Abknicken der betroffenen Stiele. Der Stängelstecher schädigt auf dieselbe Weise auch Blattstiele und Ausläufer.

Die Larven des Blütenstechers verpuppen sich in den Knospen, die des Stängelstechers lassen sich zum Boden fallen und verpuppen sich dort. Die Käfer der nächsten Generation fressen noch ein wenig an Blättern und Blüten, verursachen aber kaum merkliche Schäden. Sie ziehen sich ab Spätsommer zum Überwintern in den Boden oder unter Pflanzenreste zurück.

**Schadbild:** Erdbeerblütenstecher: Einzelne welke Blütenknospen mit abgeknicktem Stiel, teils abfallend. In den Knospen cremeweiße, um 3 mm lange Larven. Kleine Fraßlöcher in Blättern und Blüten.

Erdbeerstängelstecher: Abknicken und Welken ganzer Blütenstände sowie der Blätter; auch Umknicken von Ausläufern.

**Zeitpunkt:** Stängelstecher ab April, Blütenstecher ab Mai.

**Abhilfe:** Frühzeitig die Knospen kontrollieren; abgeknickte, welkende und abgefallene Knospen entfernen. Nach der Ernte und im Frühjahr abgestorbene Pflanzenreste beseitigen. Rainfarnbrühe kann den Befall eindämmen und im Herbst auf den Boden gegossen werden. Für den Notfall sind Mittel mit dem Wirkstoff Thiacloprid zugelassen.

## Grauschimmel (Botrytis) ⬡

Dieser Pilz kommt auch an vielen anderen Pflanzen vor, von Salat über Gurken bis hin zu Brombeere und Kiwi. Er infiziert die Erdbeeren oft schon über die Blüten und kann sich bei feucht-warmem Wetter an den Früchten rasant ausbreiten. Der Erreger überwintert auf abgestorbenen Blättern.

**Schadbild:** Heranreifende und schon pflückreife Früchte mit mausgrauem Schimmelrasen überzogen; teils dann auch die Blätter.

**Zeitpunkt:** Während der Fruchtreife. Ausbreitung vor allem bei feuchtem, mäßig warmem Wetter.

**Abhilfe:** Siehe „Tipps für gesunde Erdbeeren", Seite 128. Vorbeugend und zur Bekämpfung im Anfangsstadium sind Pflanzenschutzmittel mit den Wirkstoffen Fenhexamid, Cyprodinil und Fludioxonil zugelassen.

## Lederbeerenfäule

Die Lederbeerenfäule wird vom selben Schadpilz verursacht, der auch die Rhizomfäule (siehe S. 131) hervorruft. Sie kann aber auch ohne vorherige Blatt- und Rhizomschäden auftreten. Der Erreger überdauert an abgestorbenen Pflanzenresten im Boden. Die Früchte werden vom Boden her über Regen- und Gießwasserspritzer befallen. Erdbeeren in schweren, oft feuchten Böden sind besonders gefährdet.

**Schadbild:** Junge Früchte mit braunen, sich ausbreitenden Flecken; fühlen sich leder- oder gummiartig an; oft ganze Fruchtstän-

de betroffen. Bei Befall kurz vor der Reife werden die Früchte blassrosa bis lila; sie schmecken unangenehm bitter.

**Zeitpunkt:** Während der Fruchtreife, vor allem bei feuchtem, warmem Wetter.

**Abhilfe:** Siehe Rhizomfäule, Seite 131

## Brennfleckenkrankheit

Diese auch als Anthraknose bekannte Pilzkrankheit wird zunehmend öfter beobachtet und ist mit der Colletotrichum-Fruchtfäule anderer Beerenobstarten verwandt oder identisch. In warmen Sommern mit kräftigen Regenfällen und hoher Luftfeuchte finden die Erreger ideale Bedingungen vor. Je länger die Blätter nass bleiben, desto stärker kann sich die Krankheit ausbreiten. Der Pilz überwintert in lebenden und abgestorbenen Pflanzenteilen, besonders am Grund der Blattstiele. Er gelangt durch Wasserspritzer an die Früchte; auch über Erde, die zum Beispiel beim Hacken aufgeworfen wird.

**Schadbild:** Gehemmtes Wachstum. Auf den Früchten kleine, runde, eingesunkene, braune Flecken, die sich auf 1–2 cm Durchmesser vergrößern und dunkelbraun bis schwarz werden; Befallsstellen sind trocken und fest, bei feuchter Witterung mit lachsfarbenen Sporenlagern. An Blattstielen und Ausläufern länglich ovale, dunkle, eingesunkene Flecken. Teils auch gekräuselte Blätter, punktförmige, wachsende Blattflecken und vertrocknende, abknickende Blüten.

**Brennfleckenkrankheit**
Der Pilz schädigt die Erdbeerfrüchte, besonders bei
feucht-warmem Wetter.

**Zeitpunkt:** Hauptsächlich während der Fruchtreife, vor allem bei feuchtem, sehr warmem Wetter.

**Abhilfe:** Siehe „Tipps für gesunde Erdbeeren", Seite 128. Die Sorte 'Daroyal' gilt als tolerant gegen die Brennfleckenkrankheit.

### Gnomonia-Fruchtfäule

Eine weitere Pilzkrankheit, die in den letzten Jahren häufiger an Erdbeeren auftrat und sich bei warmen Sommertemperaturen besonders stark ausbreiten kann. Auch sie infiziert die Früchte über Wasserspritzer und Bodenkontakt. Reife (bis überreife) Früchte sind besonders gefährdet. Der Erreger überwintert an befallenen Fruchtresten, Frucht- und Blattstielen.

**Schadbild:** Zunächst braune, vertrocknende Kelchblätter; zunehmend ein brauner Kranz aus befallenen Kelchblättern und Fruchtstielen. Unreife Früchte mit braunen, festen Faulstellen; bei reifen Früchten Faulstellen violett überhaucht und schließlich dunkelbraun. Bei feuchtem Wetter gelblicher Sporenschleim auf den Früchten. Auf den Blättern kleine, dunkle Flecken, die sich ausbreiten; Blätter welken, oft erst nach der Ernte.

**Zeitpunkt:** Hauptsächlich während der Fruchtreife, vor allem bei feuchtem, sehr warmem Wetter.

**Abhilfe:** Siehe „Tipps für gesunde Erdbeeren", Seite 128.

### Thripse

Auch diese winzigen, saugenden Schädlinge tauchen an Erdbeeren zunehmend öfter auf, bedingt durch wärmere Sommer. Thripse, auch Blasenfüße genannt, sind meist nur millimetergroße, schlanke, gelb bis braun gefärbte Insekten. An Erdbeeren schaden vor allem der Rosen- und der Zwiebelthrips, die an Pflanzenresten im Boden überwintern können. Kälteempfindlicher ist der Kalifornische Blütenthrips, der den Winter nur in Gewächshäusern oder unter Vliesabdeckungen übersteht. Dennoch hat er sich in den letzten Jahren stark verbreitet. Er befällt neben Erdbeeren über 200 weitere Pflanzen, hauptsächlich Gemüse und Zierpflanzen. Wie sein Name schon besagt, lebt er meist versteckt in Knospen und Blüten.

Bei vielen anderen Pflanzen fallen die Thripse hauptsächlich durch Saugstellen an den Blättern auf; bei Erdbeeren dagegen schaden sie vor allem an den Blüten und Früchten.

**Schadbild:** Teils verkrüppelte Blüten. Braune, verkrüppelte, meist harte Früchte; oft mit schimmernden Saugstellen, vor allem um die Nüsschen („Kernchen") herum. Seltener auch Blattbefall, mit kleinen, hellen Punkten, die sich zu gelblichen bis weißgrauen Flecken ausdehnen; mit silbrigem Glanz; blattunterseits teils dunkle Kottröpfchen.

**Zeitpunkt:** Hauptsächlich während der Fruchtreife, vor allem bei warmem, trockenem Wetter.

**Abhilfe:** Vorbeugend ausreichend gießen und den Boden mulchen. Bei häufigem Auftreten auf Mischkulturen mit Zwiebelgewächsen verzichten. Zwischen den Pflanzen aufgehängte, beleimte Blautafeln fangen einige Thripse ab, helfen aber vor allem bei der Befallskontrolle. Stark befallene Pflanzenteile entfernen.

Beim Beerenobst sind Mittel mit Kaliseife sowie dem chemischen Wirkstoff Thiacloprid zugelassen.

### → Weiche oder deformierte Früchte

„Matschige" Erdbeeren sind eventuell das Werk von Kirschessigfliegen (siehe S. 61, 115). In diesem Fall findet man meist noch die weißen, 3 mm kleinen Maden in den Früchten. Die Erdbeeren zeigen anfangs schwammige, einsinkende Stellen und werden dann schnell weich.

Verformte, verkrüppelt wirkende Früchte mit kleinen Punkten (Saugstellen) deuten auf Wanzenbefall hin. Meist handelt es sich um Blattwanzen, die auch unregelmäßige Löcher in den Blättern hervorrufen können. Sie treten besonders in warmen, trockenen Sommern auf.

### Schnecken

Bei den Erdbeeren fressen Schnecken nicht an zarten Blättern und Sprossen, sondern fast nur an den Früchten. Meist handelt es sich um Nacktschnecken ohne Gehäuse, die fast nur nachts und bei feuchtem Wetter unterwegs sind; vor allem die höchstens 6 cm langen, schwarzen, grauen oder graugelben Acker- und Gartenwegschnecken. Aber auch die deutlich größeren, oft roten oder rotbraunen Weg- und Kapuzinerschnecken wissen Erdbeeren zu schätzen; ebenso kleine Gehäuseschnecken wie die Hain- oder Schnirkelschnecken.

**Schadbild:** Deutliche, meist glatte Fraßstellen an den Früchten. Glänzende Schleimspuren auf Pflanzen und Boden. Im Boden teils weiße Eiknäuel.

**Zeitpunkt:** Hauptsächlich während der Fruchtreife, vor allem bei feuchtem Wetter.

**Abhilfe:** Gegen die oft über Nacht „zuschlagenden" Schnecken hilft am besten eine Kombination aus verschiedenen Vorbeugungs- und Bekämpfungsmaßnahmen. Besonders bewährt haben sich:

▸ **Gute Bodenbearbeitung:** Die Bodenoberfläche oft bearbeiten und feinkrümelig halten; bei feuchter Witterung vorübergehend auf Mulch verzichten.

▸ **Auf Eigelege achten:** Bei der Bodenbearbeitung und beim Kompostumsetzen nach den weißen Eiknäueln Ausschau halten und diese entfernen.

▸ **Überlegtes Gießen:** Am besten morgens, nicht spät abends, und möglichst nicht über die Blätter und Früchte.

▸ **Schneckenzaun:** Der Zaun (aus Stahlblech oder Kunststoff) sollte mindestens 10 cm über und unter die Erdoberfläche reichen und oben einen scharf abgewinkelten oder wenigstens halbrunden Rand haben. Lückenlos rund ums Beet eingegraben gehören die Zäune zu den besten Abwehrmaßnahmen.

▸ **Umgraben:** Gemüsebeete rund ums Erdbeerbeet nach starken Befallsjahren im Winter umgraben, sodass die nach oben geholten Eier und Tiere in der Kälte absterben.

▸ **Fressfeinde fördern:** Das sind vor allem Vögel, Igel, Spitzmäuse, Laufkäfer, Kröten, Frösche und Blindschleichen.

▸ **Schnecken absammeln:** Bretter, flache Steine, feuchte Säcke oder große Kohl- und Rhabarberblätter auslegen; darunter früh morgens und abends die Schnecken absammeln.

▸ **Schneckenköder:** Als Granulat (Schneckenkorn, Schneckenlinsen) zum Ausstreuen zwischen den Pflanzen und Anlocken der Tiere, die nach dem Fressen absterben. Köder mit dem Wirkstoff Eisen-III-Phosphat gefährden keine anderen Gartenbewohner und zerfallen mit der Zeit in nützliche Pflanzennährstoffe. Bei Ködern mit Metaldehyd ist nicht ganz auszuschließen, dass Bodenlebewesen und Nützlinge beeinträchtigt werden. Zudem kann es für Kleinkinder und Haustiere gefährlich werden, wenn sie davon „naschen"!

▸ **Spezielle Nematoden zum Ausgießen und Spritzen:** Solche über den Fachhandel erhältlichen Präparate eignen sich zur biologischen Bekämpfung von Ackerschnecken und erfassen teils auch junge Wegschnecken.

### → Ohrwürmer

Ohrwürmer, ansonsten als Blattlausvertilger im Garten geschätzt, fressen zuweilen an Erdbeeren und schaben die Früchte teils regelrecht ab.

# Johannisbeere, Jostabeere, Stachelbeere

Johannis- und Stachelbeeren sind im Allgemeinen recht robust, wenn sie gut gepflegt und öfter ausgelichtet werden. Das gilt noch mehr für die unempfindliche Jostabeere.

**Wenn Schaderreger auftreten,** sind sie meist auf diese Beerensträucher spezialisiert, befallen also kaum andere Obstarten. Häufig betrifft das auch nur oder hauptsächlich rot- und weißfrüchtige Johannisbeeren, nur Schwarze Johannisbeeren oder nur Stachelbeeren. Durch die Wahl gering anfälliger und widerstandsfähiger Sorten kann man hier Probleme aus dem Weg gehen.

Vorteilhaft ist zudem ein etwas spätfrostgeschützter Platz, besonders für die früh blühenden und fruchtenden Sorten. Bei der Bepflanzung des Gartens sollte man daran denken, dass manche Plagen auch an nah verwandten Ziersträuchern auftreten. So sind zum Beispiel Blut-, Alpen- und Goldjohannisbeere nicht gerade die beste Gesellschaft für Obststräucher.

## Johannisbeer-Gallmilbe

Diese winzigen Milben befallen hauptsächlich Schwarze Johannisbeeren, seltener Rote und Weiße Johannisbeeren oder Stachelbeeren. Sie dringen schon ab dem Sommer in neu gebildete Knospen ein, entwickeln sich und überwintern darin. Im zeitigen Frühjahr vermehren sich die Milben massenhaft und verlassen dann ab März die Knospen, um an Blättern und Trieben zu saugen. Sie wandern zu weiteren Sträuchern und werden zudem durch Wind und Regen verbreitet. Die Gallmilben können Viren übertragen, die zur Brennnesselblättrigkeit führen (siehe S. 147).

**Schadbild:** Knospen angeschwollen, kugelig verdickt, treiben nicht oder kaum aus und trocknen im Sommer ein; bei Roten Johannisbeeren verdickte, spitz ovale Knospen. Gehemmter Wuchs, missgestaltete Blätter an Triebspitzen, Verkahlen der Sträucher.

**Zeitpunkt:** Anschwellen der Knospen ab Oktober, besonders stark im Februar/März.

**Abhilfe:** Verdickte Knospen ausbrechen oder wegschneiden, stark betroffene Blätter und Triebe entfernen. Im Frühjahr können rapsölhaltige Pflanzenschutzmittel eingesetzt werden. Bei starkem Befall die Sträucher kräftig zurückschneiden.

Bei der Gefährdung gibt es deutliche Sortenunterschiede; siehe „Gering anfällige Sorten", Seite 146.

### Blattläuse

Kleine Johannisbeertrieblaus und Kleine Stachelbeertrieblaus sind hier die häufigsten Blattläuse; vor allem die Schwarze Johannisbeere wird außerdem von der Grünen Gänsedistellaus befallen. Dazu kommt die Johannisbeerblasenlaus, die noch gesondert beschrieben wird.

Diese Blattläuse überwintern meist mit ihren Eiern an den Sträuchern. Die gelblich grünen oder grauen bis blaugrünen, 2–3 cm großen Läuse saugen dann schon ab dem Austrieb an den Blättern und jungen Trieben und übertragen dabei zuweilen auch Viruskrankheiten. Danach suchen sie teils andere Sommerwirte auf (Weidenröschen, Gänsedistel), kehren aber zur herbstlichen Eiablage wieder zu den Sträuchern zurück.

**Schadbild:** Blätter, vor allem an den Triebspitzen, oft stark gekräuselt und nach unten gekrümmt; mit klebrigen Honigtauüberzügen, häufig auch schwärzlich durch Rußtaupilze. Junge Triebe gestaucht, teils verdreht. Bei Befall mit der Gänsedistellaus nur leicht gekräuselte Blätter, diese mit gelblichen Blattadern und hellen Sprenkeln; diese Art saugt auch an Blütenknospen.

**Zeitpunkt:** Ab dem Austrieb, hauptsächlich im April/Mai; Johannisbeertrieblaus bis Herbst.

**Abhilfe:** Stark befallene Triebspitzen entfernen. Die Läuse frühzeitig bekämpfen, am besten mit nützlingsschonenden Mitteln auf Kaliseifenbasis. Siehe auch Seite 50.

### Johannisbeer-Blasenlaus

Diese Blattlausart ist vergleichsweise harmlos, ruft aber ein auffälliges Schadbild hervor. Die 2–3 mm großen, grüngelben Tierchen saugen hauptsächlich an Roten und Weißen Johannisbeeren. Im Juni wechseln sie auf Lippenblütler über, vor allem auf Ziest und Taubnesseln. Im Herbst kehren die Läuse zu den Sträuchern zurück, um an deren Zweigen ihre Eier zur Überwinterung abzulegen.

**Schadbild:** An jungen Blättern blasenartige Aufwölbungen, die sich rötlich oder gelblich verfärben; auf der Blattunterseite im Bereich dieser Blasen Ansammlungen von jungen Läusen. Teils klebrige Blattüberzüge. Bei starkem Befall vorzeitiger Blattabwurf und Wachstumsstockungen; ansonsten meist nur geringer Schaden.

**Zeitpunkt:** Ab dem Austrieb, bis Mai.

**Abhilfe:** Betroffene Blätter entfernen. Bekämpfung nur bei starkem Befall nötig, am besten mit Mitteln auf Kaliseifenbasis.

### Johannisbeer-Blattgallmücke

Die winzigen, braunen bis gelblichen Gallmücken haben es nur auf Schwarze Johannisbeeren abgesehen. Ab Mai legen sie ihre Eier in junge, noch zusammengefaltete Blätter an den Triebspitzen ab. Daraus schlüpfen 2 mm kleine, weißliche bis bräunliche Larven, die an den Blättern saugen und fressen. Nach rund zwei Wochen lassen sie sich zu Boden fallen, um sich an der Oberfläche einzugraben und zu verpuppen. Bis zum

**Stachelbeerspanner**
Ein attraktiver Falter mit
unangenehm gefräßiger
Raupe

Spätsommer treten noch zwei, seltener auch drei weitere Generationen auf.

**Schadbild:** Blätter an den Triebspitzen entfalten sich nicht oder nur vereinzelt; sind verdreht oder eingerollt (ähnlich wie bei Blattlausbefall) und innen mit Ansammlungen von kleinen Larven besetzt; verfärben sich schließlich schwarz und fallen ab. Entfaltete Blätter mit unregelmäßigen Löchern und Rissen. Gehemmtes Triebwachstum.

**Zeitpunkt:** Bald nach Austriebsbeginn, bei warmem Wetter; bis Spätsommer.

**Abhilfe:** Hier bleibt einem nur das Wegschneiden betroffener Triebspitzen.

### Stachelbeerspanner

Weiße Grundfarbe, schwarze Punkte, orangegelbe Bänder: Dieses Farbenspiel findet sich hier bei den Faltern (bis 4 cm Flügelspannweite) ebenso wie bei den älteren, bis 4 cm langen Raupen. Die Falter fliegen im Juli und August und legen ihre hellgelben Eier an den Blattunterseiten ab. Aus ihnen schlüpfen anfangs kleine, schwarze Raupen und fressen eher unbedeutende Löcher in die Blätter. Zum Überwintern ziehen sie sich ab September in Gespinste unter Falllaub oder an der Rinde zurück. Den eigentlichen Fraßschaden verursachen die älteren, „farbigeren" Raupen im nächsten Frühjahr. Sie schieben sich spannertypisch mit katzenbuckelartigen Bewegungen vorwärts. Ab Juni verpuppen sie sich in locker gesponnenen Kokons unter den Blättern.

Ähnliche Fraßschäden rufen die häufiger auftretenden, nachfolgend beschriebenen Stachelbeerwespen hervor.

**Schadbild:** An den Blättern Loch- und Randfraß, bis hin zum Kahlfraß. Zerfressene Knospen.

**Zeitpunkt:** Auffälliger Fraß vor allem im Frühjahr; im Spätsommer oft nur kleine Fraßlöcher.

**Abhilfe:** Raupen und Kokons möglichst frühzeitig und gründlich entfernen, ebenso im Herbst das Falllaub.

### Stachelbeerblattwespe

Die Larven der Gelben Stachelbeerblattwespe schädigen nicht nur die namengebende Obstart, sondern fressen auch an Roten und Weißen Johannisbeeren. Die rund 6 mm

**Stachelbeerwespen**
Die winzigen Wespen kann man leicht überse-
hen. Aber ihre Afterraupen, hier beim geselligen
Kahlfraß, hinterlassen deutliche Schäden.

kleinen, gelb-schwarzen Blattwespen fallen
wenig auf. Sie legen ihre winzigen, hellen Eier ab Mitte/Ende April an den Blattunterseiten ab, perlschnurartig aufgereiht an den
Blattrippen. Daraus schlüpfen nach ein bis
zwei Wochen die Larven, die munter an den
Blättern fressen. Sie werden etwa 2 cm groß
und sind gelbgrün mit schwarzen Punkten
(Warzen). Bis zum Spätsommer können drei
bis vier Generationen auftreten; die Larven
der letzten überwintern im Boden.
**Schadbild:** An den Blättern zunächst Scha-
be- und Lochfraß, beginnend im Innern und
unteren Bereich der Sträucher, sodass man
es zunächst kaum wahrnimmt. Dann oft
sehr schnelle Ausbreitung über den ganzen
Strauch, zunehmend mit Kahl- und Skelettierfraß.
**Zeitpunkt:** Ab Mai, teils bis Anfang September.
**Abhilfe:** Die Sträucher ab April auf Eigelege
und Larven kontrollieren und diese frühzeitig entfernen. Wenn man sie frühzeitig er-
wischt, kann man die Larven mit Quassiabrühe eindämmen.

### Johannisbeerglasflügler

Der Johannisbeerglasflügler ist ein kleiner
Schmetterling, dessen Raupen das Mark der
Triebe zerfressen. Er kann Johannisbeer-
und Stachelbeersträucher schädigen. Die
Falter haben durchsichtige, dunkel geaderte
„Glasflügel" mit etwa 2 cm Spannweite. Ihr
blauschwarzer Körper zeigt gelbe Querbin-
den, wodurch sie auf den ersten Blick an
Wespen erinnern.

Die Weibchen schwärmen ab Ende Mai
aus, an sonnigen Tagen, vor allem morgens.
Sie legen ihre Eier an den Trieben ab, in der
Nähe von Knospen und Schnittstellen. Nach
rund zehn Tagen schlüpfen die cremeweißen, bis 1,5 cm langen Raupen, bohren sich
in die Triebe und beginnen am Mark zu fressen. Sie bleiben bis zum nächsten Frühling
in den Zweigen. Gegen Ende April fressen
sie ein Loch in die Triebwand und verpuppen sich in einem Kokon. Einige Wochen
später schieben sich die hellbraunen Puppen aus dem Loch. Wenn dann die neuen
Falter schlüpfen, bleibt die Puppenhülle im
Schlupfloch hängen. Die Weibchen legen bis
zum Spätsommer ihre Eier ab.

**Schadbild:** Einzelne Triebe welken, sterben teils ab; an Befallsstellen austretende Kotkrümel. Betroffene Zweige brechen oft schon beim Biegen; ihr Mark ist tunnelförmig ausgefressen, die Innenränder sind dunkelbraun bis schwarz gefärbt. Meist findet man darin noch die Raupen oder Puppen. Befallene Sträucher treiben im nächsten Frühjahr schwach aus, häufig welken Blätter und Blüten.

**Zeitpunkt:** Hauptsächlich im Sommer, ab Anfang Juni. An bereits befallenen Sträuchern erste Symptome schon beim Austrieb.

**Abhilfe:** Ein Strauchschnitt ab Ende August, nach der Hauptflugzeit der Falter, kann einem Befall vorbeugen. Dabei vorwiegend überalterte Zweige unten herausnehmen, möglichst wenig junge Triebe anschneiden, um unnötige Schnittwunden zu vermeiden. Seitentriebe an der Ansatzstelle wegschneiden, keine Zapfen stehen lassen.

Befallene Triebe direkt über dem Boden wegschneiden. Mit Saftfallen lässt sich das Auftreten der Falter kontrollieren und ein Teil davon abfangen: Man befüllt dazu Dosen mit 80% Apfelsaft, 15 % Johannisbeer- oder Zuckerrübensirup und 5 % Obstessig und hängt sie neben den Sträuchern auf.

### → Welkende Triebe

Neben dem Johannisbeerglasflügler können zwei Pilzkrankheiten dazu führen, dass ab Frühsommer einzelne Triebe welken: die Verticillium-Welke (siehe S. 36) und die an Johannis- und Stachelbeeren etwas häufigere Rotpustelkrankheit (siehe S. 37).

### Stachelbeermehltau

Diese Pilzkrankheit befällt nicht nur Stachelbeeren, sondern auch Johannisbeeren. Der Erreger überwintert an den Trieben und in infizierten Knospen und verbreitet sich ab Frühjahr durch seine Sporen. An warmen Tagen mit hoher Luftfeuchte und taureichen Nächten kann er sich rasch ausbreiten. Durch häufigen und anhaltenden Befall werden die Sträucher stark geschwächt.

**Schadbild:** Zunächst auf den Trieben, vor allem an den Spitzen, schmutzig weiße Beläge. Dann auch auf Blättern und jungen Früchten mehlige Beläge, die sich auf den Beeren graubraun verfärben; die Früchte platzen teils auf. Bereits befallene Triebe wachsen gestaucht, die Triebspitzen sind verkrümmt, oft korkenzieherartig verdreht und verbräunt.

Bei Johannisbeeren zeigt sich der weißliche Belag meist zuerst und verstärkt an den Blättern, vor allem auf den Unterseiten. Er kann ebenfalls auf die Triebe übergreifen; die Beeren werden hier weniger befallen.

**Zeitpunkt:** Weißliche Beläge etwa ab Anfang Mai; befallene Triebe oft schon im Herbst und Winter auffällig.

**Abhilfe:** Vorbeugend nicht zu dicht pflanzen, die Sträucher regelmäßig auslichten, übermäßige Stickstoffdüngung und Gießen über die Blätter vermeiden; im Herbst

Fruchtreste am Strauch und Falllaub entfernen. Eindeutig befallene Triebspitzen vor Austriebsbeginn wegschneiden; nach dem Austrieb betroffene Pflanzenteile umgehend entfernen. Zur Bekämpfung können ab Austriebsbeginn, nach Auftreten der ersten Befallsanzeichen Pflanzenschutzmittel mit Schwefel eingesetzt werden.

### → Gering anfällige Sorten

Die meisten der heute angebotenen Stachelbeersorten gelten als tolerant bis resistent gegen Mehltau und oft auch gegen die Blattfallkrankheit; so etwa 'Invicta', 'Larell', und 'Reverta'. Ziemlich anfällig sind dagegen 'Achilles', 'Hönings Früheste', 'Grüne Kugel', 'Gelbe Triumph' und 'Rote Triumph'.

Auch bei den Roten und Weißen Johannisbeeren sind die meisten Sorten widerstandsfähig gegen Mehltau und Blattfallkrankheit; etwas anfälliger sind 'Red Lake', 'Red Poll', 'Blanka' und 'Primus'. Bei den Schwarzen Johannisbeeren gibt es mittlerweile etliche mehltaufeste Züchtungen. Besonders empfehlen sich Sorten, die zugleich widerstandsfähig gegen Johannisbeergallmilben und Säulenrost sind: 'Ben Sarek', 'Chereshneva', 'Hedda', 'Intercontinental', 'Öjebyn', 'Ometa', 'Polar' und 'Titania'.

Jostabeeren werden kaum von Mehltau oder Säulenrost befallen.

### Blattfallkrankheit

Eine Pilzkrankheit, die vor allem Rote und Weiße Johannisbeeren befällt, auch Stachelbeeren, selten Schwarze Johannisbeeren. Der Erreger wird durch Wind verbreitet und gelangt so ab Frühjahr auf die jungen Blätter. Er kann sich bei feuchter, warmer Witterung rasch ausbreiten und überdauert auf den abgefallenen Blättern.

**Schadbild:** Auf den Blattoberseiten zahlreiche kleine, bräunliche, punktartige Flecken; zunächst an den unteren Blättern. Die Blätter werden gelb, rollen sich an den Rändern nach oben ein und fallen vorzeitig ab.

**Zeitpunkt:** Ab Anfang Mai; vor allem bei feucht-warmem Wetter.

**Abhilfe:** Vorbeugend und erst recht nach einem Befall im Herbst das Falllaub gründlich entfernen. Auf ausreichende Kaliumversorgung achten. Gering anfällige Sorten bevorzugen.

### → Aufgehellte Blätter

Verfärben sich die Blätter gelb bis fast weiß, oft mit grün bleibenden Blattadern, liegt das häufig an Nährstoffmangel (siehe S. 27), zum Beispiel an Eisenmangel. Vor allem bei Stachelbeeren können aber auch Spinnmilben (siehe S. 54) die Ursache sein. Sie treten meist im Mai bei warmem Wetter auf, besonders an selten geschnittenen, dichten Sträuchern.

**Brennnesselblättrigkeit**

Von dieser Viruskrankheit sind fast nur Schwarze Johannisbeeren betroffen, zumal auch ihre Überträgerin, die Johannisbeergallmilbe, überwiegend schwarzfrüchtige Sorten befällt. Die Erkrankung kann auch durch infiziertes Pflanzgut in den Garten kommen.

**Schadbild:** Blätter weniger stark gelappt als üblich, mit wenig Zähnen an den Rändern und reduzierten Blattrippen; oft nur an einzelnen Trieben. Blütentrauben und -stiele verlängert, ebenso die einzelnen Blütenblätter. Es werden nur wenige oder gar keine Früchte gebildet.

**Zeitpunkt:** Fällt vor allem während der Blüte auf.

**Abhilfe:** Vorbeugend Johannisbeer-Gallmilben bekämpfen (siehe S. 141). Befallene Sträucher kräftig zurückschneiden. Entwickeln sich danach wieder mehrere Triebe mit starken Missbildungen, die Sträucher besser ganz entfernen.

**Säulenrost**

Dieser Schadpilz tritt hauptsächlich an Schwarzen Johannisbeeren auf, kann aber auch andere Johannisbeeren sowie Stachelbeeren befallen. Der Erreger überwintert an Kiefern mit fünfnadeligen Büscheln, wie Weymouths- und Zirbelkiefer, und verursacht an ihnen den Kiefernblasenrost. Die blasenartigen Sporenlager an den Kiefernnästen brechen im späten Frühjahr auf, die Sporen infizieren dann Johannisbeeren. In kleinen Säulen an deren Blattunterseiten reifen andere Sporen heran, die im August/September wieder auf Kiefern überwechseln. Dort wächst der Pilz zunächst in den Trieben, um schließlich nach zwei bis drei Jahren an den Astoberflächen erneut Sporenlager bilden.

Es gibt allerdings Hinweise, dass der Pilz nicht unbedingt auf Kiefern angewiesen ist, sondern auch an abgefallenen Johannisbeerblättern überdauern kann.

**Schadbild:** Auf den Blattoberseiten gelbe Flecken; blattunterseits gelborange Pusteln. Die Flecken werden größer, verbräunen, an den Unterseiten bilden sich bräunlich gelbe, gut 1 mm lange Säulchen. Betroffene Blätter fallen meist ab.

**Zeitpunkt:** Ab Juni.

**Abhilfe:** Vorbeugend sollte man auf anfällige Kiefern im selben Garten verzichten. Falls sie schon vorhanden sind, muss man auf spindelförmige Verdickungen an ihren Zweigen achten und diese frühzeitig wegschneiden. Außerdem das Falllaub der Beeren im Herbst entfernen und auf ausgewogene Wasser- und Nährstoffversorgung achten. Siehe auch „Gering anfällige Sorten", Seite 146.

**Rieseln, Verrieseln**

Dieses Abstoßen von Früchten kommt an Roten, Weißen und Schwarzen Johannisbeeren vor. Hauptursachen sind meist Fröste, nasskaltes Wetter oder starke Temperaturschwankungen während der Blüte sowie eine ungenügende Befruchtung. Auch unausgewogene Wasser- und Nährstoffversorgung können dazu beitragen. Früh blühende Sorten sowie dichte, selten geschnittene Sträucher sind besonders gefährdet.

**Schadbild:** Vorzeitiges Abstoßen von Fruchtansätzen oder einzelnen jungen, noch grünen Beeren.

**Zeitpunkt:** Ab Fruchtbildung.

**Abhilfe:** Vorbeugend Sorten wählen, die wenig zum Rieseln neigen, zum Beispiel 'Heinemanns Rote Spätlese', 'Rotet', 'Rovada' sowie die Schwarzen Johannisbeeren 'Leandra' und 'Ometa'. Die Pflanzen im Frühjahr möglichst vor Spätfrösten schützen. Auf gleichmäßige Wasserversorgung während Blüte und Fruchtentwicklung achten, übermäßige Stickstoffdüngung vermeiden.

### → Graue Pilzbeläge

Graue bis graubraune, stäubende Pilzüberzüge können an Johannis-, Josta- und Stachelbeeren auftreten, vor allem auf den Früchten, aber auch auf Blättern und Trieben. Es handelt sich um Grauschimmel (Botrytis). Diese Pilzkrankheit breitet sich vor allem nach anhaltend feuchtem Wetter aus, teils schon im Frühjahr (siehe S. 35, 137).

### Colletotrichum-Fruchtfäule

Man bezeichnet diese Pilzkrankheit auch als Anthraknose. Die durch zunehmend warme Sommer begünstigten Schadpilze befallen verschiedene Beerenobstarten. Unter den „Johannisbeerartigen" bereiten sie bisher nur an Roten Johannisbeeren Probleme, hauptsächlich an spät reifenden Sorten. Bleiben die Früchte und Blätter bei einem Sommerregen länger als zwölf Stunden nass, kann sich der Erreger rasch ausbreiten. Er überdauert an befallenen Beeren und Fruchtstielen.

**Schadbild:** Einzelne Beeren zeigen teils rundliche, leicht eingedellt wirkende Flecken und verfärben sich milchig rosa; auf der Oberfläche erscheinen Pusteln mit zahlreichen rosafarbenen Sporen. Beeren schrumpfen ein, vertrocknen, fallen aber nicht ab. Auch Fruchtstiele verbräunen und vertrocknen.

Falls keine Sporenpusteln auftreten, kann es sich auch um einen harmloseren Sonnenbrand handeln.

**Zeitpunkt:** Während der Fruchtreife, ab beginnender Rotfärbung; vor allem bei feuchtem, warmem Wetter.

**Abhilfe:** Vorbeugend nicht zu dicht pflanzen, die Sträucher regelmäßig auslichten, übermäßige Stickstoffdüngung und Gießen über die Blätter vermeiden. Befallene Früchte und später alle Fruchtmumien entfernen.

### Zerfressene Beeren

Bei solchen Schäden kommen vor allem Wespen und Vögel als Übeltäter infrage (siehe „Fraß an Früchten", siehe S. 60), außerdem Kirschessigfliege (siehe S. 61) und Fruchtschalenwickler (siehe S. 51). Gelegentlich fressen auch Schnecken an den Früchten, vor allem an Johannisbeeren; zur Vorbeugung und Abhilfe siehe Seite 140.

→ **Beläge auf Zweigen**

Kleine Schilde und braune bis graue, krustenartige Beläge auf Trieben und Zweigen weisen auf die Komma-schildlaus (siehe S. 59) oder die gefährlichere San-José-Schildlaus (siehe S. 58) hin; weiße, schuppige Überzüge, die vor allem ab Herbst auffallen, auf die Maulbeerschildlaus (siehe S. 60).

# Himbeere und Brombeere

Fruchtig und süß: Himbeeren und Brombeeren sind ein ausgesprochener Gaumenschmaus mit hohem Gesundheitswert. Im Anbau erweisen sie sich aber manchmal als etwas heikel.

**Besonders Himbeeren** nehmen so manches krumm, so etwa unbedachtes Hacken in ihrer Umgebung: Ihre Wurzeln verlaufen flach unter der Bodenoberfläche. Deshalb empfiehlt sich Mulchen statt Hacken und eine möglichst gleichmäßige, aber nicht übermäßige Bodenfeuchtigkeit. Sie gedeihen am besten in einem humosen, gut mit Kompost versorgtem, leicht sauren Boden an windgeschützter Stelle. Leichte Beschattung über Nachmittag ist ihnen im Hochsommer lieber als allzu pralle Sonne. Übertriebene Stickstoffdüngung bekommt ihnen ebenso schlecht wie chloridhaltiger Dünger.

Die meist im Juli reifenden, als besonders schmackhaft geltenden Sommerhimbeeren tragen ihre Früchte an den Ruten aus dem Vorjahr. Bei den Herbsthimbeeren dagegen fruchten die Jungruten bereits im Jahr des Austriebs, zwischen August und Oktober. Sie können zwar im Folgejahr nochmals ein paar Früchte bringen, doch in der Regel schneidet man sie besser gleich nach der Ernte zurück. Dann entwickeln sich nicht nur die nächstjährigen Jungruten besser – so hat auch der Himbeerkäfer bei den Herbstsorten keine Chance.

Brombeeren wurzeln zwar tiefer und kommen auch mit schlechteren Böden zurecht. Doch bessere Standortverhältnisse wissen auch Brombeeren zu schätzen. Der Wuchsrhythmus der Brombeeren entspricht dem der Sommerhimbeeren: Erst im Jahr nach dem Austrieb erscheinen an den Seitentrieben der Jungruten ab Juli die Früchte. Vom Himbeerkäfer werden sie weniger geplagt. Dafür leiden sie stärker unter Winter- und Spätfrösten.

### Blattläuse

Wie so oft beim Obst, haben auch Brom- und Himbeere ihre „eigenen" Blattläuse – wobei Brombeerblattläuse auch Himbeeren befallen können und umgekehrt. Es handelt sich vor allem um die 4 mm große Hellgrüne Brombeerblattlaus, die ähnliche Große Himbeerblattlaus sowie die winzige, blassgrüne Kleine Himbeerblattlaus, die oft besonders zahlreich in Kolonien an den Blattunterseiten sitzt. Die Läuse können die Triebspitzen schwer in Mitleidenschaft ziehen und werden besonders gefährlich, wenn sie Viren übertragen.

**Schadbild:** Blätter, vor allem an den Triebspitzen, oft stark gekräuselt und eingerollt; Triebspitzen gestaucht und verdreht. Teils auch starker Läusebesatz an den Fruchttrieben und Blütenknospen.

**Zeitpunkt:** Ab dem Austrieb, verstärkt im Mai.

**Abhilfe:** Stark befallene Triebspitzen entfernen. Die Läuse frühzeitig bekämpfen, am besten mit nützlingsschonenden Mitteln auf Kaliseifenbasis. Sorten, die als resistent gegen das Himbeermosaikvirus gelten (siehe „Gering anfällige Himbeersorten", Seite 154), leiden in der Regel auch kaum unter Blattläusen.

### Himbeermosaikvirus

An dieser Krankheit sind verschiedene Viren beteiligt, die nicht immer eine eindeutige Mosaikscheckung hervorrufen. Neben Himbeeren werden gelegentlich auch Brombeeren befallen, aber weniger stark geschädigt. Die Übertragung erfolgt hauptsächlich durch die Kleine und Große Himbeerblattlaus.

**Schadbild:** Zunächst einzelne Jungruten gestaucht, was bei anhaltendem Befall mit jedem Neuaustrieb zunimmt. Blätter der Tragruten mosaikartig hellgrün gescheckt, teils mit aufgehellten Adern, teils mit gelben, scharf abgegrenzten Flecken; öfter auch wellig gekräuselt. Geringer Fruchtansatz.

Ein ähnliches Schadbild an den Blättern verursachen Himbeergallmilben (siehe S. 159) und Spinnmilben (siehe S. 54, 75).

**Zeitpunkt:** Ab Austrieb und Blattentfaltung.

**Abhilfe:** Vorbeugend Blattläuse bekämpfen. Stark befallene Pflanzen entfernen. Manche Gärtnereien und Versender bieten ausdrücklich virusfreies Pflanzgut an. Siehe auch „Gering anfällige Himbeersorten", Seite 154.

### Blüten- und Stängelstecher

Am bekanntesten ist der Himbeerblütenstecher, doch diese kleinen Käfer können ebenso an der Brombeere auftreten – und an der Erdbeere, wo solche „Stecher" noch häufiger vorkommen. Sie sind deshalb bei der Erdbeere ausführlicher beschrieben (siehe S. 136). Die dunklen, 2–4 mm großen Rüsselkäfer legen ihre Eier in den Blütenknospen ab und fressen den Blütenstiel darunter an (Blütenstecher) oder den Stiel des gesamten Blütenstands (Stängelstecher). Dadurch knicken die Knospen ab oder auch die Stiele darunter.

**Schadbild:** Welke, abgeknickte Blütenknospen, oft abfallend. In den Knospen cremeweiße, um 3 mm lange Larven. Kleine Fraßlöcher in Blättern und Blüten. Teils auch Abknicken und Welken ganzer Blütenstände sowie der Blätter.

**Zeitpunkt:** Ab dem Anschwellen der Blütenknospen; vor allem bei warmem Wetter.

**Abhilfe:** Siehe Erdbeerblüten- und -stängelstecher, Seite 136. Vorbeugend Him- und Brombeeren möglichst nicht in der Nähe von Erdbeerbeeten pflanzen.

## Falscher Mehltau ✖

Von dieser Pilzkrankheit wird besonders die Brombeere geplagt. Wer Salat oder Gurken im Garten hat, kennt Falschen Mehltau zur Genüge. Auf Brombeere und Himbeere können solche Gemüsekrankheiten allerdings nicht übergreifen. Es gibt nur eine weitere Gartenpflanze, die vom selben Mehltau befallen wird wie das Beerenobst: die Rose. Der Erreger breitet sich vor allem im feuchten Frühjahr auf und überwintert an den Ruten, Ranken und Wurzeln befallener Pflanzen.

**Schadbild:** Blattoberseiten mit unregelmäßigen Aufhellungen, anfangs gelb, bald als rötliche bis violette Flecken sichtbar. Blatt-

unterseits hellbraune bis rosa getönte Aufhellungen, dann weißgrauer Sporenbelag. Blätter welken und werden abgeworfen. Bei Befall junger, grüner Früchte rötliche Verfärbung; sie werden braun, hart und runzlig. Reife Früchte werden matt, deformiert oder vertrocknen.

**Zeitpunkt:** Von April bis zum Herbst; vor allem bei feuchtem, recht kühlem Wetter.

**Abhilfe:** Siehe unten „Pilz-Vorsorge". Befallene Pflanzenteile frühzeitig entfernen.

Die Brombeersorten 'Bedfort Giant', 'Loch Ness' und 'Merton Thornless' sind ziemlich anfällig; 'Navaho' dagegen wird nur wenig befallen.

### → Pilzvorsorge

An Himbeeren und Brombeeren können etliche Pilzkrankheiten auftreten, von Falschem Mehltau über Rutenkrankheiten bis hin zu Fruchtfäulen. Pflanzenschutzmittel sind hier kaum zugelassen. Da hilft vor allem eins: Pilzkrankheiten vorbeugen, wie in der Checkliste auf Seite 40 aufgeführt.

Hier ist es besonders wichtig und hilfreich, für „luftige" Verhältnisse zu sorgen, damit alle Pflanzenteile nach Regen bald abtrocknen: Überschüssige Jungruten gleich am Boden wegschneiden, abgetragene Ruten entfernen, verbleibende Ruten gut verteilt am Drahtspalier hochbinden.

Und keinen dichten Unkrautwuchs aufkommen lassen.

Besonders gegen Blattkrankheiten helfen Pflanzenstärkungsmittel und -auszüge (Meerrettich, Ackerschachtelhalm, Zwiebelschalen, Knoblauch) beim Eindämmen.

### Verzwergung, Rubus-Stauche

Diese von Phytoplasmen hervorgerufene Krankheit wird an Himbeeren und Brombeeren zunehmend öfter beobachtet, auch in Hausgärten. Die bakterienähnlichen Erreger werden durch Zikaden übertragen. Wegen der vielen dünnen Ruten kennt man die Krankheit auch als „Hexenbesen", ebenso wie eine ähnliche Erscheinung an Apfelbäumen.

**Schadbild:** Gedrungener Wuchs mit zahlreichen dünnen, stark verzweigten Jungruten. An Ruten aus dem Vorjahr gestauchte Seitentriebe. An den Blüten lange, spitze Kelchblätter, Blüten teils ganz vergrünt; Blättchen, die zwischen Blüten und Früchten hindurchwachsen. Früchte deformiert und ungenießbar. Die Symptome werden von Jahr zu Jahr stärker. Schließlich sterben die Pflanzen ab.

**Zeitpunkt:** Fällt meist im Frühjahr nach der Infektion zum ersten Mal auf.

**Abhilfe:** Auf gesundes Pflanzmaterial achten. Bei eindeutigem Befall muss man die Pflanzen möglichst schnell entfernen.

### Wurzelfäule der Himbeere

Die auch als Wurzelsterben bekannte Phytophthora-Wurzelfäule kommt vor allem auf tonreichen, oft feuchten Böden vor. Der Schadpilz gelangt meist über infiziertes Pflanzgut in den Garten. Er kann bei der Bodenbearbeitung weiter verbreitet werden, ebenso über abfließendes Bodenwasser, und greift nach dem ersten Auftreten bald auf die Nachbarpflanzen über. Der Erreger überdauert mehrere Jahre im Boden.

**Schadbild:** Junge Triebe mit gelblichen, am Rand braun werdenden Blättern; Triebbasis dunkel verfärbt; wachsen kümmerlich und sterben oft bis zum Frühsommer ab. Tragruten aus dem Vorjahr mit schwachem Austrieb und kleinen Blättern, ebenfalls gelblich mit braunen Rändern; bilden kaum Fruchttriebe. Wurzeln spärlich entwickelt, mit Faulstellen, zeigen kaum feine Faserwurzeln.

**Zeitpunkt:** Erste Symptome ab Mai.

**Abhilfe:** Auf gesundes Pflanzgut achten. Schwere Böden vor dem Pflanzen gründlich verbessern, reichlich Sand oder feinen Kies und ausgereiften Kompost einarbeiten. Eine jährliche Kompostversorgung kann auch später einem Befall vorbeugen. Nicht übermäßig gießen und bei zu Feuchte neigenden Böden auf Mulchen verzichten. Befallene Pflanzen umgehend entfernen; auf infizierten Flächen mindestens fünf Jahre keine Himbeeren mehr pflanzen.

**Himbeerrutenkrankheit**
Der Schadpilz kann vor allem Sommerhimbeeren stark beeinträchtigen. Charakteristisch sind die violettbraunen Rindenflecken.

## → Bodenschädlinge

Welken die Pflanzen mehr oder weniger schlagartig, kann das an der Wurzelfäule liegen oder an der Verticillium-Welke (siehe S. 36), wenn das im Sommer geschieht.

Nicht selten fressen aber auch Tiere an den Wurzeln, bei Him- und Brombeere vor allem Larven des Dickmaulrüsslers (siehe S. 67), Wühl- und Feldmäuse, Erdraupen, Engerlinge und Drahtwürmer (siehe „Weitere Bodenschädlinge", Seite 68).

Zuweilen sind auch winzige Wurzelnematoden (siehe S. 129) zugange, die an den Wurzeln saugen.

### Himbeerrutenkrankheit

An dieser unangenehmen Erscheinung können verschiedene Pilze beteiligt sein, sodass die Schadbilder etwas variieren. Zu den möglichen Erregern gehört auch Botrytis cinerea, der zudem den bekannten Grauschimmel an Früchten hervorruft. Die Ruten werden über Verletzungen infiziert, etwa über Frostrisse und besonders über die Fraßlöcher von Himbeerrutengallmücken.

Die Rutenkrankheit, auch als Rutensterben bezeichnet, wird hauptsächlich bei Sommerhimbeeren zum Problem, da betroffene Jungtriebe im nächsten Jahr als Tragruten ausfallen. Da Herbsthimbeeren schon im Jahr des Austriebs tragen und man die Ruten üblicherweise nach der Ernte wegschneidet, führt hier ein Befall nur zu mäßigen Einbußen.

**Schadbild:** An jungen Ruten anfangs weißgraue, später violettbraune Flecken, die sich ausdehnen, bis hin zum Umschließen des ganzen Triebs. Rinde aufreißend, silbergrau verfärbt, später mit vielen winzigen, schwarzen Pusteln (Fruchtkörpern). Bei Botrytis-Befall bräunliche, grau werdende Rindenflecken. Teils schon im Befallsjahr welkende Blätter und Blüten.

Im Frühjahr nach dem Erstbefall treiben einzelne Ruten nicht oder nur schwach aus. Zuweilen erfolgt auch noch ein scheinbar normaler Austrieb, aber die Ruten sterben dann bald ab.

**Zeitpunkt:** Erste Rindenflecken ab spätem Frühjahr, bei feuchtem Wetter
**Abhilfe:** Siehe „Pilz-Vorsorge", Seite 40. Auf ausgewogene Nährstoff- und Wasserversorgung achten und unnötige Verletzungen, etwa durch Hacken, vermeiden. Gegen einen der Erreger (Didymella applanata) können Pflanzenschutzmittel mit dem Wirkstoff Difenoconazol helfen.

### → Gering anfällige Himbeersorten

Wurzelfäule, Rutenkrankheit, Grauschimmel an Früchten und Mosaikviren samt den übertragenden Blattläusen gehören zu den übelsten Plagen an Himbeeren.

Mit geringer Anfälligkeit für all diese Krankheiten zeichnen sich besonders die Sommerhimbeeren 'Willamette' und 'Meeker' aus.

Als widerstandsfähig bis resistent gegen Wurzelfäule, Rutenkrankheit und Mosaikviren gelten die Sommersorten 'Rumiloba' und 'Rusilva' sowie die Herbstsorten 'Aroma Queen', 'Autumn Bliss' und 'Golden Bliss'.

Gering anfällig bis resistent gegen Wurzelfäule und Rutenkrankheit sind außerdem die Sommersorten 'Black Jewel', 'Elida (Rafzmach)', 'Rubaca', 'Tula Magic' sowie die Herbstsorte 'Himbo-Top'. Gegen die Wurzelfäule

können sich zudem behaupten: die Sommersorten 'Rutrago' (auch kaum anfällig für Mosaikviren), 'Sanibelle', 'Wei-Rula' sowie die Herbsthimbeeren 'Saxa Record' und 'Sugana'.

In Bezug auf Rutenkrankheiten sind vor allem widerstandsfähige Sommerhimbeeren interessant. Das sind neben den bereits genannten: 'Gelbe Antwerpen', 'Himbo-Star', 'Malling Exploit', 'Marwe', 'Preußen II' und 'Schönemann'. 'Rucami' und 'Glen Ample' werden kaum von Grauschimmel oder Mosaikviren befallen werden; 'Rucami' ist zudem robust gegen Rutenkrankheiten.

### Himbeerruten-Gallmücke

Bei den deutschen Schädlingsnamen kommt man leicht durcheinander: Denn die Himbeerruten-Gallmücke (Resseliella theobaldi) beschädigt zwar die Rutenrinde, bildet aber keine Gallen — wenn solche Wucherungen an den Ruten auftreten, handelt es sich um die folgend beschriebene Himbeergallmücke.

Die 2 mm kleinen, rotbraunen Himbeerruten-Gallmücken fliegen erstmals gegen Mitte Mai. Sie legen ihre Eier im unteren Bereich einjähriger Ruten ab, wobei sie auf bereits vorhandene Rindenrisse angewiesen sind. Bald darauf schlüpfen rötliche, bis 3 mm große Larven und fressen am Gewebe unter der Rinde. Meist folgen bis September noch zwei weitere Generationen, deren Larven teils so zahlreich sind, dass sie schwere Schäden anrichten können. Aber schon bescheidener Befall wird oft gefährlich, weil er Eintrittspforten für die pilzliche Himbeerrutenkrankheit schafft. Die Larven der letzten Generation überwintern in Kokons knapp unter der Bodenoberfläche.

**Schadbild:** An den Ruten braune, eingesunkene Flecken, hauptsächlich unter Kniehöhe. An den Befallsstellen Ansammlungen von kleinen Larven, dort auch dunkelgraue bis violette Verfärbung der aufplatzenden Rinde. Gelb werdende Blätter, welkende Seitentriebe. Bei starkem Befall Abbrechen oder Absterben der Ruten. Spätestens im folgenden Frühjahr oft Auftreten der Himbeerrutenkrankheit.

**Zeitpunkt:** Ab Mai, bis zum Frühherbst.

**Abhilfe:** Grundsätzlich wie bei der Himbeerrutenkrankheit. Zur Bekämpfung sind Mittel mit dem Wirkstoff Thiacloprid zugelassen; sie werden am besten gleich beim Auftreten erster Symptome beziehungsweise Larven eingesetzt.

## Brombeerrankenkrankheit ⁙

Der Erreger dieser Pilzkrankheit überwintert in befallenen Brombeerruten und infiziert ab April junge Triebe, indem er über die Spaltöffnungen eindringt. Durch Regen, Wasserspritzer und Wind wird er auf weitere Pflanzen verbreitet.

**Schadbild:** An jungen Ruten, zunächst nur in Bodennähe, punktförmige, kräftig grüne Flecken, die allmählich rötlich werden, dann braun (oft mit rotem Rand), und sich vergrößern. Zunehmende Ausbreitung auf die ganze Ranke.

Im nächsten Frühjahr auf den Befallsstellen kleine, schwarze, höckerartige Fruchtkörper; Ausbleichen der Flecken vom Zentrum aus. Später Welke und Absterben der Ruten von der Spitze her, besonders stark bei trockenem, warmem Wetter.

**Zeitpunkt:** Ab spätem Frühjahr, oft erst im Sommer auffällig.

**Abhilfe:** Siehe „Pilz-Vorsorge", Seite 40. Die Sorte 'Theodor Reimers' leidet recht häufig unter der Rankenkrankheit. Als gering anfällig gelten die meisten der stachellosen Sorten wie 'Chester Thornless', 'Loch Ness' und 'Navaho'.

## Gnomonia-Rindenkrankheit der Brombeere

Ähnlich wie bei der Brombeerrankenkrankheit zeigt sich hier der eigentliche Schaden erst im Jahr nach der Infektion. Der Schadpilz dringt im Spätsommer in die Ruten ein, vor allem über Verletzungen. Seine Ausbreitung wird durch kühles, nasses Wetter gefördert, ebenso durch starke Taubildung an warmen Tagen mit kühlen Nächten.

**Schadbild:** An Ruten, Knospen und Blattansatzstellen länglich ovale, hellbraune bis silbrig graue Flecken mit dunklem Rand, die sich schnell vergrößern. Aufreißen und Verbräunen der Rinde. Absterben der Ruten oberhalb der Befallsstelle.

**Zeitpunkt:** Ab spätem Frühjahr.

**Himbeergallmücken**
Diese Mücken rufen auffällige
Gallen an den Ruten hervor.
Detail: Larven in einer geöffneten Galle

**Abhilfe:** Siehe „Pilz-Vorsorge", Seite 40. Das Risiko lässt sich auch vermindern, indem man die Seitentriebe beim Sommerschnitt nicht ganz einkürzt. Stattdessen schneidet man sie auf rund 25 cm zurück und erst im folgenden Frühjahr auf zwei bis drei Augen.

### → Wurzelkropf

An Him- und Brombeeren tritt der Wurzelkropf, eine bakterielle Erkrankung, etwas häufiger auf als bei anderem Beerenobst (siehe S. 44). An der Triebbasis zeigen sich blumenkohlartige Wucherungen, die anfangs hell und weich sind, später verbräunen und verholzen. Die Pflanzen wachsen zunehmend schlechter und können mit der Zeit absterben.

### Himbeergallmücke

Diese Gallmücke kann auch an Brombeeren auftreten. Sie lässt sich höchstens mit einer guten Lupe von der Himbeerruten-Gallmücke (siehe S. 154) unterscheiden: anhand von silberweißen Querstreifen auf dem Hinterleib. Auch die anfangs weißlichen, später orangeroten Larven sind denen der Himbeerrutengallmücke sehr ähnlich.

Dass es sich um die Himbeergallmücke (Lasioptera rubi) handelt, erkennt man aber leicht an den rundlichen Wucherungen (Gallen) an jungen Ruten. Diese werden im Juni oder Juli gebildet und dienen den darin fressenden Larven als Daueraufenthalt, auch über Winter. Im nächsten April verpuppen sie sich, wenige Wochen später schlüpfen die Mücken, und die alten Gallen zerfallen. Ab Mai erfolgt dann die Eiablage an Knospen und Seitentrieben. Die schlüpfenden Larven bohren sich in die Triebe ein und bilden bald wieder neue Gallen.

**Schadbild:** An den jungen Trieben rundliche, bis 5 cm große Wucherungen, innen mit Larven besetzt. Befallene Ruten vertrocknen häufig oberhalb der Gallen.

**Zeitpunkt:** Ab Ende Mai.

**Abhilfe:** Befallene Ruten frühzeitig unten wegschneiden. Wachsen wilde Him- oder Brombeeren in Gartennähe, empfiehlt sich erhöhte Aufmerksamkeit: Hier siedeln sich diese Gallmücken gern an.

## Himbeerkäfer und -maden

Der um 5 mm große, braune, fein behaarte Käfer befällt gelegentlich auch Brombeeren und sogar Kern- und Steinobst. Die Käfer schwärmen im Mai aus, um an den Knospen und jungen Blättern zu fressen. Gegen Anfang Juni legen die Weibchen ihre Eier an den Blüten ab. Die rund 6 mm langen, blass braungelben Larven, auch bekannt als Himbeermaden, zerfressen dann die reifenden Früchte von innen und verlassen sie zum Spätsommer hin, um sich im Boden zu verpuppen.

**Schadbild:** Zerfressene, ausgehöhlte Blüten- und Blattknospen, sich entfaltende Blüten und Blätter geschädigt, Blätter erscheinen zerschlitzt. Verkümmerte, innen zerfressene Früchte mit einer Larve am Fruchtboden.

**Zeitpunkt:** Ab Mai.

**Abhilfe:** Mit Herbstsorten der Himbeere kann man dem Schädling ein Schnippchen schlagen, da sein Rhythmus nicht auf deren späte Blüte eingestellt ist. Auch späte Brombeeren sind weniger gefährdet. Ansonsten die Käfer ab Mai absammeln, am besten früh morgens oder abends, wenn es kühl ist; dann sind sie recht träge und lassen sich auf ausgelegte Decken, Folien oder in Eimer abschütteln. Zur Bekämpfung, gleich nach Auftreten der ersten Käfer, sind Mittel mit dem Wirkstoff Thiacloprid zugelassen. Im spezialisierten Fachhandel werden teils auch Duftstofffallen zum Abfangen der Käfer angeboten.

## Himbeerblattgallmilbe

Die Saugschäden durch diese winzigen Gallmilben halten sich meist in Grenzen. Die Blattaufhellungen werden allerdings leicht mit den Symptomen des Himbeermosaikvirus (siehe S. 150) verwechselt. Die Milben überwintern unter den Knospenschuppen, wandern im Frühjahr auf die jungen Blätter und halten sich dort bevorzugt im Haarfilz an den Unterseiten auf. Bis zum Frühherbst treten mehrere Generationen auf.

**Schadbild:** Auf den Blattoberseiten unregelmäßige, hellgrüne bis gelbliche, oft mosaikartig wirkende Flecken; auf den Unterseiten grauer Haarfilz. Bei starkem Befall verkrüppelte, welkende Blätter. Teils auch Befall der Früchte, erkennbar an kleinen, hellen Flecken.

**Zeitpunkt:** Fällt meist erst ab Juni auf; besonders ausgeprägt bei schwül-warmem Wetter.

**Abhilfe:** Nur bei starkem Befall nötig; dann betroffene Ruten am besten ganz entfernen. Zur direkten Bekämpfung können Mittel mit Rapsöl sowie mit dem Wirkstoff Fenpyroximat eingesetzt werden.

## Rostpilze

Rostpilze sind meist spezialisiert, so auch hier: Himbeerrost befällt keine Brombeeren, der auffälligere Brombeerrost keine Himbeeren. Zu viele, dicht stehende Ruten machen den Pilzen Befall und Ausbreitung leichter. Starker Befall führt zu vorzeitigem Blattabwurf. Die Erreger überwintern am

**Verticillium-Welke.**
Die befallenen Ruten können im
Sommer recht schlagartig welken und
absterben.

Falllaub und an Blättern, die an den Ruten
hängen bleiben.

**Schadbild:** Himbeerrost: Auf der Blattoberseite gelbliche Aufhellungen, später mit kleinen, dunklen Pusteln. Auf der Unterseite orangerote Pusteln; diese auch an Blattstielen und Ruten; später schwärzliche Punkte und Flecken.

Brombeerrost: Auf der Blattoberseite rötliche, teils violett getönte Flecken, später mit kleinen, dunklen Pusteln. Auf der Unterseite gelborange Pusteln, die später grauschwarz werden; diese auch an Blattstielen und Ruten. Bei Brombeeren stärkerer Befall der Ruten, mit orangegelben und dunklen Flecken. Teils auch Früchte mit Pilzsporen und -pusteln.

**Zeitpunkt:** Ab Mitte Juni, hauptsächlich im Sommer; vor allem bei feucht-warmem Wetter.

**Abhilfe:** Siehe „Pilz-Vorsorge", Seite 40. Stark befallene Ruten herausschneiden; im Herbst Falllaub und geschädigte Blätter am Strauch entfernen.

### → Verticillium-Welke

Diese pilzliche Welke hat ihre größte Bedeutung bei der Erdbeere. Sie tritt aber auch zunehmend öfter an Brombeeren und Himbeeren auf. Im Sommer hellen sich zunächst die Blätter der Jungtriebe stark auf, dann auch die der älteren Ranken und Ruten. An Brombeerranken kann man teils auffällig bläuliche Verfärbungen beobachten („Blaustreifenwelke"). Bleibt es warm und trocken, welken die Triebe rasch und sterben ab. Zur Abhilfe siehe Seite 131.

### Beerenwanzen

Die Rotbeinige Baumwanze, die Grüne Stinkwanze und ähnliche Arten haben eine ausgeprägte Vorliebe für Him- und Brombeeren. Die rund 15 mm großen, flachen, käferähnlichen Tiere sind graubraun oder grün. Sie saugen Saft an den Blättern und Früchten.

**Schadbild:** Die anfangs kleinen Saugstellen entwickeln sich mit dem Wachstum der

Blätter zu verschieden großen, unregelmäßig verteilten Löchern. Früh befallene Früchte reifen nicht aus, andere werden durch stinkendes Wanzensekret unbrauchbar.

**Zeitpunkt:** Meist erst auffällig während der Fruchtreife,.

**Abhilfe:** In der Regel nicht nötig, da die Schäden überschaubar bleiben – zumal sich manche dieser Wanzen auch als Nützlinge betätigen und zum Beispiel Blattläuse verknöpfen. Bei starkem Befall siehe Abwehrmaßnahmen gegen Baum- und Blattwanzen, Seite 52 f.

**Colletotrichum-Fruchtfäule**

Diese auch als Anthraknose bezeichnete Pilzkrankheit tritt immer häufiger an Beerenobst auf, besonders an Brombeeren, Himbeeren und Roten Johannisbeeren. In verregneten Sommerwochen kann sie sich rasch ausbreiten. Der Schadpilz überdauert an befallenen Beeren und Fruchtstielen.

**Schadbild:** Beeren reifen sehr ungleichmäßig ab, auch die Einzelbeerchen in den Früchten, was bei Brombeeren zu einem auffälligen Nebeneinander von grünlichen, roten und schwarzen Teilfrüchten führt. Einzelbeerchen trocknen teils ein, Früchte sind verkrüppelt; besonders Himbeeren schrumpfen ein, vertrocknen, fallen aber nicht ab. Bei feuchter Witterung rosafarbener Sporenbelag auf den Früchten.

**Zeitpunkt:** Während der Fruchtreife, ab beginnender Rotfärbung; vor allem bei feuchtem, warmem Wetter.

**Abhilfe:** Siehe „Pilz-Vorsorge", Seite 40. Befallene Früchte und später alle Fruchtmumien entfernen.

### → Grauschimmel

ist eine der häufigsten Pilzkrankheiten an Brombeerfrüchten und tritt auch an Himbeeren öfter auf, bei feuchtem, mäßig warmem Wetter. Die Früchte überziehen sich mit einem mausgrauen Belag, teils zuvor auch schon die Blüten. Siehe Grauschimmel (Botrytis), Seite 35.

**Brombeergallmilbe** ✖

Brombeergallmilben können die Ernte stark beeinträchtigen – auch bei Himbeeren. Die winzigen Gallmilben überwintern vorwiegend an den Ruten unter Knospenschuppen. Im Frühjahr wandern sie auf die Blüten und die sich entwickelnden Beeren über. Sie saugen an der Fruchtbasis der Teilfrüchtchen, wo sie von den Kelchblättern geschützt sind. Dabei geben sie einen Stoff ab, der das Ausreifen der Beeren verhindert. Ab Ende August vermehren sich die Tiere am stärksten, mit bis zu 200 Milben pro Frucht. Gegen Ende September ziehen sich die Milben dann wieder unter die Knospenschuppen zurück.

**Schadbild:** Brombeeren bleiben ganz oder teilweise rot (rot-schwarz gescheckt), Himbeeren entsprechend blass oder grünlich; Früchte hart und weitgehend ungenießbar.

Sie vertrocknen und bleiben bis zum nächsten Jahr an den Ranken hängen. Blätter oft gelblich weiß gesprenkelt.

**Zeitpunkt:** Ab Sommer, besonders stark im August und September.

**Abhilfe:** Vorbeugend abgetragene Ruten zeitig weit unten abschneiden. Befallene Ruten kräftig zurückschneiden, betroffene Früchte entfernen und entsorgen. Mehrmalige Spritzungen mit Rapsölpräparaten ab dem Austrieb dämmen den Befall ein. Zugelassen sind auch Mittel mit dem Wirkstoff Fenpyroximat.

### Sonnenbrand

Himbeeren und Brombeeren brauchen zwar Sonne zum Reifen. Doch als ursprüngliche Waldrand- und -lichtungspflanzen sind sie nicht unbedingt auf pralle, ungefilterte Strahlung und Hitze eingestellt. So kommt es öfter vor, dass die dünnschaligen Früchte einen regelrechten Sonnenbrand abbekommen. Dann werden mehrere Einzelbeerchen hellrosa bis weiß, manchmal auch die komplette sonnenzugewandte Seite der Frucht.

Da hilft nur eins: früh ernten und essen. Die „verbrannten" Früchte schmecken meist noch ganz gut. Sie können aber vorbeugen, indem Sie an heißen Tagen ein Sonnensegel über den Pflanzen aufspannen. Sollen neue Himbeeren an einen vollsonnigen Platz gepflanzt werden, wählen Sie möglichst hell-

früchtige Sorten; die sind diesbezüglich weniger empfindlich.

Zu aufgehellten Einzelfrüchten führen auch die Colletotrichum-Fruchtfäule (siehe S. 148) und Brombeergallmilben (siehe S. 159).

### Fraß an Beeren

Himbeere und Brombeere gehören zu den bevorzugten Speisen der Kirschessigfliege (siehe S. 61), genauer gesagt: ihrer kleinen weißen Maden. Die innen meist völlig zerfressenen Früchte werden sehr schnell „matschig". Auch Vögel und Wespen lassen sich öfter die Früchte schmecken; zuweilen auch Schmetterlingsraupen, etwa von Schadspinnern (siehe S. 56) oder Fruchtschalenwickler (siehe S. 51) sowie Schnecken.

### → Der Maden-Check

Die Maden der Kirschessigfliege sind sehr klein. Um zu prüfen, ob zum Beispiel Himbeeren aus dem eigenen Garten befallen sind, stellen Sie die Früchte auf einer flachen Schale ausgebreitet für etwa zwei Stunden ins Gefrierfach. Die anfangs eventuell verborgenen Maden haben dann die Früchte verlassen, um vor der Kälte zu flüchten. Sind keine Larven zu finden, können Sie sich die Himbeeren schmecken lassen.

# Heidelbeere, Preiselbeere, Cranberry

Heidel- und Preiselbeeren finden mit ihrem ganz eigenen, feinen Geschmack und hohen Gesundheitswert immer mehr Liebhaber. Von Schaderregern werden sie nur mäßig geplagt.

**Im Garten pflanzt man** üblicherweise die Kulturheidelbeere, die von nordamerikanischen Wildarten abstammt und mit größeren, süßeren Früchten aufwartet als unsere heimische Heidel- oder Bickbeere. Ebenfalls aus Amerika kommt die Cranberry mit recht großen, herbsauren Früchten. Die Kultursorten der kleinfrüchtigen, leicht bitter schmeckenden Preiselbeere gehen auf die in Europa wachsende Wildart zurück.

Die festen Blätter und der herbe Beerengeschmack machen diese Obstarten für Schaderreger weniger attraktiv. Allerdings: Je häufiger eine Obstart angebaut wird, desto mehr finden Schädlinge und Krankheiten Gefallen daran und desto größer wird die Liste potenzieller Plagen. Das hat man in den letzten Jahren gerade auch bei den Heidelbeeren festgestellt. Zu Pilzkrankheiten und anderen Malaisen kommt es oft wegen unpassender Bodenverhältnisse oder Wasserversorgung.

## Ungeeigneter Boden

Ihren Naturstandorten entsprechend, sind Heidel- und Preiselbeeren an moorähnliche Böden gewöhnt. Auf normalem Gartenboden mit mittlerem oder gar hohem Kalkgehalt gedeihen sie schlecht. Das sieht man schon früh an aufgehellten, kleinen Blättern, mit typischen Anzeichen von Nährstoffmangel, etwa an Eisen oder Kupfer (siehe S. 27). Sie wachsen schwach, bringen wenig Früchte und werden anfällig für Schaderreger.

Heidelbeeren bevorzugen einen pH-Wert von 3,5–4,5; für Preiselbeeren muss es mit pH 4–6 nicht ganz so sauer sein (zum pH-Wert siehe S. 16). Wenn man nur ein paar Sträucher pflanzt, kann man auch mal eine kleine „ökologische Sünde" begehen und reichlich Torf in den Boden einarbeiten. Das nötige Ansäuern gelingt aber auch mit torffreier Rhododendronerde, Laub- oder Nadelkompost. Der Boden muss zudem gut durchlässig sein, für Preiselbeeren am besten auch etwas sandig.

## → Gießen und Düngen

Der beste saure Boden nützt nur mäßig, wenn mit kalkreichem Leitungswasser gegossen wird – verwenden

Sie möglichst Regen- oder enthärtetes Wasser. Heidelbeeren sind Flachwurzler und sehr trockenheitsempfindlich; auch Cranberries wollen gleichmäßig mit Wasser versorgt werden. Preiselbeeren dagegen genügen gelegentliche Wassergaben bei längerer Trockenheit. Eine Mulchdecke aus Nadelstreu oder Rindenmulch ist für alle vorteilhaft. Fürs Düngen reicht etwas Kompost. Ansonsten am besten speziellen Heidelbeerdünger verwenden. Stickstofffreicher Dünger ist ungeeignet und kann den Krankheitsbefall fördern.

## Schäden an Blättern und Trieben

Die häufigsten Blattfresser an Heidel- und Preiselbeeren sind die grünen Raupen des Kleinen Frostspanners (siehe S. 48). Sie fressen die Sträucher öfter völlig kahl und zerstören auch Knospen, Blüten und Früchte.

Starken Blattfraß verursachen zuweilen die Raupen verschiedener Wickler, Eulenfalter, Schadspinner (siehe S. 56) sowie Mai-, Juni- oder Gartenlaubkäfer (siehe S. 68).

Heidelbeeren und Cranberries werden oft von Schildläusen heimgesucht; von flachen Deckelschildläusen und von Napfschildläusen, wie bei der Pflaume beschrieben (siehe S. 97). Manchmal bilden die grauen oder braunen Schilde regelrechte Krusten auf den Trieben. Häufiger aber findet man sie an Heidelbeeren verstreut und erst

aufgrund der starken Honig- und Rußtaubildung. Teils werden durch ihr Saugen Triebe und Blätter deformiert. Bei starkem Befall kommt es zu Wuchshemmungen, schlimmstenfalls sogar zum Absterben. Gefährlichste Vertreterin ist die San-José-Schildlaus (S. 58).

Die winzige, dunkle Triebgallmücke beziehungsweise ihre ebenso kleinen, rötlichen Larven zerstören die Knospen an den Triebspitzen. Diese werden schwärzlich und vertrocknen. Der Strauch reagiert mit „Hexenbesen"-Neuaustrieb unterhalb der Befallsstelle. Der Schädling kann im Frühjahr mit Mitteln mit dem Wirkstoff Thiacloprid bekämpft werden.

Blattläuse (siehe S. 49) führen ab Frühjahr zu verkrüppelten Blättern und Triebspitzen. Teils verfärben sich die Blätter auch bronzefarben. Gelegentlich kommt es zu starker Honig- und Rußtaubildung.

Sind die Blätter hell und sehr fein gesprenkelt, mit leicht silbrigem Glanz, dann haben meist Zikaden (siehe S. 55) daran gesaugt, seltener Spinnmilben (siehe S. 54). Die Zikaden verraten sich außerdem durch schwarze Kottröpfchen. Sie beeinträchtigen die Pflanzen nur wenig.

Zerrissen wirkende Blätter mit unterschiedlich großen Löchern weisen auf Blattwanzen wie die Grüne Futterwanze hin (siehe S. 52). Die Sträucher reagieren teils mit verstärkter Seitentriebbildung.

Die Anthraknose zählt zu den wichtigsten Pilzkrankheiten und tritt vor allem bei feuchtem, warmem Wetter auf. Es handelt sich um denselben Erreger, der auch bei anderem Beerenobst die Colletotrichum-Fruchtfäule verursacht. An der Heidelbeere macht er sich schon an Blättern und jungen Trieben stärker bemerkbar. Auf diesen entstehen zunächst kleine, rötliche Flecken, die sich zu absterbenden Partien vergrößern. Befallsstellen auf den Trieben werden dunkelrot. Die Stängel können im oberen Bereich welken und absterben. Betroffene Teile sollten frühzeitig weggeschnitten werden.

### → Pflanzenschutzmittel

Für Heidel- und Preiselbeeren sind im Allgemeinen dieselben Pflanzenschutzmittel zugelassen wie bei den anderen Beerenobstarten.

### Schäden an Blüten und Früchten

Grauschimmel (Botrytis; siehe S. 35) ist bei Heidelbeeren eine bedeutende Pilzkrankheit. Der Erreger infiziert die Pflanzen hauptsächlich über die Blüten. Diese werden braun und sterben ab, zunehmend überzogen mit einem graubraunen Belag. Von den Blüten ausgehend werden dann auch die Triebe und Blätter befallen. Die Zweige verfärben sich dunkel, später beige bis grau, oft mit schwarzen Fruchtkörpern. Teils werden auch die Beeren mit graubraunem Schimmelbelag überzogen und sterben ab.

Heidelbeeren sind bei Vögeln begehrt. Amseln, Drosseln, Stare, Dompfaffe und Krähen zählen zu den häufigsten „Besuchern". Teils zerfressen sie auch schon die Knospen und Blüten.

An Knospen, Blüten und Früchten fressen auch die bei den Blättern bereits genannten Raupen, besonders die Frostspannerraupen.

Die kleinen, weißen Maden der Kirschessigfliege (siehe S. 61) zerfressen die Beeren von innen, sodass sie schrumpfen und zusammensacken.

Die Colletotrichum-Fruchtfäule, die sich meist schon mit den Anthraknose-Triebschäden ankündigt, zeigt sich in rundlichen, eingedellten Flecken, die dunkler werden und sich über die Frucht ausbreiten.

### Welkende Pflanzen

Kümmernder, stockender Wuchs, Welke und teils schlagartiges Absterben sind meist das Resultat von Bodenschädlingen wie Wühl- und Feldmäusen, Larven von Dickmaulrüsslern (siehe S. 67) oder Engerlingen (siehe S. 68). Auch Wurzelnematoden (S. 129) treten an Heidel- und Preiselbeeren auf.

Die Monilia-Triebwelke wird von einem Erreger verursacht, der mit den Monilia-Pilzen am Steinobst verwandt ist. Zunächst sind im Frühjahr nur einzelne Triebe betroffen. Sie und ihre Blätter welken, sterben ab und werden mit graubraunen Belägen überzogen. Dann scheint die Sache zunächst erledigt. Doch wenn sich später die Beeren entwickeln, verfärben sie sich hellbraun, grau oder rosa. Dann schrumpfen sie, werden hart und fallen ab. Man sollte sie bald beseitigen, denn von ihnen kann eine erneute Infektion ausgehen. Auch befallene Triebe schneidet man am besten weg.

Das Godronia-Triebsterben, ebenfalls eine Pilzkrankheit, fällt zuerst im Winter durch rote Rindenflecken rund um die Blattnarben auf. Diese dehnen sich im nächsten Jahr aus, teils bis 10 cm Länge, und werden rotbraun. Im Sommer welken dann die Blätter, bleiben aber an den Zweigen hängen. Befallene Triebe sollten frühzeitig entfernt werden.

# Kiwi

Kiwipflanzen bringen nicht nur leckere, gesunde Früchte: Sie sind auch attraktive Klettergehölze und werden zudem recht wenig von Schädlingen gepiesackt.

**Dass Kiwis trotzdem öfter Kopfzerbrechen bereiten,** liegt vor allem an ihrer Frostempfindlichkeit. Das gilt besonders für die „klassische" Kiwi mit den großen Früchten, auch bekannt als Chinesische Stachelbeere (Actinidia deliciosa). Wenn man nicht gerade im Weinbauklima gärtnert, sollte man für sie einen ziemlich gut geschützten Platz finden. Vor allem in jungen Jahren sind die Stämmchen frostgefährdet. Drohen kalte Winter, kann man sie unten zum Beispiel in Holzwolle einpacken und Jutesäcke umbinden. Vor allem aber sollte man den Wurzelbereich gut abdecken. In einem kalten Frühjahr wird es manchmal auch für die Jungtriebe kritisch – und im Herbst für die spät reifenden Früchte. Die pflückt man im Zweifelsfall besser früher und lässt sie dann drinnen nachreifen.

Die Minikiwis oder Chinesische Stachelbeeren (Actinidia arguta) sind in Sachen Winterfrost deutlich robuster und werden zudem früher, ab Ende September, erntereif. Aber auch bei ihnen können die jungen Triebe durch Frühlingsfröste geschädigt werden.

Kiwi-Neulinge machen sich manchmal Sorgen, weil keine Blüten erscheinen. Das gibt sich dann nach vier bis sechs Jahren, denn so lange brauchen junge Pflanzen meist, bis sie ins Blühstadium kommen. Die nächste Hürde lautet: „Blüten – aber keine Früchte". Da fehlt es dann an einer zweiten, männlichen Kiwipflanze zum Bestäuben; denn die meisten Fruchtsorten tragen nur

**Maulbeerschildläuse**
Die weißen Schilde der Maulbeerschildläuse wirken aus der Entfer-
nung wie ein kalkartiger Belag.

weibliche Blüten. Es gibt zwar auch sogenannte selbstfruchtbare Züchtungen. Bei
denen ist aber die Befruchtung oft Glücksa-
che, gelingt nicht jedes Jahr, und die Früchte
bleiben ziemlich klein.

Versorgen Sie die Schlingpflanzen während der Wachstumszeit und Fruchtbildung
stets mit ausreichend Wasser. Eine dicke
Mulchschicht schützt den Boden vor dem
Austrocknen. Übermäßiges Gießen oder gar
Staunässe bekommen den Wurzeln allerdings überhaupt nicht. Schwere, feuchte Böden sollten schon vor dem Pflanzen gründlich gelockert und verbessert werden. Düngen können Sie, wie auf Seite 25 für Beerensträucher empfohlen. Zu viel Kalk im
Dünger und Gießwasser ist für Kiwis unge-
sund: Dann werden schnell die Blätter gelb,
vor allem wegen Eisenmangel.

### „Blutende" Kiwipflanzen

Wenn beim Schnitt reichlich Saft austritt, ist
das nicht übermäßig tragisch, tut der Pflanze aber nicht gerade gut. Die Kiwi hat im
Frühjahr einen hohen Saftdruck. Deshalb
empfiehlt es sich, vorzugsweise im Spätsommer bis etwa Anfang September zu
schneiden. Dann verheilen die Wunden im-

mer noch recht schnell, aber es tropft kaum
noch. Wenn ein kalter Winter Frostrisse am
Stamm hinterlassen hat, kann es im Frühjahr ebenfalls zum Bluten kommen.

### Tierische Schädlinge

Schnecken (siehe S. 139) haben eine Vorliebe
für junge Kiwipflanzen. An jungen wie älteren Pflanzen fressen gelegentlich Wühl- und
Feldmäuse und Dickmaulrüssler (siehe
S. 67): die Käfer an den Blättern, ihre Larven
an den Wurzeln.

Spinnmilben (siehe S. 54) treten teils
schon in warmen, trockenen Frühlingswochen am Austrieb auf. An den Blättern sieht
man zunächst winzige, helle Pünktchen,
dann bronzefarbene Sprenkel, die sich zunehmend über die Blattfläche ausbreiten.

Kiwis mögen es warm, die Kirschessigfliege (siehe S. 61) ebenso. Ihre kleinen, weißen Maden zerfressen die Früchte von innen. Besonders gefährdet sind weichschali-
ge Minikiwis.

Verschiedene Schildläuse, meist unter flachen, braunen oder grauen Deckeln, setzen
sich an den Trieben und teils an Früchten
fest. Öfter handelt es sich auch um Wollläuse mit weißflockigen „Anhängseln". Schild-

läuse produzieren reichlich Honigtau, der bald zu schwärzlichem Rußtau wird. Treten sie wiederholt auf, empfiehlt sich eine Austriebsspritzung mit ölhaltigen Mitteln.

Sind im Herbst und Winter Teile des Stamms und dickere Zweige mit merkwürdigen weißen Belägen überzogen, handelt es sich um die Schilde von Maulbeerschildläusen (siehe S. 60). Die können bei starkem Befall gefährlich werden.

### → Graue Pilzbeläge

Der bei feuchtem Wetter allgegenwärtige Grauschimmel (Botrytis; siehe S. 35) befällt auch des Öfteren Kiwipflanzen. Er überzieht Blätter, Blüten und Früchte mit grauen bis graubraunen, stäubenden Pilzüberzügen.

### Welkekrankheiten ⚠

Werden Kiwis in tonreiche, feuchte Böden gepflanzt, droht besonders die Wurzel- und Kragenfäule; nah verwandt mit dem Schadpilz, der die Kragenfäule beim Apfel (siehe S. 91) verursacht. Die Blätter bleiben klein und werden gelb, das Wachstum ist gehemmt. Oft wird die Rinde am Stammgrund rissig und schwärzlich, teils weich und nass. Das Gehölz stirbt allmählich ab, in einem heißen Sommer auch recht plötzlich.

Bei der Verticillium-Welke (siehe S. 36) welken im Sommer oft schlagartig Triebe oder ganze Zweigpartien. Wenn dann regnerische Tage folgen, scheint sich die Schlingpflanze zu erholen. Doch bei trockenem Wetter breitet sich der Schaden weiter aus, und das Gehölz stirbt allmählich ab. Kiwis sollten nicht dort gepflanzt werden, wo vorher Erdbeeren oder andere Beerensträucher standen: Die sind ebenfalls bevorzugte Wirtspflanzen dieses Schadpilzes.

Der Kiwikrebs ist eine recht neu eingeschleppte, meldepflichtige (!) Bakterienkrankheit. Erste Anzeichen sind teils schon verbräunte Knospen und Blüten. Auf den Blätter zeigen sich kleine, braune, eckige Blattflecken, oft umgeben von einem gelben Hof. Eindeutige Symptome sind weiße oder rote Schleimtropfen, die aus der Rinde austreten. Löst man die Rinde ab, zeigen sich bräunliche bis rotbraune Verfärbungen. Zunehmend welken dann die Triebe und schließlich die gesamte Pflanze. Bei Verdacht auf diese Bakterienkrankheit sollte man sich mit dem zuständigen Pflanzenschutzamt in Verbindung setzen.

# Weinrebe

Was man früher nur in wintermilden Regionen genießen konnte, erfreut heute vielerorts die Augen und den Gaumen: eine Rebe an der Hauswand oder Pergola, mit köstlichen Trauben.

**Geeignete Tafeltraubensorten** machen's möglich. Die Züchter haben schon seit langem den Trend und verbreiteten Gärtnerwunsch erkannt. Altehrwürdige Keltersorten wie 'Riesling' oder 'Portugieser' sind hier nicht gefragt. Stattdessen braucht es Züchtungen, die schmackhafte Trauben zum Naschen liefern, sich gut mit langen Ranken sowie in Kübeln ziehen lassen und am besten auch optisch etwas hermachen. Kernlose Züchtungen bieten bei Bedarf störungsfreien Genuss.

Bei all dem sollten diese Sorten möglichst winterhart und pilzfest sein. Viele moderne Tafeltraubensorten erfüllen diese Ansprüche recht gut, und ständig kommen neue dazu, die Entsprechendes verheißen. Sichere Frosthärte bei Extremtemperaturen darf man freilich nicht erwarten. Und „pilzfrei" heißt, das die Sorte kaum von Echtem oder Falschem Mehltau befallen wird, sofern Standort und Pflege stimmen. Aber sie ist nicht gegen sämtliche Pilzkrankheiten gefeit, die sonst noch auftreten können.

Einige bewährte, ziemlich robuste Tafeltraubensorten:

▸ **Grüne bis gelbe Beeren:** 'Arkadia', 'Bianca' ,'Glenora, 'Lakemont'
▸ **Blaue Beeren:** 'Königliche Esther', 'New York Muscat', 'Osella', 'Venus'
▸ **Rosa Beeren:** 'Suffolk Red', 'Vanessa'

Ein sonniger, warmer Platz ist grundsätzlich ratsam. Gerade in etwas kälteren Regionen wächst die Weinrebe am sichersten, wenn sie an einem Spalier an einer Südwand hochgezogen wird. Findet sich im Garten kein passender Platz, kann sie auf Terrasse oder Balkon gut geschützt in einem geräumigen Kübel gedeihen. Aber Vorsicht: In einem wirklich kalten Winter friert selbst der größte Topf durch, wenn er nicht rundum gut eingepackt wird.

Der behütete Platz an der Südwand oder unter einem Dachvorsprung schützt außerdem vor Vernässung. Denn stets feuchten, eventuell noch dichten Boden verträgt die Rebe überhaupt nicht. Außerdem laden häufig nasse Pflanzen Pilzkrankheiten wie Grauschimmel und Falschen Mehltau geradezu ein.

## Gelbsucht

Die Gelbsucht oder Chlorose tritt an Reben sehr häufig auf und resultiert aus Eisenmangel. Dabei ist oft genug Eisen im Boden

## HÄTTEN SIE'S GEWUSST?

Achten Sie beim Kauf auf veredelte Weinreben mit reblausresistenten Unterlagen. Das wird von allen seriösen Anbietern garantiert.

**Der Anbau von nicht veredelten, wurzelechten Reben ist in manchen Bundesländern ganz verboten.**

Die an den Wurzeln saugende Reblaus wurde im 19. Jahrhundert aus Amerika eingeschleppt.

**Bis Anfang des 20. Jahrhunderts hatte sie rund 75 % der Rebflächen Europas vernichtet!**

Nur durch Veredlung auf gering anfällige amerikanische Unterlagen konnte der Weinanbau in Europa gerettet werden.

vorhanden, kann aber nicht richtig aufgenommen werden. Als Folge werden die Blätter gelb, beginnend an den Triebspitzen; die Blattadern bleiben lange grün. Die Blattränder verbräunen, schließlich welken die Blätter. Dies kann sich gerade bei Weinreben sehr negativ auswirken, mit Abwurf der Blütenstände, eingeschränkter Fruchtbildung und -reife und dünnen Trieben. Leiden die Pflanzen dauerhaft unter Gelbsucht, können sie sogar absterben.

Ursache ist meist ein zu hoher Kalkgehalt des Bodens (siehe pH-Wert, S. 16). Auch kaltes und/oder nasses Frühjahrswetter, Bodenverdichtungen und lang ausgedehnte Trockenphasen können zur Gelbsucht führen.

Vorbeugend ist schon vor dem Pflanzen eine gute Bodenvorbereitung und, wenn nötig, Bodenverbesserung wichtig. Später dann regelmäßige Kompostgaben und ausgewogene, kalkarme Nährstoffversorgung, am besten mit organischen Düngern, sowie regelmäßige, aber vorsichtige Bodenlockerung. Mit speziellen Eisendüngern lässt sich akuter Mangel reduzieren, oft aber nicht ganz beheben. Siehe auch „Tipps zum richtigen Düngen", Seite 25.

### Grauschimmel (Botrytis)

Der an unzähligen Pflanzen vorkommende Grauschimmel (siehe auch S. 35) kann bei der Weinrebe an allen oberirdischen Pflanzenteilen und zu fast allen Zeiten auftreten. Graue Schimmelüberzüge zeigt der Pilz hier nur zum Teil: Befallene Partien werden überwiegend braun. Der Erreger dringt über kleine Verletzungen (etwa durch Hagel oder Schädlinge) und weiches Gewebe ein. Er breitet sich bei feuchtem, warmem Wetter stark aus. Zum Überwintern nutzt er die Rinde einjähriger Triebe sowie abgeworfene Blätter.

**Schadbild:** Die folgenden Symptome können zwischen zeitigem Frühjahr und Herbst auftreten, je nach Befallszeitpunkt. In der Reihenfolge ihres Erscheinens:

▶ **Kein Austrieb:** An bereits im Vorjahr befallenen Trieben kein oder kaum Austrieb, weil die Winterknospen zerstört wurden.

▶ **Absterben junger Triebe:** Im feuchten Frühjahr Infektion grüner Jungtriebe, die faulen und eintrocknen; hier oft mit deutlich grauem Pilzrasen.

▶ **Blattflecken:** Auf den Blättern recht große, braune Flecken, von der Blattentfaltung bis zum Herbst.

▶ **Befall junger Gescheine (Blütenstände):** Pilzrasen an einzelnen „Ästchen" mit noch kleinen Früchten; werden braun, schrumpfen und vertrocknen.

▶ **Fäule unreifer Trauben:** Trauben werden graubraun; teils mit mausgrauem Sporenbelag.

▶ **Stielfäule:** Bei fast reifen Gescheinen braune, glasige Faulstellen an den Fruchtstielen; diese brechen teils ab.

▶ **Fäule reifer Trauben:** Trauben werden „schrumplig", vor allem nach warmen, trockenen Tagen mit kühlen, taureichen Nächten. Im Weinbau nennt man das „Edelfäule", weil sich daraus hochwertige, süße Auslesen gewinnen lassen. Aber bei Tafeltrauben nützt einem das wenig.

▶ **Holzbefall:** Die mittlerweile verholzten Jungtriebe hellen sich gelbbraun auf, oft mit schwarzen Pünktchen.

**Abhilfe:** Vorbeugend die Rebe durch Schnitt, Auslichten und gut verteiltes Binden der Ranken „luftig" halten, um schnelles Abtrocknen zu fördern. Unnötige Verletzungen sowie überhöhte Stickstoffdüngung vermeiden.

Befallene Gescheine herausschneiden, im Herbst das Laub vom Boden entfernen. Zur Vorbeugung und Bekämpfung im Anfangsstadium können Pflanzenschutzmittel mit den Wirkstoffen Fenhexamid sowie Cyprodinil und Fludioxonil eingesetzt werden.

## Schwarzfleckenkrankheit

In niederschlagsreichen Regionen muss man besonders mit dieser Pilzkrankheit rechnen. Der Erreger überwintert auf oder in der Rinde einjähriger Triebe. Bleibt es längere Zeit nass, kann er schon bei niedrigen Temperaturen die jungen Blätter und Neutriebe befallen. Bis zum Herbst sind in feuchten Wochen jederzeit weitere Infektionen möglich. Verletzungen im Holz machen dem Pilz das Eindringen einfach.

**Schadbild:** Einjährige Triebe aus dem Vorjahr fallen schon im Winter durch kalkweiße Aufhellung im unteren Bereich auf. Darauf sieht man zahlreiche kleine, schwarzen Pusteln, von denen die Infektion der grünen Jungtriebe ausgeht. An diesen Bildung kleiner, verschorfter, längsovaler Flecken; auf den Blättern winzige schwarze Punkte mit hellem Hof. Blätter sterben teils ab.

Auf diese Weise können Jahr für Jahr mehr einjährige Triebe infiziert werden. Da sie im unteren, hellen Bereich kaum austreiben, wird der Weinstock immer kahler. Greift der Pilz auch auf älteres Holz über, geht bald die ganze Rebe ein.

**Zeitpunkt:** Ab dem Austrieb; bei feuchtem Wetter, besonders nach starken Regenfällen.

**Abhilfe:** Vorbeugung wie beim Grauschimmel. Befallene Triebe ausschneiden; bei schwerem Befall kann man einen starken Rückschnitt „auf Stock" versuchen. Pflanzenschutzmittel (mit dem Wirkstoff Mancozeb) ab dem Knospenaufbruch wiederholt einsetzen.

## Falscher Mehltau

Dieser Pilz braucht wie die Schwarzfleckenkrankheit Regen zur Infektion und weiteren Ausbreitung. Der Erreger kann an befallenen Blättern, Trauben und im Boden überdauern.

**Schadbild:** Auf den Blattoberseiten zunächst gelbliche, ölig wirkende, recht große Flecken, die braun bis grau werden. An den Unterseiten weißer Pilzbelag. Bei starkem Befall Blattabwurf. Dann auch weißer Pilzrasen an den Gescheinen und Früchten; grüne Trauben verfärben sich hell blauviolett und trocknen ein („Lederbeeren").

**Zeitpunkt:** Ab Mai; bei feuchtem Wetter, besonders nach starken Regenfällen.

**Abhilfe:** Vorbeugung wie beim Grauschimmel. Zur Bekämpfung sind Mittel mit den Wirkstoffen Kupfer (Kupferoktanoat) und Mancozeb zugelassen.

## Echter Mehltau

Der Echte Mehltaupilz breitet sich am stärksten aus, wenn die Tage warm und die Nächte kühl sind. Dann liefert ihm der nächtliche und morgendliche Tau genau die richtige „Dosis" an Feuchtigkeit. Anders als bei sonstigen Pilzkrankheiten sind Reben, die an wärmenden Mauern gezogen werden, besonders gefährdet. Der Erreger überwintert an Trieben unter den Knospenschuppen.

**Schadbild:** Junge Blätter und Triebe mit weißem, mehligem Belag, anfangs zum Teil noch undeutlich ausgeprägt. In der Regel auch Befall der Früchte, mit eindeutigem Mehltauüberzug. Die Trauben verhärten, werden zunehmend grauschwarz und platzen auf.

**Zeitpunkt:** Ab Mai, hauptsächlich im Frühsommer und dann wieder im Spätsommer.

**Abhilfe:** Zur Bekämpfung sind Mittel mit Schwefel und Kupfer (Kupferoktanoat) zugelassen.

## Roter Brenner

Eine Pilzkrankheit mit bedrohlichem Namen – sie wird aber nur bei starkem Befall gefährlich, wenn sie zum totalen Blattverlust führt. Roter Brenner kommt hauptsächlich auf trockenen, humusarmen Böden vor und braucht Wärme, aber auch Feuchtigkeit zur Ausbreitung. Die abgefallenen Blätter dienen ihm zum Überwintern.

**Schadbild:** Auf den Blättern recht groß werdende, durch die Blattadern begrenzte Flecken: bei grünfrüchtigen Sorten gelblich, bei blauen Sorten rötlich. Flecken verbräunen mit der Zeit. Teils starker Blattabwurf. Selten auch Befall der Trauben, die dann vertrocknen.

**Zeitpunkt:** Ab Ende Mai, Anfang Juni, bei und nach feuchtem Wetter.

**Abhilfe:** Vorbeugend den Boden mit Kompost verbessern. Abgeworfene Blätter gründlich entfernen. Zur Bekämpfung sind Mittel mit dem Wirkstoff Mancozeb zugelassen.

## Spinnmilben

Bei der Weinrebe ist so manches etwas „anders" – so auch das Schadbild durch die Saugschäden der winzigen Spinnmilben. Wie an anderen Obstgehölzen treten die auf den Seiten 75 und 119 beschriebenen Arten auf, vor allem die Obstbaumspinnmilbe, aber auch die Gemeine Spinnmilbe.

Die Obstbaumspinnmilbe (siehe S. 54) saugt bei warmem Frühjahrswetter schon früh an den gerade entfalteten Blättern. Die werden fahl und verbräunen am Rand, was man leicht mit Frostschäden verwechseln kann. Die jungen Triebe sind im Wuchs gehemmt, können sogar absterben. Mit fortschreitendem Frühjahr werden befallene Blätter bräunlich, wölben sich nach oben, welken. Wenn das viele Blätter betrifft, fallen auch Blütenstände und junge Trauben ab. Im Sommer zeigt sich dann, eher undeutlich, die übliche helle Sprenkelung der Blätter. Sie werden gelbfleckig, teils mit kleinen Rissen, und zunehmend rostbraun bis bronzefarben.

Die Gemeine Spinnmilbe macht sich erst im Sommer bemerkbar und saugt von den Triebspitzen her. Die Blätter kräuseln sich, werden gelb, dann rostbraun und fallen vorzeitig ab.

**Abhilfe:** Siehe Seite 54 f.

## Rebenpockenmilbe

Diese winzigen, weißlichen Gallmilben geben beim Saugen ein Sekret ab, das zur Bildung der auffälligen Pocken führt. Die Pflanzen und die Ernte werden aber normalerweise nicht beeinträchtigt. Die Milben überwintern in befallenen Knospen.

**Schadbild:** Auf der Blattoberseite pockenartige Aufwölbungen, teils gelblich und bei blaufrüchtigen Sorten rötlich; später braun verfärbt. Unterseits in den Wölbungen ein weißer Filzbelag, der verbräunt. Meist nur an den unteren Blättern. Selten auch weißlicher Filz auf den Blütenknospen.

**Zeitpunkt:** Ab Blattentfaltung.

**Abhilfe:** Durch Entfernen stark betroffener Blätter und eindeutig befallener Knospen lässt sich ein Befall im Folgejahr mindern. Bei einer zeitigen Bekämpfung des Echten Mehltaus mit Schwefelpräparaten werden die Pockenmilben oft mit erfasst.

## Traubenwickler

Die Traubenwickler sind Kleinschmetterlinge mit höchstens 15 mm Flügelspannweite und rund 10 mm langen Raupen, die an den Blütenständen und Trauben schaden. Dabei treten zwei Arten auf: Der Einbindige Traubenwickler zeigt eine gelbliche Färbung mit dunklem Band auf den Flügeln, den Bekreuzten Traubenwickler erkennt man an seinen graubraun marmorierten Vorderflügeln. Die Falter sieht man allerdings selten, denn sie sind vor allem in der Abenddämmerung oder nachts unterwegs.

Beide Falter bilden zwei bis drei Generationen im Jahr und überwintern im Puppenstadium unter loser Borke an der Weinrebe. Die Weibchen der ersten Generation legen ihre Eier an den Blüten ab, die der zweiten Generation an den jungen Beeren; die dritte Generation, die nur bei warmem Spätsommerwetter auftritt, an den reifenden Beeren. Je nachdem, ob die Raupen an den Gescheinen, jungen oder reifenden Trauben fressen, bezeichnet man sie als „Heuwürmer", „Sauerwürmer" oder „Süßwürmer".

Die Raupen variieren je nach Entwicklungsstadium zwischen Gelb-, Grün- und Brauntönen. Die voll entwickelten Raupen des Einbindigen Traubenwicklers sind rotbraun mit braunschwarzem Kopf, die des Bekreuzten Traubenwicklers sind graugrün mit gelbem Kopf.

**Schadbild:** Fraßstellen an Blüten, die Blütenstände mit feinen Fäden versponnen; in den Gespinsten Raupen. Später Einbohrlöcher an Trauben; benachbarte Beeren zusammen gesponnen und von innen ausgehöhlt. Als Folge oft starker Befall mit Grauschimmel (siehe S. 35).

**Zeitpunkt:** Ab der Blüte.

**Abhilfe:** Pheromon-(Lockstoff-)fallen dienen hauptsächlich der Flugkontrolle und können die Schädlinge nur in Maßen eindämmen. Zur Bekämpfung sind Bacillus-thuringiensis-Präparate zugelassen. Gegen Traubenwickler können außerdem gezielt Trichogramma-Schlupfwespen eingesetzt werden.

## Rieseln, Verrieseln

Wenn die Weinrebe „rieselt", wirft sie zahlreiche Blütchen oder kleine Beeren ab. Das ist bis zu einem gewissen Grad ein natürlicher Vorgang, ähnlich wie beim Junifruchtfall von Obstbäumen: Die Pflanze legt erstmal für alle Fälle kräftig an und stößt dann ab, was sie nicht versorgen kann.

Werden aber übermäßig viele Blüten oder Träubchen abgeworfen, ist die Versorgung der Blüten- und Fruchtstände schwer beeinträchtigt. Das kann an anhaltenden Regenfällen liegen, an Kälte oder auch extremer Hitze. Nährstoffmangel, Stickstoffüberdüngung, zu starker oder zu schwacher Schnitt sind weitere mögliche Faktoren. Auch Reben, die zu schattig stehen, neigen verstärkt zum Blüten- und Fruchtabwurf. Die Neigung zum Rieseln ist zudem sortenabhängig.

Vorbeugend ist es wichtig, auf angepasste, zurückhaltende Nährstoffversorgung achten. Die Rebe regelmäßig und möglichst sachgerecht schneiden; überzählige Triebe ausdünnen und sehr wüchsige Triebe einkürzen.

**Fraß an Trauben**
Vögel wie Amseln, Drosseln und Stare lassen sich gern die Trauben schmecken; zur Vorbeugung siehe Seite 60 f. Häufig schaden Wespen (siehe S. 61) an den Trauben. Sie fressen runde bis ovale Löcher in die Beerenhaut und zerfressen das Innere meist komplett. Auch Ohrwürmer (siehe S. 61) laben sich öfter an den Früchten.

Weintrauben, besonders blaue und rote, gehören zu den bevorzugten Speisen der Kirschessigfliege (siehe S. 61). Ihre kleinen, weißen Maden zerfressen die Früchte von innen. Die Trauben „matschen" dann nach kurzer Zeit zusammen.

→ **Wucherungen am Rebstamm**
Wucherungen, die durch Bakterien verursacht werden, kennt man bei der Rebe als Mauke, bei anderen Pflanzen als Wurzelkropf (siehe S. 44). An der Basis der Rebstämmchen, besonders an der Veredlungsstelle, zeigen sich blumenkohlartige Wucherungen. Die Krankheit tritt besonders nach frostigen Wintern auf. Befallene Reben können auf Dauer absterben.

# Haselnuss

Kaum eine andere Obstart ist so genügsam und unverwüstlich wie die Haselnuss. Doch auch sie wird gelegentlich geplagt, vor allem von einigen spezialisierten Schädlingen.

→ **Nicht nur für Nussliebhaber,** sondern auch für Schädlinge sind die gezüchteten Fruchtsorten (Zellernuss- und Lamberts-Hybriden) lohnender als die „halbwilden" Haselsträucher, die gern für Naturhecken verwendet werden. Zu den bewährten, recht frostfesten Fruchtsorten gehören zum Beispiel 'Frühe Nottingham', 'Hallesche Riesen' und 'Wunder aus Bollweiler'.

Die Sträucher tragen am besten an einem sonnigen, luftigen, vor Spätfrösten etwas geschützten Standort. Sie gedeihen in jedem Boden, der nicht allzu sauer, extrem trocken oder nass ist, am besten aber bei gutem Humus- und Nährstoffgehalt. Stehen in der Nähe weitere Sträucher, die beim Bestäuben helfen, verbessert das den Fruchtansatz. Das können auch Wildhaseln sein.

## Knospengallmilbe

Diese winzigen Gallmilben saugen an den Knospen, befallen ab Spätsommer weitere, neu angelegte Knospen und überwintern darin.

**Schadbild:** Einzelne Knospen rundlich verdickt und angeschwollen. Sie treiben oft gar nicht aus, teils auch spät und unvollständig, und vertrocknen. Bei schwächerem und bei späterem Befall missgestaltete, verhärtete Blätter.

**Zeitpunkt:** Spätwinter und Frühjahr.

**Abhilfe:** Verdickte Knospen frühzeitig ausbrechen; stark betroffene Triebe und Blätter entfernen.

## Bakterienkrankheiten ⚠

In neuerer Zeit wurden an Haselnusssträuchern öfter Bakterienkrankheiten festgestellt (aus den Gattungen Pseudomonas und Xanthomonas). Untersuchungen haben gezeigt, dass recht viele Sträucher „latent" befallen sind, aber jahrelang keinerlei Symptome zeigen. Dazu kommt es erst, wenn besondere Stressfaktoren auftreten, etwa Spätfrostschäden oder ausgeprägt feuchte, kühle Witterung. Die Bakterien dringen über Rindenrisse, Schnittstellen und andere Verletzungen in die Pflanzen ein und können den Winter in infizierten Trieben überdauern.

**Schadbild:** Teils treiben schon die Knospen spät oder gar nicht aus und vertrocknen. Junge Blätter aufgehellt, gekräuselt, teils welkend. Im Sommer auch Welke ganzer Triebe, mit braunen, vertrockneten Blättern. Hüllblätter und Schalen der Nüsse teils braun bis schwarz verfärbt. Bei stärkerem Befall auch an älteren Zweigen absterbende, dunkle Partien, die manchmal den ganzen Trieb umfassen; dazu größere Rindenrisse; Holz unter der Rinde oft mit zungenförmigen dunklen Flecken. Der Strauch kann schlimmstenfalls ganz absterben.

**Zeitpunkt:** Vom zeitigen Frühjahr bis zum Herbst.

**Abhilfe:** Vorbeugend stark spätfrostgefährdete Standorte meiden. Schwere, sehr feuchte Böden vor dem Pflanzen gründlich verbessern. Befallene Triebe großzügig herausschneiden. Stark betroffene Sträucher besser komplett entfernen, mitsamt dem Wurzelwerk.

## Blatt- und Schmierläuse

Mit Honigtau verklebte Blätter sind meist das Werk von gelblich weißen oder blassgrünen Blattläusen, die teils in Scharen an den Blattunterseiten sitzen. Die klebrigen Blätter überziehen sich öfter mit schwärzlichen Rußtaupilzen. Diese auf die Hasel spezialisierten Zier- und Blattläuse schädigen die Pflanzen ansonsten kaum.

Dasselbe gilt für weißliche Schild- und Wollläuse, die man mitsamt ihren gelben Larven ebenfalls an den Blattunterseiten fin-

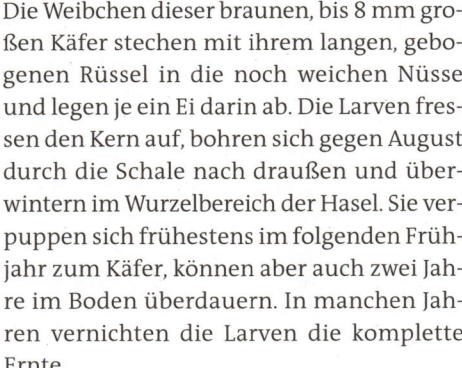

**Haselnussbohrer**
Wenn die Larven im Spätsommer die innen zerfressenen Nüsse verlassen, verbleibt ein großes Ausbohrloch.

det. Auch sie produzieren reichlich Honigtau.

**Schadbild:** Blätter klebrig, mit Honigtau überzogen; teils auch schwärzlich durch Ansiedlung von Rußtaupilzen.

**Zeitpunkt:** Ab April, bis Frühherbst.

**Abhilfe:** Stark befallene Blätter entfernen.

### Haselnussbohrer

Die Weibchen dieser braunen, bis 8 mm großen Käfer stechen mit ihrem langen, gebogenen Rüssel in die noch weichen Nüsse und legen je ein Ei darin ab. Die Larven fressen den Kern auf, bohren sich gegen August durch die Schale nach draußen und überwintern im Wurzelbereich der Hasel. Sie verpuppen sich frühestens im folgenden Frühjahr zum Käfer, können aber auch zwei Jahre im Boden überdauern. In manchen Jahren vernichten die Larven die komplette Ernte.

**Schadbild:** Schabe- oder Lochfraß an den Blättern; angefressene Blütenstiele. An jungen Früchten kleine Bohrlöcher, die wieder zuwachsen. In der Nuss eine gelblich weiße, bis 15 mm große Larve mit rotbraunem Kopf, häufig mit schwarzem, krümeligem Kot. Früchte im Spätsommer mit großem, rundlichem Bohrloch, oft vorzeitig abfallend.

**Zeitpunkt:** Befall ab Ende April/Mai; fällt oft erst an fast erntereifen Nüssen auf.

**Abhilfe:** Die Sträucher ab spätem Frühjahr regelmäßig auf Blattfraß und Bohrlöcher kontrollieren. Früh morgens die noch trägen Käfer auf eine Decke, Folie oder einen Karton abschütteln. Befallene Früchte frühzeitig entfernen, später auch abgefallene Nüsse. Mit einer Bodenbearbeitung im Spätsommer kann man die Larven und Puppen reduzieren, muss aber wegen des flachen Wurzelwerks vorsichtig vorgehen.

### Haselnusswanze

An der Haselnuss treten verschiedene Weichwanzen auf, vor allem die schwarze oder bräunliche, schmale, 5 mm große Haselnusswanze. Die Wanzen saugen an Blättern und teils auch an Knospen. Sie sind nur schwer an den Pflanzen zu finden, da sie sich bei Berührung sofort fallen lassen. Die besaugten Zellen sterben ab, was sich erst zeigt, wenn die betroffenen Pflanzenteile wachsen. Dann kommt es zu Verkrüppelungen und zu „Reißlöchern". Im Herbst legen die Wanzen ihre Eier an jungen Trieben ab. Daraus schlüpfen im Frühjahr blass gelbgrüne Larven.

Haselnusswanzen betätigen sich nebenbei als Nützlinge: Sie saugen auch Blattläuse und andere kleine Insekten aus.

**Schadbild:** Blätter mit unregelmäßig verteilten, verschieden großen Löchern, wirken teils zerrissen. Gelegentlich verkrüppelte Knospen und Früchte.

**Zeitpunkt:** Hauptsächlich Juni bis August.

**Abhilfe:** Vorbeugend übermäßige Stickstoffdüngung vermeiden. Ablesen oder Abspritzen lassen sich die flinken Tiere am ehesten früh morgens, wenn sie noch träge sind.

### Verschiedene Blattfresser

Die Raupen von Eulenfaltern und anderen Schmetterlingen machen sich manchmal über die Blätter her, ebenso die weißen, schwarz gepunkteten Larven der Birkenblattwespe und die dunkelbraunen Gartenlaubkäfer. Die Schäden halten sich meist in Grenzen; junge Sträucher haben es allerdings schwerer, sich von starkem Fraß zu erholen.

Kritischer können Heimsuchungen durch die grünen Raupen des Kleinen Frostspanners werden; ebenso durch die sehr gefräßigen, bis 7 cm großen, stark behaarten Raupen des Schwammspinners. Auffällig, aber nicht bedrohlich sind dagegen die Blattwickel der Hasel- und Birkenblattroller (beides kleine Käfer) sowie die weißen „Placken" der Haselnussminiermotte.

**Schadbild:** An den Blättern Rand- und Lochfraß, bis hin zum Skelettier- und Kahlfraß. Beim Frostspanner außerdem ab Frühjahr Blätter an den Zweigspitzen versponnen. Beim Schwammspinner ab Spätsommer große, gelblich braune, schwammige, wollige Eigelege an den Ästen. Beim Hasel- und Birkenblattroller kunstvoll eingerollte oder zusammengewickelte, teils verbräunte Blätter, in denen sich die orangegelben beziehungsweise weißen Larven befinden. Bei der Haselnussminiermotte kleine und größere, weißliche Flecken (Platzminen) auf den Blättern.

**Zeitpunkt:** Ab Frühjahr, hauptsächlich im Hoch- und Spätsommer.

**Abhilfe:** Die Schädlinge so früh und gründlich wie möglich absammeln oder abspritzen (Vorsicht, Schwammspinnerraupen können allergische Reaktionen auslösen!). Entdeckte Eigelege abbürsten oder abkratzen. Mehrmals ausgebrachte Quassia-, Rainfarn- oder Wermutbrühe und -jauche kann manche dieser Schädlinge eindämmen. Bei den Blattrollern und Miniermotten ist keine Bekämpfung nötig.

Zum Gartenlaubkäfer siehe auch Seite 182; zum Frostspanner siehe Seite 48; zum Schwammspinner siehe Schadspinnerraupen, Seite 56.

## → Graue Pilzbeläge

Sind die Früchte von einem grauen bis graubraunen, stäubenden Pilzbelag überzogen, hat der Grauschimmel (Botrytis) zugeschlagen (siehe S. 35). Diese Pilzkrankheit breitet sich vor allem nach anhaltend feuchtem Wetter aus.

## Haselnuss-Monilia

Monilia-Pilze verursachen an vielen Obstarten Fruchtfäulen. Dieser Erreger hat sich auf die Haselnuss spezialisiert und greift nicht auf Stein- oder Kernobst über.

**Schadbild:** Auf den Hüllblättern und Schalen unreifer Früchte kleine bräunliche Flecken, die sich vergrößern, schwarz werden und vertrocknen. Befallene Früchte bilden keinen Kern, schrumpfen und werden abgeworfen; teils Abstoßen ganzer Fruchtstände.

**Zeitpunkt:** Während der Fruchtreife, vor allem bei feuchtem Wetter.

**Abhilfe:** Vorbeugend dichte Sträucher auslichten, damit das Innere besser belüftet wird; übermäßige Stickstoffdüngung vermeiden. Stark befallene Blätter am Strauch und am Boden entfernen.

## Echter Mehltau

Echte Mehltaupilze zeigen sich meist durch weiße Überzüge auf den Blattoberseiten. Anders bei der Haselnuss: Hier findet man die Beläge an den Unterseiten. Der Pilz kann sich an warmen Tagen mit deutlich kühleren Nächten sowie bei hoher Luftfeuchte besonders gut ausbreiten. In der Regel verursacht er keine ernsthaften Schäden.

**Schadbild:** Blätter werden oberseits gelblich. Auf den Unterseiten ein weißer bis grauer Belag, der sich oft über die ganze Blattfläche ausbreitet; darin Bildung von kleinen gelben, rötlichen oder schwarzen Kügelchen (Fruchtkörpern). Bei starkem Befall Blattabwurf.

**Zeitpunkt:** Meist erst im Spätsommer und Herbst, bei sonnigem Wetter.

**Abhilfe:** Wie bei der Haselnuss-Monilia.

## Verschiedene Nussfresser

Reife Haselnüsse sind bei manchen Tieren begehrt, besonders bei Krähen, Eichelhähern, Kleibern und Eichhörnchen. Auch Haselmäuse sowie Siebenschläfer stellen sich per Gelegenheit zum Festmahl ein. Wenn genug für die Ernte übrig bleibt, kann man das als kleinen „Tribut an die Natur" ansehen. Die selten gewordenen Haselmäuse stehen ohnehin unter Naturschutz. Ansonsten bleibt einem nur das frühzeitige Abdecken mit einem Vogelschutznetz, das auch anderen Tieren den Zugang erschwert.

# Pflanzen schützen und stärken

Obst ist begehrt – auch bei vielen Lebewesen, die nicht zur Ernte eingeladen wurden. Die lassen sich nicht ganz aussperren oder gar ausmerzen. Aber man kann sie in die Schranken weisen.

**Im Erwerbsobstbau** spricht man heute nicht mehr gern von Routinespritzungen, sondern von „protektiven Behandlungen". Wobei viele Profis längst vom sturen Spritzen nach Plan abgekommen sind und sich an ausgetüftelten Befallsprognosen und Warndiensten orientieren.

Über solche Möglichkeiten und Kenntnisse verfügt man als Hobbygärtner normalerweise nicht. Aber Hobbygärtner haben einen grundlegenden Vorteil: Sie müssen nicht auf rentable Erträge und auf marktgängige Sorten setzen. So kann man im Garten nach Belieben nutzen und ausprobieren, was als widerstandsfähig gegen Schaderreger gilt und einem auch noch schmeckt; wobei man natürlich wieder von der Erfahrung der Fachleute profitiert.

Zudem können Sie den ausgewählten „Einzelstücken" im Garten Ihre ganze Aufmerksamkeit widmen, angefangen bei einer optimalen Standortwahl und Bodenvorbereitung. Diese Startbedingungen machen so manche Pflanzenschutzmaßnahme überflüssig. Das gilt ebenso für eine intensive Pflege und das Fördern von Nützlingen.

# Wehrhafte Pflanzen

Pflanzen können vor ihren Fressfeinden und Parasiten nicht weglaufen und diese nicht aktiv angreifen. Das heißt aber nicht, dass sie sich widerstandslos alles gefallen lassen.

**Die Stacheln der Brombeere,** die Dornen der Stachelbeere, die Bitter- und Gerbstoffe der Quitte und ihre giftigen, blausäurehaltigen Samen: Das sind typische, verbreitete Abwehrmechanismen im Pflanzenreich. Dazu kommen harte Außenhäute und Zellwände sowie Wachsüberzüge und strenge, vertreibende Düfte. Zum biochemischen Arsenal der Pflanzen gehören Phenole, die Pilzkrankheiten eindämmen, und Abwehrproteine, die beispielsweise die Verdauung der Fressfeinde beeinträchtigen.

## Natürliche Abwehrkräfte stärken

Die verschiedenen Abwehrstrategien wirken freilich nicht gleichermaßen gegen jeden Schaderreger. Wenn sich bestimmte Schädlinge und Krankheiten witterungsbedingt stark ausbreiten, befallen sie teils auch Pflanzen, die sie sonst meiden. Und falls die Gewächse bereits etwas angegriffen und gestresst sind, leidet ebenso wie bei uns ihr „Immunsystem": Sie werden anfälliger für Schaderreger.

So ergeben sich von selbst die wesentlichen Vorbeugungsmaßnahmen, die im Kapitel „Standortprobleme, Wetterschäden, Pflegefehler" (ab S. 13) beschrieben sind.

Wichtig ist außerdem das Vermeiden unnötiger Verletzungen, eine gute Schnittpraxis (siehe S. 206 f.) sowie besondere Fürsorge im Jugendstadium, um eine gesunde Entwicklung zu fördern.

## Sorten und Unterlagen

Die Anfälligkeit verschiedener Sorten, also von Züchtungen ein und derselben Art, kann sich stark unterscheiden. Gerade beim Obst trägt die langjährige, intensive Züchtungsarbeit wortwörtlich gute Früchte. Äpfel, die kaum von Schorf oder dem gefährlichen Feuerbrand befallen werden, Sauerkirschen ohne Monilia, mehltaufeste Stachelbeeren: Ähnlich widerstandsfähige Sorten gibt es von fast allen Obstarten. Da lohnt sich das gründliche Umsehen und Umhören. Auch alte Lokalsorten erweisen sich teils als sehr robust, nicht zuletzt, weil sie gut an das jeweilige Regionalklima angepasst sind.

Bei der Widerstandsfähigkeit gegen bestimmte Schaderreger lassen sich zwei Kategorien unterscheiden:

▶ **Resistente Sorten:** Sie verhindern oder begrenzen die Entwicklung bestimmter Schaderreger und bleiben so weitgehend immun.

▶ **Tolerante Sorten:** Sie „tolerieren" das Auftreten bestimmter Schaderreger so gut, dass Wachstum und Erntegut kaum beeinträchtigt werden; nur bei ungewöhnlich starkem Befall treten Schäden auf.

Allerdings finden Schaderreger immer wieder neue Wege, solche Resistenzen mit der Zeit zu knacken. Was heute noch als resistent gilt, kann in einigen Jahren „nur noch" tolerant sein oder sogar ähnlich anfällig wie ältere Sorten.

Die meisten Baumobstsorten sind auf Unterlagen veredelt, die ihr Wurzelwerk und die Stammbasis beisteuern. Die Unterlage prägt die Wuchsstärke des ganzen Baums und beeinflusst seine Frosthärte und Widerstandsfähigkeit gegen Krankheiten und Schädlinge. Das gilt auch für die Weinrebe, die durch reblausresistente Unterlagen gegen ihren schlimmsten Schädling gefeit ist.

# Nützlinge: Gärtners hungrige Helfer

An den zahlreichen Obstschädlingen kann man manchmal schon verzweifeln. Doch wenn man ihre Gegenspieler bewusst unterstützt, lassen sich etliche Plagegeister im Zaum halten.

**Die meisten Gärtner** wissen Marienkäfer, Igel, Meisen und Rotkehlchen als Nützlinge zu schätzen. Dazu können in einem belebten und abwechslungsreich gestalteten Garten ganze Heerscharen weiterer, oft unauffälliger Bewohner kommen, die unermüdlich Schädlinge fressen oder parasitieren.

Dabei ist es den Gartenbesuchern völlig egal, wen wir Freizeitgärtner als schädlich oder nützlich einstufen: Sie vertilgen, was nahrhaft ist und ihnen schmeckt, darunter teils auch andere Nützlinge und die gärtnerisch erwünschten Regenwürmer. Da aber die zahlreichsten und „saftigsten" Beutetiere bevorzugt werden, sorgen die Räuber immer wieder für einen Ausgleich, falls einmal Schädlinge überhandnehmen. Einige wertvolle kleine Helfer wie etwa Schlupfwespen und Raubmilben haben sich so auf bestimmte Wirtstiere spezialisiert, dass sie in großen Mengen gezüchtet werden.

## Unersättliche Insekten

Siebenpunkt- und Zweipunkt-Marienkäfer sind die bekanntesten Vertreter dieser beliebten Gartengäste. Es gibt aber auch gelbe, orange, braune und schwärzliche Arten mit bis zu 24 Punkten. Die Käfer und ihre plumpen, bewarzten Larven vertilgen täglich bis zu 150 Blattläuse. Teils stehen auch Schildläuse und andere Insekten sowie Spinnmilben und sogar Mehltaupilze auf dem Speiseplan.

Die etwa 1,5 cm langen Florfliegen, auch als Goldaugen bekannt, haben fein geäderte, leicht schillernde Flügel. Sie sind vorwiegend in der Dämmerung unterwegs und ernähren sich von Pollen, Nektar und Honigtau. Ihre bräunlichen Larven dagegen saugen kleine Insekten aus. Eine Larve putzt so in drei Wochen bis zu 500 Blattläuse weg und trägt deshalb den Ehrentitel „Blattlauslöwe". Zu den Beutetieren zählen außerdem Schildläuse, Thripse, Zikaden, Käferlarven, Raupen und Milben.

Die meist nur 5–10 mm großen Schwebfliegen erinnern an kleine Wespen und können durch schnellen Flügelschlag längere Zeit an derselben Stelle „schweben". Sie leben wie die Florfliegen von Pollen und Nektar. Ihre Larven sind ebenfalls eifrige Blattlausverzehrer und legen damit teils schon zeitig im Frühjahr los. Je nach Art fressen sie auch Larven von Schmetterlingen, Blattwespen und Käfern.

Ohrwürmer werden von manchen Obstfans misstrauisch beäugt: Denn in trockenen Sommern schädigen gelüstet es diese Insekten nach saftiger Pflanzennahrung Doch viel lieber greifen sich die nachtaktiven Tiere mit ihren langen Zangen Blattläuse, kleinen Raupen und Spinnmilben. Pro Nacht frisst ein Ohrwurm bis zu 150 Blattläuse.

Die zierlichen Gallmücken kennt man vor allem als Schädlinge, etwa an der Himbeere. Es gibt aber auch Arten, die helfen, Blattläuse einzudämmen. Ihre rötlichen, rund 3 mm großen Larven stechen bevorzugt junge Läuse an und saugen diese aus.

Am Boden räumen die meist metallisch schwarzen oder braunen Laufkäfer auf. Sie jagen Insekten sowie Milben, Würmer und Schnecken. Auch die Raubwanzen, kleine, flache Tiere mit oft farbig gemusterten Flügeldecken, leben meist am Boden. Sie räubern unter Blattläusen, Blattsaugern, Blattwespen, Spinnmilben, Thripsen, Raupen und Zikaden.

## Clevere Parasiten

Die artenreichen Schlupfwespen ernähren sich hauptsächlich von Honigtau und Nektar. Sie sind meist nur 5–10 mm groß, überwiegend schwarz oder dunkelbraun, manchmal wespenähnlich gezeichnet. Dazu gehören auch die metallisch glänzenden Erz- und Zehrwespen. Schlupfwespen legen ihre Eier in Läusen, Raupen, Käfern, Blattwespen oder Fliegen ab, je nach Art. Ihre Larven fressen dann die Insekten von innen auf.

Die teils schillernd gefärbten Raupenfliegen ähneln Stuben- oder Schmeißfliegen, halten sich aber nur draußen auf, gern in Hecken und Sträuchern. Auch ihre Larven entwickeln sich parasitisch in anderen Insekten, vor allem in Schmetterlingsraupen, etwa von Frostspanner und Schwammspinner; außerdem in Afterraupen von Blattwespen, teils auch in Käfern und Wanzen.

## Lauernde Spinnentiere

Spinnen wie die Gartenkreuzspinne bauen Netze und lauern dann in Verstecken, um sich verfangende Tiere mit Spinnenfäden zu umwickeln und gemütlich zu zersetzen. Im Spätsommer und Herbst fangen die Netzbauer oft Schadinsekten wie Blattläuse auf dem Weg ins Winterquartier ab. Andere Spinnen schnappen sich ihre Beute einfach im Lauf oder Sprung.

Zu den Spinnentieren gehören auch die meist nur 0,3 mm kleinen, rötlichen oder gelblichen Raubmilben. Sie halten sich mit Vorliebe zwischen Obstbäumen auf und überwintern vor allem in Rindenschuppen. Die flinken Winzlinge sind die wichtigsten Gegenspieler der Spinnmilben und räubern je nach Art auch unter Blatt- und Schildläusen, Blattsaugern und Thripsen.

### → Raubmilben ansiedeln

Wenn die Besitzer von alt eingewachsenen Obstanlagen und Streuobstwiesen einverstanden sind, können Sie dort über Sommer einige Zweige mit starkem Raubmilbenbesatz herausschneiden. Hängen Sie diese dann in Ihre Bäume im Garten – am besten, wenn sie bereits von Spinnmilben befallen sind und so gleich „Futter" liefern.

Eine andere Möglichkeit sind Fanggürtel aus Filzstreifen, die im Herbst an älteren Bäumen angelegt werden. Haben sich darunter Raubmilben verkrochen, werden sie im Frühjahr mitsamt Fanggürtel an die jungen Bäume umgesiedelt.

## Nimmersatte Säugetiere

Beim Obst sind die „untypischsten" Säugetiere die wichtigsten Nützlinge: die Fledermäuse. Meist nachts oder in der Dämmerung unterwegs, machen sie vorwiegend Jagd auf andere Nachtschwärmer, vor allem auf Schmetterlinge und ihre Raupen, darunter Frostspanner, Motten, Wickler und Eulenarten; außerdem auf Käfer, Mücken und Fliegen.

Igel verbringen den Tag gern in einem ruhigen, verborgenen Nest. Um für den Tagschlaf und ab Herbst für den Winterschlaf Reserven zu sammeln, gehen sie nachts auf die Pirsch. Sie vertilgen allerlei Insekten und deren Larven, Schnecken, Würmer, sogar junge Mäuse.

Spitzmäuse sind trotz ihrer scheinbaren Ähnlichkeit nicht mit Mäusen und anderen

**Hilfen für Igel im Garten**
**1** Solch ein Igelhaus kann man leicht selbst bauen.
**2** Gute Igelkuppeln aus dem Fach-handel sind meist aus Holzbeton und haben einen Isolier-boden.

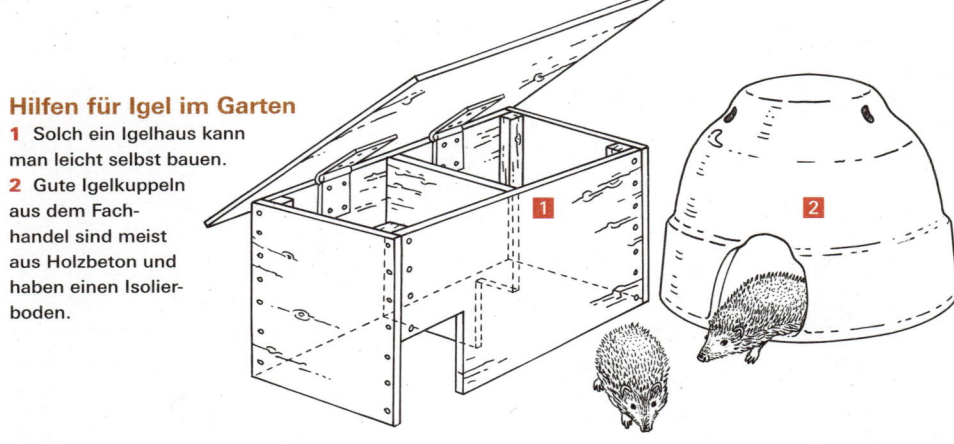

Nagetieren verwandt. Ein deutliches Unterscheidungsmerkmal ist ihre lange, spitze, rüsselartige Schnauze. Die grauen bis braunschwarzen, bis 8 cm großen Tiere tragen meist einen langen Schwanz. Sie sind überwiegend nachts unterwegs, legen Baue an oder schlüpfen tagsüber in Erdspalten unter. Sie verspeisen massenhaft Schnecken, Insekten und deren Larven, Spinnen und Würmer.

Maulwürfe reduzieren etliche Bodenschädlinge. Wurzeln und andere Pflanzenteile dagegen interessieren sie nicht. Mit ihrer Wühltätigkeit in Rasen und Beeten können sie allerdings lästig werden. Man kann dann versuchen, sie mit käuflichen Vergrämungsmitteln zu vertreiben oder mit einer Mixtur aus Molke und Buttermilch, die man in die Gänge schüttet. Maulwürfe sollten aber keinesfalls getötet werden, denn sie stehen unter Naturschutz. Die Maulwurfgänge sind anders als die der Wühlmäuse (siehe S. 65) rundlich bis queroval und lassen sich meist schon anhand der großen, lockeren Erdhaufen unterscheiden.

**Jagdlustige Vögel und Reptilien**
Vögel wurden noch Mitte des 20. Jahrhunderts vor allem als Obstschädlinge eingestuft. Dass das nicht ganz verkehrt ist, weiß wohl jeder Obstliebhaber. Doch die meisten Gartenvögel sind in erster Linie Insektenfresser und versorgen ihre Brut mit Unmengen an Raupen, anderen Larven, Kleininsekten und Milben. Rund 30 Kilogramm „Lebendfutter" pro Vogel und Jahr sind keine Seltenheit; ein Meisenpärchen kann bis zu 75 Kilogramm Insekten an seinen Nachwuchs verfüttern. Rotkehlchen, Zaunkönig, Gartenrotschwanz, Kleiber, Feldsperling, Amseln und Drosseln: Sie alle regulieren sehr effektiv das Kleingetier.

Eidechsen lieben sonnige Steingärten und Trockenmauern. Hier können sich die Tiere auf dem warmen Gestein aufwärmen, um dann der Jagd auf Fliegen, Asseln und Würmer nachzugehen. Blindschleichen mögen es dagegen feucht und schattig. Sie sind hauptsächlich in den Morgen- und Abendstunden unterwegs und erbeuten Schnecken, Raupen und Würmer.

**Der Natur abgeschaut**

**Artgerechte Vogelnistkästen** in der Nähe von Obstbäumen gehören zu den besten Maßnahmen gegen Schädlinge, von Blattläusen über Fliegenmaden bis zu den Larven des Apfelwicklers. Wer Höhlenbrüter-Nisthilfen aufhängt, kann mit etwas Glück einen Buntspecht begrüßen: Der pickt überwinternde Larven, Puppen und holzschädigende Käfer gründlich aus den Rindenritzen.

**Die Helfer einladen und bewirten**

Mit einladenden Angeboten können Sie dafür sorgen, dass eine Vielzahl von Nützlingen Ihren Garten besucht und sich darin ansiedelt. Die hungrigen Helfer brauchen vor allem geeignete Rückzugs- und Nistplätze sowie ein passendes Nahrungsangebot – zusätzlich zum ohnehin vorhandenen „Schädlingsfutter".

Da die erwachsenen Vögel häufig von Beeren und die Insekten oft von Nektar und Pollen leben, können Sie schon mit der Bepflanzung viel für die Nützlinge tun. Dazu gehören Wildsträucher, Blütenhecken und Fruchtgehölze wie Eberesche, Hartriegel, Holunder, Wildrosen – und nicht zuletzt Obstbäume. Ein älterer Obstbaum beherbergt unter seinem schützenden Kronendach unzählige kleine Helfer. Sie können sich zwischen den Ästen, in Rindenritzen und -spalten verstecken und dort überwintern. Auch Vögel und Fledermäuse lieben solche Bäume, denn da gibt es immer Kleingetier zu picken und zu erbeuten. Sicherlich nisten sich auch Schädlinge ein. Aber unterm Strich kommen sie kaum zum Zug, weil die Nützlinge schnell zur Stelle sind.

Nützlingsinsekten freuen sich besonders über Wildblumenwiesen und -streifen. Schwebfliegen und Schlupfwespen schätzen Doldenblütler wie Dill, Fenchel und Wilde Möhre, viele Nützlinge auch Ringelblume, Schafgarbe, Kornblume, Margerite, Kamille, Borretsch, Klatschmohn, Bienenfreund (Phacelia) und sogar blühende Brennnesseln.

Fledermäuse und Ohrwürmer sind „Freunde der Nacht". Sie können sie bei ihrer Suche nach nachtaktiven Insekten unterstützen, indem Sie Abend- und Nachtdufter wie Geißblatt, Kartoffelrose, Gemshorn, Duftleimkraut und Nachtkerze anpflanzen.

Ruhige Gartenecken, in denen etwas Wildwuchs geduldet wird, laden Nützlinge ein. Steinhaufen, Reisig- und Laubhaufen bieten ihnen Unterschlupf und Winterplätze. In Schuppen, Dachböden und ähnlichen kühlen Außenräumen überwintern Marienkäfer, Florfliegen und Fledermäuse, wenn sie Zugang über Ritzen, Spalten und Einfluglöcher finden.

Die zahlreichen kleinen Nützlinge im Boden können Sie durch eine gute Humusversorgung und Mulchen mit organischen Materialien unterstützen.

Daneben gibt es spezielle Angebote für Nützlinge, die man teils leicht selbst herstellen, teils über den Fachhandel beziehen kann. Dazu gehören:

- **Nisthilfen für Insekten:** Hartholzblöcke und -scheiben mit unterschiedlich großen Bohrlöchern, Lochziegel, gelochte Tonklötze, Schilfrohr- und Strohbündel. Solche Vorrichtungen lassen sich auch prima in einem überdachten „Insektenhotel" vereinigen.
- **Florfliegenquartiere:** Mit rotem Anstrich, der die Tiere anlockt. Sie werden ab Mitte September in 1,5 bis zwei Meter Höhe als Überwinterungshilfen aufgehängt oder aufgestellt.
- **Unterschlupf für Ohrwürmer:** Tontöpfe, die an Obstbaumästen oder Pfählen mit der Öffnung nach unten aufgehängt und mit Holzwolle oder Stroh gefüllt werden.
- **Hilfen für Vögel:** Artgerechte, katzensicher angebrachte Nistkästen und -geräte; außerdem Wassertränken und über Winter geeignetes Futter in überdachten, regelmäßig gereinigten Futterhäuschen.
- **Nisthilfen für Fledermäuse:** Hier eignen sich je nach Art Rundhöhlen, Flachkästen oder spezielle Nisthöhlen für Spaltenbewohner wie Zwergfledermäuse. Die Nisthilfen dienen ihnen teils auch zum Überwintern.
- **Unterschlupf für Igel:** Igelkuppel (Fachhandel) oder ein Igelhaus aus Holz.

## → Vorsicht beim Spritzen

Verzichten Sie möglichst auf breit wirksame Pflanzenschutzmittel, die kaum Unterschiede zwischen Schädlingen und Nützlingen machen. Auch einige Mittel auf Naturstoffbasis können Nützlinge erfassen. Das gilt ebenso für manche selbst hergestellten „Hausmittel", etwa mit Schmierseifenbrühe und Brennspirituszusätzen sowie mit Rainfarn und Wermut.

### Nützlinge gezielt einsetzen

Auf das Züchten von Nützlingen spezialisierte Firmen bieten etliche Arten für die Bekämpfung verschiedener Schädlinge an. Viele dieser nützlichen Tiere eignen sich allerdings nur für den Einsatz im Gewächshaus oder Wintergarten. Das kann bei geschützt überwinterten Obstgehölzen in Kübeln hilfreich sein. So gibt es beispielsweise Schlupfwespen und Marienkäfer zum Bekämpfen von Schildläusen.

Zunehmend bieten die Nützlingszüchter aber auch geeignete Helfer für draußen an, besonders gegen Obstschädlinge. Dazu gehören:

- Trichogramma-Schlupfwespen gegen Apfelwickler, Apfelschalenwickler,

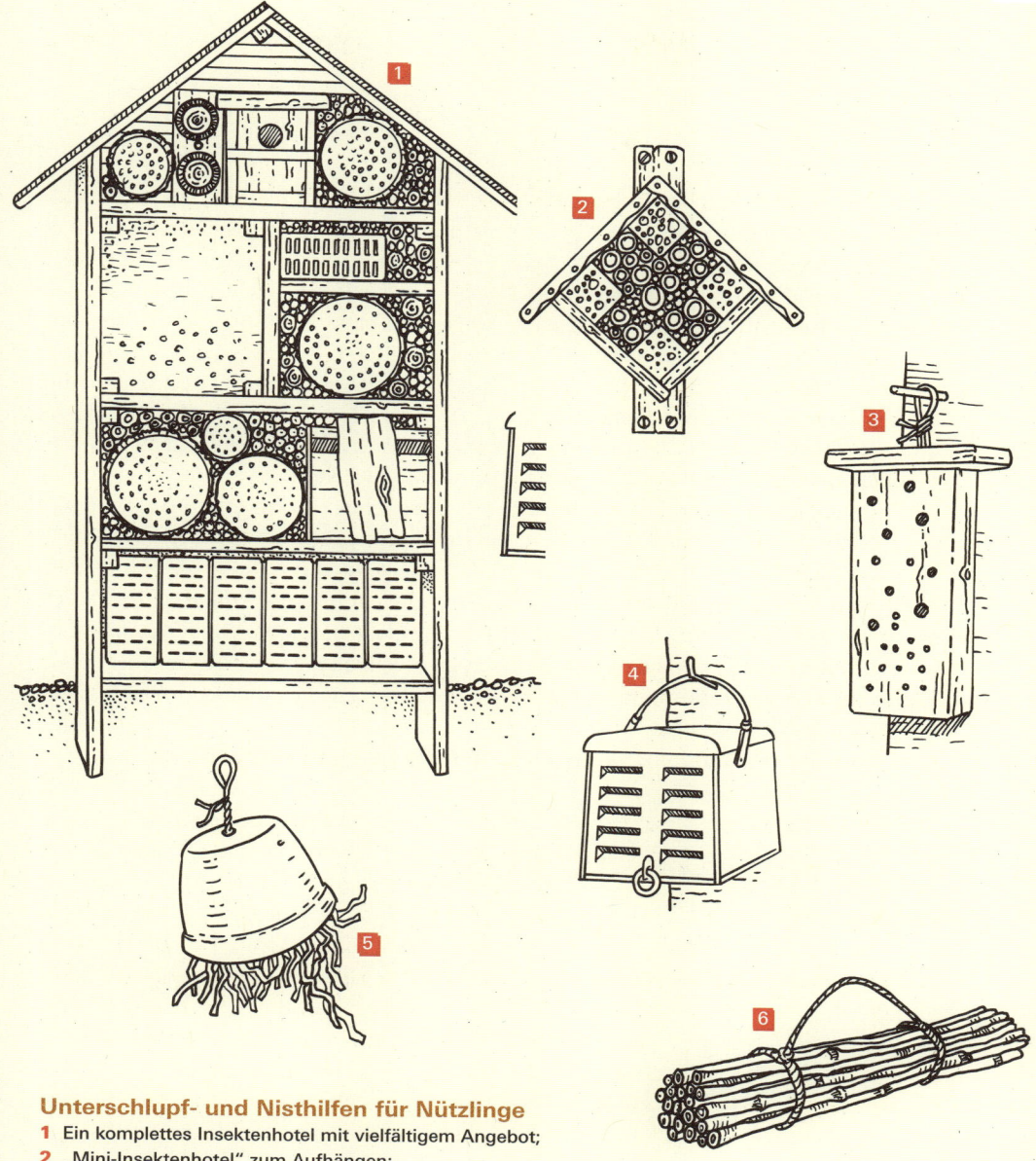

## Unterschlupf- und Nisthilfen für Nützlinge

1 Ein komplettes Insektenhotel mit vielfältigem Angebot;
2 „Mini-Insektenhotel" zum Aufhängen;
3 überdachter Holzblock mit Bohrlöchern für verschiedene Nützlinge;
4 Florfliegenquartier (rot gestrichen);
5 mit Stroh gefüllter Ohrwurmtopf;
6 Schilfbündel für Wildbienen und andere Kleininsekten.

Pflaumenwickler, Traubenwickler und Blattläuse

- ▶ Raubmilben gegen Spinnmilben
- ▶ Marienkäfer, Florfliegen und Gallmücken gegen Blattläuse
- ▶ Nematoden gegen Apfel- und Pflaumenwickler, Dickmaulrüssler, Gartenlaubkäfer, Maulwurfsgrille und Schnecken

Von manchen Anbietern findet man im Gartenfachhandel Bestellkarten für Nützlinge, bei anderen kann man nur direkt bestellen. Die Tiere werden je nach Art als Eier, Larven oder erwachsene Tiere geliefert, beispielsweise in Tüten mit Blattstücken oder auf Kartonrähmchen, und dann an den Bäumen und Sträuchern verteilt. Man sollte sich vorher genau über die jeweiligen Ansprüche der Nützlinge informieren – und gegen welche Schädlinge sie helfen. Besonders die Schlupfwespen sind je nach Art auf unterschiedliche Wirtstiere spezialisiert. Die Versender geben in der Regel auch genaue Hinweise, wie viele Nützlingskarten zum Beispiel je Gehölz oder pro Quadratmeter nötig sind, über den optimalen Zeitpunkt und die besten Wetterverhältnisse zum Ausbringen. Solche Informationen findet man meist auch ganz aktuell jeweils auf ihren Webseiten.

Einfacher ist die Anwendung von Nematoden-Präparaten gegen Bodenschädlinge. Man erhält sie in Tonpulver oder ähnlichen Substanzen, löst diese Präparate in Wasser auf und gießt sie auf dem Boden aus. Nematoden gegen die Larven von Apfel- und Pflaumenwickler dagegen müssen im Herbst gezielt in deren Verstecke hinter der Borke gespritzt werden.

**Keine Pflanzenschutzmittel –** Schon einige Wochen vor einem Nützlingseinsatz sollten keine Pflanzenschutzmittel ausgebracht werden.

# Fernhalten, abfangen, eindämmen

Netze, Fallen, Fanggürtel: Das sind Hilfsmittel, die schon zum bewährten Repertoire unserer Vorväter gehörten und durch moderne Utensilien verbessert und ergänzt wurden.

**Mit recht einfachen Mitteln** wie Wellpappegürteln, Leimringen oder Schutznetzen kann man manche Schädlinge bereits sehr wirkungsvoll im Zaum halten. Ansonsten sind Augen und Hände gefragt: Der prüfende Blick, schon über Winter und im Vorfrühling, ermöglicht zeitiges Eingreifen; das frühe Absammeln von Schädlingen und Wegschneiden kranker Triebe macht teils schon weitere Maßnahmen überflüssig.

Das Begutachten, die „Handarbeit" oder auch das Auflegen von Netzen werden natürlich umso schwieriger und aufwendiger, je größer die Gehölze sind. Dies gilt aber genauso für das Ausbringen von Pflanzenschutzmitteln. Bei großen Bäumen gehört deshalb auch eine stabile, sicher aufstellbare Leiter zum wichtigen Zubehör für alle Pflanzenschutzmaßnahmen. Aber die sollte man ja ohnehin bereithalten, für den Schnitt und später für eine bequeme Ernte.

## Abschirmen und aussperren

Kultur- und Insektenschutznetze werden beim Gemüse schon länger eingesetzt, um Gemüsefliegen und andere Schädlinge fernzuhalten. Vor allem mit dem Auftreten der Kirschessigfliege (siehe S. 61) hat man die Vorzüge solcher Netze auch für Erdbeeren, Brombeeren und andere Obstarten entdeckt. Auch Spalierobst kann ganz gut mit vorgespannten Netzen geschützt werden. Ob sie die Kirschessigfliege tatsächlich effektiv abwehren können, ist allerdings umstritten. Feinmaschige Netze (mit 0,8 x 0,8 mm Maschenweite) helfen da noch am ehesten. Sie schränken aber die Luftzufuhr ein wenig ein, was beim Abdecken von Früchten nicht ganz unproblematisch ist. Unter Umständen kann das sogar Pilzkrankheiten fördern. Trotzdem lohnt es sich, das noch recht neue Terrain „Kulturschutznetze für Obst" durch eigenes Ausprobieren zu erforschen.

Bereits bewährt haben sich solche Netze gegen gefiederte Obstpicker, ebenso wie „richtige" Vogelschutznetze. Wählen Sie auch für diesen Zweck recht feine Maschen. In grobmaschigen Netzen können sich die Vögel verfangen und schlimmstenfalls qualvoll verenden.

Abschreckungsmittel wie Vogelscheuchen oder flatternde Stanniolstreifen beeindrucken gefiederte Mitesser höchstens kurzzeitig. Noch weniger scheinen akustische Wühlmausvertreiber auszurichten.

## Locken und fangen

Wellpappegürtel zum Abfangen von Apfel- und Pflaumenwicklerraupen, Saftfallen für Johannisbeerglasflügler, Wühlmausfallen, Kartoffelstücke als Köder für Drahtwürmer: Solche bewährten Hilfsmittel sind bei den jeweiligen Schädlingen beschrieben.

Besonders fein ist es, wenn einem die Schädlinge auf den Leim gehen. Das gelingt gut mit Leimringen für am Stamm hochkriechende Frostspannerweibchen und mit gelben Leimtafeln für Kirschfruchtfliegen. An leimbeschichteten Weißtafeln bleiben Sägewespen hängen, an Gelbtafeln Zikaden und Weiße Fliegen, an Blautafeln Thripse. Manche dieser Leimtafeln dienen aber vor allem der Befallskontrolle, damit man möglichst frühzeitig entsprechende Mittel einsetzen kann. Das Abfangen der „Kontrolltire" ist dann eher ein praktischer Nebeneffekt. Dasselbe gilt für Pheromonfallen, etwa gegen Apfel- und Pflaumenwickler. Im spezialisierten Fachhandel gibt es solche Fallen zum Beispiel auch gegen Blausieb und Schnellkäfer (Drahtwürmer).

## Entfernen und beseitigen

Sitzen Schädlinge wie Blattläuse, Raupen und Käfer gut erkennbar an den Pflanzen,

### Der Natur abgeschaut

**Verlockende Sexdüfte:** Pheromonfallen enthalten synthetische Sexuallockstoffe, die den Geruchssignalen der paarungsbereiten Weibchen nachgebildet sind – ganz arttypisch, sodass zum Beispiel nur Apfelwickler darauf reagieren. Dadurch ziehen die Fallen die Männchen an, die darin auf Leim kleben bleiben. Die Weibchen warten vergeblich auf die Begattung und können entsprechend keine Eier ablegen. Treten nur wenige Schädlinge auf, ist das schon recht effektiv. Aber bei immer wieder neuem Zuflug von Männchen reicht diese Wirkung nicht aus. Dann sind die Fallen vor allem für die Flugkontrolle hilfreich.

lassen sie sich oft schon durch frühzeitiges Entfernen im Zaum halten. Je nach Schädlingsart und -größe kann man sie ablesen, abstreifen, zerquetschen, abbürsten oder mit kräftigem Wasserstrahl abspritzen. Prüfen Sie dabei immer die Blattunterseiten!

Stark von Krankheiten oder festsitzenden Schädlingen befallene Blätter, Früchte und Triebe werden am besten beseitigt beziehungsweise weggeschnitten, um einer weiteren Ausbreitung vorzubeugen. Da viele Schaderreger im Boden oder an Pflanzen-

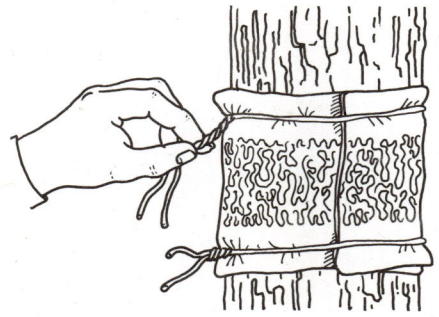

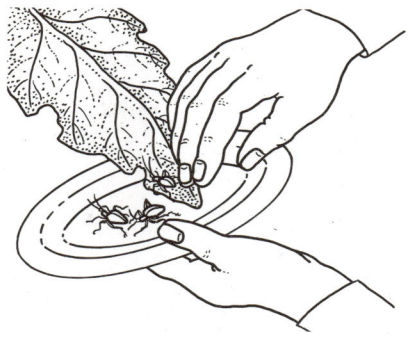

### Abfangen und einsammeln

Von September bis Mitte März an Obstbaumstämmen und Pfählen angebrachte Leimringe fangen die hochkriechenden Frostspannerweibchen ab, bevor sie sich paaren und Eier ablegen können.

An den Blattunterseiten sitzende Plagegeister kann man teils einfach auf einen unter die Triebe gehaltenen Teller oder Karton abklopfen – und so auch den Befall kontrollieren.

resten überdauern, sollte man nach einem Befall im Herbst auch verwelkte Blätter und verbliebene Fruchtreste von Baum und Boden entfernen.

Schwer befallene, nicht mehr zu rettende Triebe, Zweige und Äste schneidet man großzügig bis ins gesunde Holz zurück. Betroffene Rindenpartien werden ausgeschnitten und dann ebenso wie große Sägeschnitte mit einem Wundverschlussmittel behandelt.

Säubern Sie nach solchen Aktionen alle Scheren, Sägen und Messer sehr gründlich, damit sie nicht zum Risiko für neue Infektionen werden. Bei Pilz- und anderen Krankheiten ist Desinfizieren mit Alkohol oder Wasserstoffperoxid ratsam. Klingen und Sägeblätter können auch durch Abflammen oder kochendes Wasser desinfiziert werden.

Es fällt einem oft schon schwer, Bäume ihrer Äste zu berauben. Noch mehr Überwindung kostet es, einen Obstbaum komplett zu roden. Aber das ist bei gefährlichen Krankheiten oft die einzige und beste Lösung, bevor noch weitere Gehölze infiziert werden. Dabei ist es meist ratsam, auch die Wurzeln möglichst komplett zu entfernen.

Ein Kompost kann zwar durch seine Verrottungswärme manche Erreger unschädlich machen. Darauf sollte man aber nicht bauen und erkrankte Pflanzenteile besser in den Müll geben oder, sofern zulässig, verbrennen. Erkundigen Sie sich beim zuständigen Gartenamt oder Abfallbetrieb, wie Sie größere Mengen an Pflanzenresten am besten entsorgen können.

### → Baumstämme abbürsten?

Ältere Baumstämme haben oft eine recht lockere, abblätternde Borke. Solche Borken bieten Schädlingen und ihren Eigelegen einen guten Überwinterungsort. Vorbeugend können Sie deshalb die Stämme im Spätherbst mit einer Drahtbürste oder einem Baumkratzer von losen Teilen und Belägen befreien. Das empfiehlt sich aber nur bei häufigen Problemen mit typischen Rindenüberwinterern wie Frostspanner, Apfelwickler und Spinnmilben. Denn in der Borke finden auch viele Nützlinge Unterschlupf.

# Pflanzenauszüge und Pflanzenstärkungsmittel

Pflanzen wissen sich mit verschiedenen Inhaltsstoffen zu wehren. Das kann man sich mit Extrakten und pflanzlichen Stärkungsmitteln zunutze machen.

→ **Selbst hergestellte Pflanzenauszüge** und käufliche Pflanzenstärkungsmittel schöpfen aus dem vielfältigen Abwehrrepertoire der Natur: ätherische Öle, Senföle, stärkende Kieselsäure und ähnliche Inhaltsstoffe, die Schaderregern einen Befall erschweren. So machen sie oft den Griff zu chemischen Pflanzenschutzmitteln entbehrlich. Es gibt allerdings zur Wirksamkeit der natürlichen Extrakte recht unterschiedliche Einschätzungen und Erfahrungen. Doch man findet auch echte „Perlen" darunter. Wie so oft, geht hier Probieren über Studieren.

## → Ruhig öfter einsetzen

Pflanzenauszüge und -stärkungsmittel bringt am besten alle ein bis zwei Wochen vorbeugend aus, bei einem akuten Befall etwas häufiger. Sie empfehlen sich besonders für „kritische" Phasen, vor allem nach pilzfördernden Regenperioden oder auch in trockenen Sommerwochen mit erhöhter Schädlingsgefahr.

## Pflanzenauszüge selbst herstellen

Für Pflanzenauszüge kursieren unzählige Rezepte, mit allen möglichen und unmöglichen Zutaten. Die folgende Übersicht bietet davon eine kleine, aber recht gut bewährte Auswahl. Viele dieser Zubereitungen wirken vor allem vorbeugend, können teils aber auch Schädlinge und Krankheiten aktiv eindämmen. Die „Rohstoffe" wie Zwiebeln, Brennnessel und Schafgarbe liefert oft schon der Garten. Andere wie Ackerschachtelhalm und Rainfarn kann man in der Landschaft sammeln, in Fachgeschäften oder über Spezialversender beziehen; Wermutkraut mit verlässlichem „Wirkstoffgehalt" bekommt man auch in der Apotheke.

Man unterscheidet folgende Zubereitungsarten:

▶ **Brühe:** Pflanzenteile 24 Stunden in kaltem Wasser einweichen, dann 20 bis 30 Minuten bei geringer Hitze sieden lassen, nach Abkühlung absieben.
▶ **Tee:** Pflanzenteile mit kochendem Wasser übergießen, 10 bis 15 Minuten ziehen lassen, abseihen; nach Abkühlung verwendungsfähig.

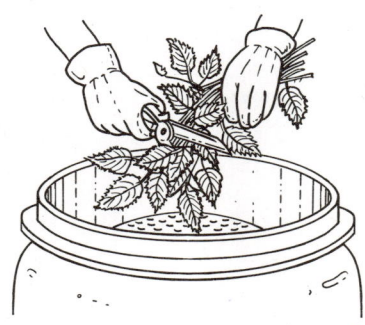 

**Zubereitung von Pflanzenjauchen**
Das Frischkraut wird möglichst gut zerkleinert. Dann füllt man die Tonne mit Wasser auf, am besten ist Regenwasser. Bis zum Gären wird der Behälter nicht abgedeckt.

▶ **Kaltwasserauszug:** Pflanzenteile ein bis zwei Tage in kaltes Wasser legen, anschließend absieben.

▶ **Jauche:** Pflanzenteile in einer Tonne ansetzen und mit Wasser übergießen. Die Tonne an sonnigem Platz aufstellen und täglich umrühren, zur Geruchsbindung etwas Gesteinsmehl zugeben und dann gären lassen. Nach Abklingen der Bläschen- und Schaumbildung und Absinken der Pflanzenreste zum Boden ist die Jauche verwendungsfähig.

Auch wenn es sich um „reine Natur" handelt, sollte man solche Auszüge nicht allzu freizügig verteilen. Was gegen Schädlinge wirkt, kann grundsätzlich auch Nützlinge beeinträchtigen. Wermut und Rainfarn zum Beispiel enthalten das Nervengift Thujon, das in sehr hoher Dosis sogar für Menschen gefährlich werden kann. Wird Brennspiritus (maximal drei Prozent) als Zusatz verwendet, ist besondere Vorsicht geboten. Damit die Mittel besser an den Pflanzen haften,

können Sie etwas Schmierseife zusetzen, am besten reine Kaliseife.

**Pflanzenstärkungsmittel**

Was früher nur Biogärtner nach eigenen Rezepturen herstellten, ist mittlerweile zum festen Marktsegment des Fachhandels geworden. Pflanzen- und Algenextrakte, ätherische Öle, Huminsäuren, Silizium – solche und ähnliche Substanzen werden in den unterschiedlichsten Mischungen als fertige Pflanzenstärkungsmittel angeboten.

Das Bundesamt für Verbraucherschutz und Lebensmittelsicherheit nimmt solche Pflanzenstärkungsmittel in eine Liste auf. Voraussetzung dafür ist allerdings nur, dass die Mittel bei bestimmungsgemäßer Anwendung keine schädlichen Auswirkungen auf Mensch und Umwelt haben. Aber auch, dass sie andererseits nicht „zu wirksam" sind – denn in diesem Fall müssten sie das aufwendige und teure Zulassungsverfahren für Pflanzenschutzmittel durchlaufen.

# Bewährte Pflanzenauszüge

Faustregel: jeweils 100 bis 150 Gramm frisches oder 10 bis 20 Gramm getrocknetes Kraut auf 1 Liter Wasser ansetzen, soweit in der Übersicht nicht anders angegeben. Oft müssen die Zubereitungen vor dem Spritzen oder Ausgießen verdünnt werden (zum Beispiel 1:5 = ein Teil Extrakt auf fünf Teile Wasser). Zum Spritzen kann man etwas Kalischmierseife als Haftmittel hinzufügen.

| Pflanzenteile | Zubereitung | Einsatzbereich (Verdünnung) |
|---|---|---|
| Ackerschachtelhalmkraut | Brühe, Jauche | Pilzkrankheiten, Spinnmilben (1:5) |
| Brennnesselkraut | Kaltwasserauszug | Blattläuse, Weiße Fliegen (unverdünnt) |
| Farnkraut (Wedel von Adler- und Wurmfarn) | Jauche | Blatt-, Schildläuse, Schnecken (1:10); Pilzkrankheiten (unverdünnt) |
| Knoblauchzehen (frisch, 70 g) | Tee | Pilz- und Bakterienkrankheiten (unverdünnt), Spinnmilben (1:5) |
| Meerrettichblätter und –wurzeln (frisch, 30 g) | Brühe | Pilzkrankheiten (unverdünnt) |
| Rainfarn, blühendes Kraut (frisch 30 g, getrocknet 3 g) | Tee, Brühe, Jauche | Verschiedene Schädlinge (Tee 1:3, andere Zubereitungen unverdünnt) |
| Schafgarbe, blühendes Kraut | Kaltwasserauszug | Pilzkrankheiten (1:10) |
| Tomatenkraut | Kaltwasserauszug | Verschiedene Insekten (unverdünnt) |
| Wermut, blühendes Kraut (frisch 30 g, getrocknet 3 g) | Tee, Brühe | Blattläuse und andere kleine Schädlinge (unverdünnt) |
| Wermut, blühendes Kraut (wie zuvor genannt) | Jauche | Raupen, Läuse, Ameisen (unverdünnt) |
| Zwiebelschalen und -blätter | Jauche | Pilzkrankheiten (1:10) |

# Pflanzenschutzmittel – mit Bedacht einsetzen

Zurückhaltung ist bei Pflanzenschutzmitteln immer angebracht. Doch die meisten Mittel, die es heute für den Hobbygarten gibt, kann man ohne größere Bedenken einsetzen.

**Das war noch bis ins späte 20. Jahrhundert ganz anders:** Da wurden sorglos hochgiftige Mittel gespritzt, im Obstbau oft routinemäßig – und viele Hobbygärtner hielten das genauso. Namen wie Quecksilber, DDT, E 605 und Lindan sind mittlerweile Schlagworte für dramatische Sünden jener Zeit: Sie stehen für chronische Erkrankungen, Vogel- und Bienensterben und jahrzehntelange Belastung von Böden und Grundwasser.

Schließlich sah sich der Gesetzgeber gezwungen, die Notbremse zu ziehen. In Deutschland wurden ab Ende der 1970er Jahre immer mehr gefährliche Wirkstoffe aus dem Verkehr gezogen. Für den Haus- und Kleingartenbereich sind die Zulassungskriterien heute besonders streng.

Gerade beim Obst ist derzeit nur eine sehr überschaubare Zahl an Mitteln und Wirkstoffen zugelassen, darunter Naturstoffe wie Rapsöl und Kaliseife sowie die biologischen Bacillus- thuringiensis-Präparate. Solche Mittel sind dann doch meist wirksamer als eigene Pflanzenauszüge. Schließlich gehört zu den Zulassungsvorschriften für Pflanzenschutzmittel auch eine Wirksamkeitsprüfung.

Sinnvollerweise sind von den Zulassungsbehörden etliche Mittel als „umwelt-

**Keine Verharmlosung –** Kein Mittel, das wirken soll, kann völlig „harmlos" sein. Bei unvorsichtigem Gebrauch drohen bei manchen Mitteln Haut- oder Augenreizungen oder starke allergische Reaktionen. Und bei extremem Missbrauch, etwa bei Aufnahme in hoher Dosis durch den Mund, sind auch schwere Vergiftungen nicht auszuschließen. Sämtliche Pflanzenschutzmittel sollten nur genau nach Gebrauchsanleitung verwendet und kindersicher aufbewahrt werden!

## Neue Gefahrensymbole (GHS-Symbole)

**Totenkopf:**
Akut giftig bis sehr giftig, bis hin zur Todesfolge

**Warnung:**
Akut leicht giftig und/oder Reizung der Haut, Augen und Atemwege; narkotisierende Wirkungen

**Gesundheitsgefahr:**
Allergieauslösend, krebserzeugend, erbgutverändernd, fortpflanzungsgefährdend, fruchtschädigend oder organschädigend

**Ätzwirkung:**
Hautätzend, schwere Augenschäden möglich

**Entzündbar:**
Selbstentzündbar, bildet entzündbare Gase oder explosionsfähige Mischungen

**Gas unter Druck:**
Kann bei Erhitzen explodieren

**Umweltgefahr:**
Akut oder chronisch gewässergefährdend

gefährlich" ausgewiesen, weil sie bei unbedachtem Einsatz Nützlinge und andere Lebewesen gefährden oder das Grundwasser belasten können. Schwere Gesundheitsschäden sind jedoch bei vorschriftsmäßigem Gebrauch nicht zu befürchten. Zu den (bei falscher Anwendung) sehr gefährlichen Ausnahmen gehören einige Mittel gegen Wühl- und Feldmäuse.

### Tücken der Zulassungspraxis

Bei aller Strenge der Zulassungsvorschriften geraten immer wieder Wirkstoffe in den Blickpunkt, die von Biologen und Umweltverbänden als gefährlich angesehen werden. Zur Zeit sind das besonders die Neonicotinoide: synthetische Schädlingsbekämpfungsmittel, die im Verdacht stehen, am Bienensterben beteiligt zu sein. Einige davon wurden zur Überprüfung vorübergehend aus dem Verkehr gezogen. Zu dieser

Stoffgruppe gehört auch Thiacloprid, das für den Garten nach wie vor zugelassen ist. Es gilt nach bisheriger Einschätzung der Zulassungsbehörden als nicht bienengefährlich. Man sollte es aber vorsichtshalber nicht allzu oft verwenden.

Das betrifft erst recht das Glyphosat in Unkrautvernichtungsmitteln, die auch unter Obstbäumen zugelassen sind. Hier gibt es mittlerweile deutliche Hinweise auf Gesundheitsgefahren, sodass man solche Produkte am besten ganz weglässt.

Schwer nachvollziehbar ist das behördliche „Aussortieren" der Naturstoffmittel Azadirachtin (Neem) und Pyrethrum. Die waren lange Zeit bei Obst zugelassen und sind es an Gemüse und Ziergehölzen noch immer. Durch ihr Streichen beim Obst gibt es nur noch wenig Auswahlmöglichkeiten – oft ist ausgerechnet das genannte Thiacloprid als einziges Mittel übrig geblieben.

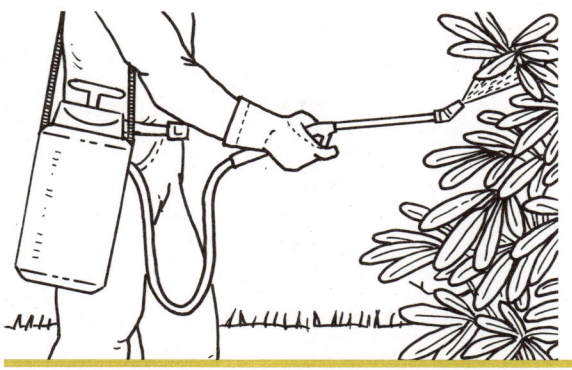

**Nicht bei Wind**
Spritzen Sie nur bei windstillem Wetter. Üblicherweise sollten die betroffenen Pflanzenteile tropfnass gespritzt werden, auch die Blatt- und Zweigunterseiten.

Auch Mittel mit Schwefel, im ökologischen Anbau nach wie vor gegen Pilzkrankheiten eingesetzt, sind für den Hausgarten kaum noch verfügbar. Möglicherweise liegt es auch daran, dass die Hersteller erst wieder eine Neuzulassung beantragen müss(t)en.

Merkwürdig ist auch die Sache mit dem Quassia-Bitterholz von einem südamerikanischen Baum. Quassiaextrakte sind in der Schweiz schon als Mittel gegen Obstschädlinge zugelassen und schädigen weder Bienen noch wichtige Nützlinge. In der Europäischen Union dagegen ist seine Zulassung schon seit Jahren in der Schwebe. Man kann es aber zur eigenen Verarbeitung „ganz legal" über manche Versender bestellen.

### Wirkungsweisen von Pflanzenschutzmitteln

Pflanzenschutzmittel wirken grundsätzlich nur gegen bestimmte Schaderreger-„Typen". So haben zum Beispiel Mittel gegen Insekten (Insektizide) kaum Wirkung auf Schnecken, und Mittel gegen Pilze (Fungizide) können keine Spinnmilben oder Raupen abtöten.

Als Kontakt- oder Fraßgifte wirken bei vielen Spritz- und Sprühmitteln einfach die Beläge auf den Blättern und anderen Pflanzenteilen. Sie können deshalb nur die direkt behandelten Teile schützen und durch folgenden Regen an Wirkung verlieren. Manche Mittel haben allerdings eine Tiefenwirkung und dringen ins Blattgewebe ein.

Systemische Mittel dagegen werden von den Pflanzen über die Blätter oder Wurzeln aufgenommen und verteilen sich über die Leitungsbahnen, sodass sie eine Art Rundumschutz bieten können. Dadurch genügen oft schon einmalige oder wenige Behandlungen.

### Kauf und Kennzeichnung von Gefahren

Grundsätzlich darf die Abgabe an Hobbygärtner nur durch sachkundiges Verkaufspersonal erfolgen. Es dürfen nur Mittel verkauft und verwendet werden, die ausdrücklich für den Haus- und Kleingarten zugelassen und gekennzeichnet sind. Die Mittel sind jeweils nur für bestimmte „Indikationen" und Anwendungsbereiche zugelassen.

Vor eventuellen Gefahren für Anwender und Umwelt müssen die Verpackungen und Beipackzettel der Pflanzenschutzmittel mit konkreten Hinweisen warnen. Darüber sollte auch jeder sachkundige Verkäufer näher Bescheid wissen beziehungsweise im Bedarfsfall nachsehen können. Die zahlreichen Kürzel, die zum Beispiel für das Scho-

nen bestimmter Nützlinge oder den Gewäs-
serschutz stehen, kann ohnehin niemand
auswendig lernen.

Gut zu merken und zu wissen ist aber die
Kennzeichnung der Bienengefährlichkeit.

▶ B1 heißt: bienengefährlich; nie auf
blühende Pflanzen spritzen, auch nicht
auf Unkräuter;

▶ B3 heißt: bei richtiger Anwendung
bienenungefährlich;

▶ B4 heißt: nicht bienengefährlich.
Die plakativen Gefahrensymbole werden
zwar schon seit Mitte 2015 auf die interna-
tional gültigen GHS-Zeichen umgestellt, wie
sie die Übersicht auf Seite 196 zeigt. Wegen
Übergangsfristen sieht man aber noch häufig noch die älteren Symbole auf orangero-
tem Hintergrund, zum Beispiel mit einem
großen X für „gesundheitsschädlich" und
„reizend".

## Checkliste

# Pflanzenschutzmittel sicher ausbringen

☐ **Packungsaufschriften und Beipackzettel genau lesen:** Sämtliche
Anwendungs-, Dosierungs- und Si-
cherheitshinweise müssen peinlich
genau beachtet werden.

☐ **Schutzkleidung tragen:** Achten
Sie darauf, ob spezielle Schutzkleidung, Schutzbrille, Atemmaske
und/oder Kopfschutz vorgeschrie-
ben sind. Auch wenn keine beson-
deren Vorkehrungen empfohlen
werden, gehen Sie lieber auf Num-
mer sicher, indem Sie feste Schuhe
und Handschuhe sowie Kleidung
tragen, die Arme und Beine voll-
ständig bedeckt. Nach jeder An-

wendung gründlich die Hände wa-
schen.

☐ **Aufs Wetter achten:** Spritzen Sie
nur bei windstillem Wetter und am
besten bei etwas bedecktem Himmel.

☐ **An den Wasserschutz denken:**
Die vorgegebenen Mindestabstände
zu Gewässern sollten unbedingt
eingehalten werden.

☐ **Alles gut benetzen:** In der Regel
werden die Blätter, auch auf den
Unterseiten, und andere befallene
Pflanzenteile so behandelt, dass sie
tropfnass sind. Abweichende Aus-

bringungsmethoden lassen sich dem Beipackzettel entnehmen.

☐ **Wartezeiten beachten:** Das ist die Zeitspanne nach der letzten Anwendung, ab der man das Erntegut erst wieder völlig unbedenklich essen kann. Sie beträgt je nach Wirkstoff und Obstart zwischen 3 und 35 Tage (Unkrautvernichter mit Glyphosat 42 Tage). Manche Mittel erfordern gar keine Wartezeit, wenn sie zum richtigen Zeitpunkt eingesetzt werden (Kennzeichnung dann mit dem Kürzel „F"), so etwa die ungefährlichen Kalisalze (Kaliseife) und Rapsöle.

☐ **Sicher aufbewahren:** Bewahren Sie Pflanzenschutzmittel stets unzugänglich für Kinder auf, am besten in einem abschließbaren Schrank an einem recht kühlen, trockenen Ort.

☐ **Sicher entsorgen:** Pflanzenschutzmittelreste und Altpackungen über dem Verfallsdatum müssen über den Sondermüll entsorgt werden.

# Crashkurs Obst-
# baumschnitt

Bei kaum einem Thema gibt es so unterschiedliche Meinungen und Empfehlungen wie beim
Baumschnitt. Das liegt viel am Wuchsverhalten
der verschiedenen Obstarten, das wiederum
von Sorte und Unterlage abhängt.

**Schon die Schnittunterschiede** zum Beispiel zwischen Sauer- und Süßkirsche führen bei Neueinsteigern zunächst einmal zum Grübeln. Und dann gibt es bei der Sauerkirsche auch noch Sorten mit langen Peitschentrieben und solche mit steil aufrechten Trieben, die wieder anders geschnitten werden ... Zudem stehen je nach Wuchs- und Erziehungsform sowie nach Alter des Gehölzes andere Eingriffe im Vordergrund.

Das ist alles kein Grund zu verzagen. Berücksichtigt man einige grundsätzliche Zusammenhänge und bewährte Praktiken, kann kaum etwas schief gehen. Wird der Baum nicht völlig nach Gutdünken zerschnippelt, lässt sich vieles auch noch im Nachhinein korrigieren. Ein nicht ganz so optimaler Schnitt ist in aller Regel immer noch besser als gar kein Schnitt.

Am meisten lernt man im Endeffekt durch die Anschauung am „lebenden Objekt", indem man immer wieder aufmerksam beobachtet, wie sich Schnittmaßnahmen auswirken und wo sich Blüten und Früchte bilden. Dann wird auch vieles gut nachvollziehbar, was beim Lesen zunächst

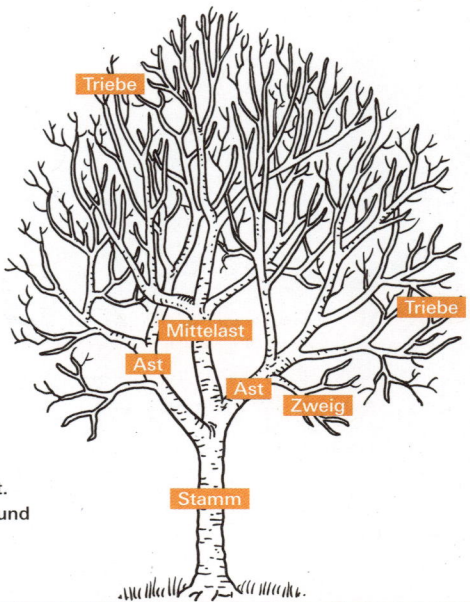

### Aufbau eines Obstbaums
Stamm und gut verteilte Äste bilden das Kronengerüst.
Zweige und die jüngeren Triebe sollen Früchte tragen und
teils das Gerüst erneuern.

so einleuchtend klingt wie eine spröde technische Gebrauchsanleitung.

In Zweifelsfällen empfehlen sich Nachfragen bei Baumschulen und erfahrenen Gärtnern sowie Baumschnittkurse, die zum Beispiel von Obstbau- und Kleingärtnervereinen angeboten werden.

### Worum geht es?
Bei allen Feinheiten und Schnittdetails ist es hilfreich und wichtig, stets die hauptsächlichen Schnittziele im Auge zu behalten:

▸ Aufbau eines guten, übersichtlichen Ast- beziehungsweise Triebgerüsts
▸ Fördern derjenigen Triebe, die hauptsächlich die Früchte tragen
▸ Bremsen von zu kräftigem Triebwachstum im Jugendstadium und Anregung der Neutriebbildung bei älteren Gehölzen
▸ Entfernen oder Kürzen aller Triebe, die den genannten Zielen nicht dienen oder

dabei sogar stören; ebenso später der Zweige und Äste, die überaltert sind und zu wenig Licht und Luft ins Innere von Baumkrone oder Strauch gelangen lassen

Aus diesen einfachen Grundprinzipien erklären sich letztlich fast alle Schnittmaßnahmen – und auch die Unterschiede je nach Art und Wuchsform.

Das Gerüst besteht beim „normalen" Baum aus Stamm und Krone; bei Spindel- und Säulenformen hauptsächlich oder nur aus dem Stamm beziehungsweise Haupttrieb; bei Spalierobst meist aus einem kurzen Stamm und einigen waagerecht oder fächerartig gezogenen Haupttrieben.

Fruchttragende Triebe sind gewöhnlich Seitentriebe, die direkt den Gerüsttrieben oder deren Verzweigungen entspringen. Ob eher junge oder mehrjährige, kurze oder lange Seitentriebe die Früchte bringen, ist je nach Obstart verschieden. Diese Eigenheiten gilt es kennenzulernen und beim Schnitt zu berücksichtigen.

Beim Auslichten, also beim Entfernen oder Kürzen „unnötiger" Triebe liegt man meist schon richtig, wenn man offensichtlich Störendes und Überaltertes beseitigt – sofern man nicht gerade die künftigen Fruchttriebe wegschneidet.

Das Begrenzen des Höhenwachstums gehört zwar auch zu Schnittzielen, „funktioniert" allerdings nur in Maßen: Zu groß gewählte oder gewordene Gehölze lassen sich durch Schnitt nicht beliebig klein halten. Einfaches Kappen von Haupttrieben beispielsweise führt oft zu verstärktem Neuaustrieb im Spitzenbereich und zu unharmonischem Wuchs.

# Von Trieben und Knospen

Bei Bäumen treten je nach Altersstadium und Art verschiedene Trieb- und Knospentypen auf. Hier wird man öfter mit speziellen Begriffen konfrontiert.

**Da mischen sich** oft Begriffe aus der Botanik mit dem Wortschatz langjähriger Gärtnertraditionen. Gerade ältere Praktiker haben für ein- und dieselben Trieb- oder Knospentyp öfter unterschiedliche Bezeichnungen. Und wenn es nicht speziell um den Baumschnitt geht, verwenden auch Experten Bezeichnungen wie Triebe und Zweige lockerer. Trotzdem ist es hilfreich, die üblichen Fachbegriffe zu kennen.

## Triebe, Zweige, Äste

Das Kronengerüst der Bäume wird von den kräftigsten Holzteilen, den Ästen, gebildet. Als Triebe bezeichnet man vorwiegend die jungen „Sprösslinge", aber auch bereits mehrjährige Holzteile mit Seitentrieben. Letztere nennt man Zweige, wenn sie schon drei bis vier Jahre alt sind und eine daumendicke Hauptachse aufweisen. Ältere, besonders kräftige Zweige kann man auch als Nebenäste einstufen.

Triebe, die hauptsächlich Blütenknospen hervorbringen, bilden das Fruchtholz. Sie sind je nach Art sehr kurz oder länger, frisch ausgetrieben (diesjährig) oder schon etwas älteren Jahrgangs (ein- bis mehrjährig; siehe Seite 213 f.).

Auf der Oberseite älterer, herabgebogener Äste und Zweige bilden sich öfter steil

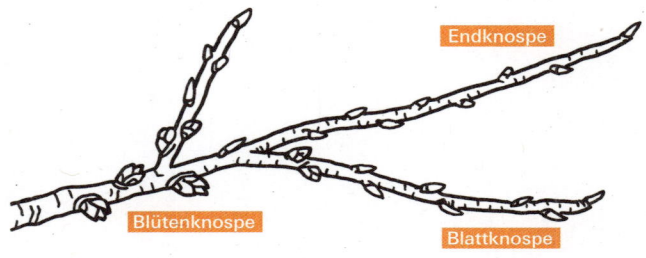

## Knospentypen

Die Endknospe bestimmt die Wuchsrichtung, gefolgt von den nachgeordneten Holzknospen. Blütenknospen sind meist rundlicher als Blatt- und Holzknospen.

aufrecht wachsende, recht lange Neutriebe, die Reiter oder Ständer. Wasserschosse zeigen dasselbe Wuchsbild, entstehen aber vorwiegend nach starkem Schnitt aus schlafenden Augen (Reserveknospen) oder direkt am Stamm. Oft bezeichnet man auch all diese Steiltriebe vereinfacht als Wasserschosse.

### Ein Blick auf die Knospen

An den Triebspitzen befinden sich die End- oder Terminalknospen. Es handelt sich meist um Trieb- beziehungsweise Blattknospen, aus denen sich besonders die jungen Triebe jährlich kräftig verlängern können. Sie hemmen das Wachstum der nachgeordneten Knospen. Werden sie weggeschnitten, übernimmt die nächste Knospe darunter diese Funktion. An den Spitzen kurzer Seitentriebe können sich auch Blütenknospen bilden.

Die Seitenknospen werden in den Achseln der Blätter angelegt und im Anfangsstadium als Augen bezeichnet. Dabei kann man recht gut die spitzen Holzknospen, aus denen Seitentriebe entstehen, und die rundlichen Blütenknospen unterscheiden; reine Blattknospen sind etwas schmaler und ähneln eher den Holzknospen. „Schlafende Augen" liegen unter der Rinde, vor allem in den Astwinkeln, wo Äste und ältere

Zweige ihre Ansatzstelle haben. Diese Reserveaugen treiben nur aus, wenn der Ast oder Zweig stark beschädigt oder auf Astring (siehe S. 208) weggeschnitten wird.

### Triebförderung und Schnittwirkung

In der Praxis kann man sehr viel lernen, indem man genau beobachtet, wie sich zum Beispiel ein bestimmter Rückschnitt im Folgejahr auswirkt. Wichtige Grundprinzipien muss man allerdings nicht selbst herausfinden, das haben Fachleute schon sehr gründlich getan.

Für Bäume gelten demnach bestimmte Gesetze der Triebförderung, die sich kurz so zusammenfassen lassen: Was höher steht, wächst stärker und treibt stärker aus als die darunter angeordneten Organe (Triebe, Knospen). Das gilt sowohl für das Wachstum innerhalb der Krone als auch für die Knospen und Seitentriebe der einzelnen Äste und Zweige.

Im Einzelnen unterscheidet man:

▶ **Spitzenförderung:** Die Spitzenknospe aufrechter Triebe entwickelt den stärksten Austrieb und hemmt das Wachstum aus den darunter stehenden Seitenknospen. Das ist im Jugendstadium besonders ausgeprägt. Solche wüchsigen und

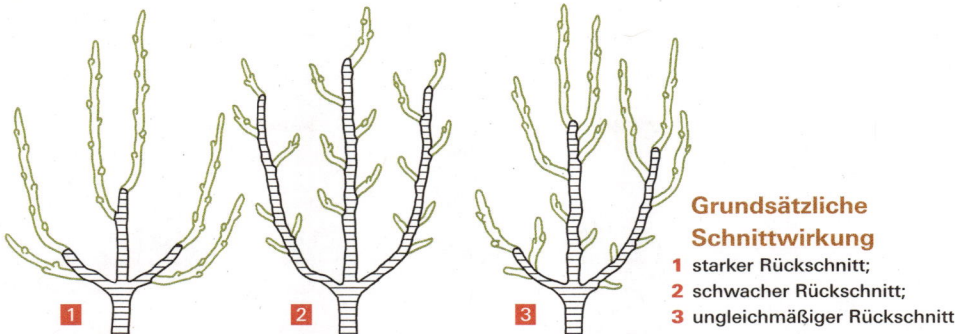

steilen Spitzentriebe bilden sehr selten Blüten und Früchte.

- **Oberseitenförderung:** An mehr oder weniger waagerecht stehenden Trieben werden die Knospen entlang der Oberseite gefördert. Sie treiben fast gleichmäßig aus. Oft entstehen daraus nur kurze Triebe, die ab dem Einsetzen des Ertragsstadiums häufig Fruchttriebe sind, vor allem beim Kernobst – oder aber die steilwüchsigen Reitertriebe.

- **Gleichzeitige Spitzen- und Oberseitenförderung:** Da die meisten Triebe am Baum schräg stehen, wirken in der Regel die beiden genannten Gesetze zusammen. Der Neutrieb aus der höchsten Knospe ist am stärksten, gefolgt von den anderen auf der Oberseite, die aber zum niedrigsten Punkt, also zur Triebbasis hin, schwächer werden. Bei recht steil wachsenden Trieben dominiert die Spitzenförderung, bei flacheren eher die Oberseitenförderung.

- **Scheitelpunktförderung:** Ein bogenartig überhängender Trieb bildet an seiner höchsten Stelle, dem Scheitelpunkt, die kräftigsten Triebe. Das sieht man deutlich an älteren Zweigen, die sich durch starken Fruchtbehang heruntergebogen haben.

- **Basisförderung:** An komplett nach unten hängenden Zweigen treiben die normalerweise schwach entwickelten Knospen an der Triebbasis am stärksten aus, also dort, wo der Zweig am Ast ansetzt. Auch diese Zweigform resultiert meist aus dem Gewicht früherer Früchte.

Dazu sollte man die grundlegenden Schnittwirkungen kennen und beachten:

- **Starker Rückschnitt** führt zu wenigen, aber kräftigen, langen Neutrieben.

- **Schwacher Rückschnitt** führt zu vielen, aber schwachen, kurzen Neutrieben.

- **Ungleichmäßiger Rückschnitt** innerhalb einer Baumkrone begünstigt die schwach zurückgeschnittenen Triebe, da sie dann höher stehen und gemäß der Spitzenförderung besonders kräftige Neutriebe bringen.

Grundsätzlich kürzt man deshalb höher stehende, stärker wachsende Triebe kräftiger ein als tiefer stehende, schwächer wachsende. Des Weiteren schneidet man sehr wüchsige Bäume eher schwach zurück, schwach wachsende und ältere Bäume dagegen stärker, um sie zur Bildung kräftiger Neutriebe anzuregen.

# Einstieg in die Schnittpraxis

 Der „richtige" Schnitt beginnt mit geeignetem, stets gut geschärftem Werkzeug. Eine kleine, solide Grundausstattung bringt mehr als eine Sammlung von Billigangeboten.

**Wichtig sind Werkzeuge,** die sauberes, pflanzenschonendes Schneiden ermöglichen, und das mit angenehmer Handhabung und geringem Kraftaufwand. Gründlich umsehen und nicht am falschen Ende sparen – das bewährt sich gerade beim Schnittwerkzeug immer wieder. Mit was man auf Dauer am besten zurechtkommt und ob eventuell Ergänzungen sinnvoll sind, findet man in der Praxis bald heraus.

Gut zu wissen ist der grundsätzliche Unterschied zwischen Bypassscheren mit zwei gebogenen, ineinander greifenden Klingen und Ambossscheren mit gerader Schneidklinge und starrer Gegenfläche. Die Bypassschere ermöglicht präzisere Schnitte ohne Rindenquetschung; zudem kommt man damit etwas besser an die Ansatzstellen der zu entfernenden Triebe. Dafür schafft die Amboschere auch kräftigere Zweige, und das mit geringerem Krafteinsatz.

### Schnitttermine im Obstgarten

Über den richtigen Schnittzeitpunkt scheiden sich immer wieder die Geister. Früher schnitt man die meisten Obstarten mitten im Winter oder auch schon gleich nach dem Laubfall. Allerdings verheilen die Schnittwunden im Ruhestadium der Bäume sehr langsam. Außerdem können noch bis ins Frühjahr hinein junge Triebe erfrieren, sodass eine bereits geschnittene Krone nachträglich „gerupft" wird.

Dem lässt sich durch andere Termine vorbeugen, und tatsächlich ist ein Schnitt fast jederzeit möglich – mit Ausnahme von Frostperioden mit Temperaturen unter minus fünf Grad Celsius. Zwei Zeitspannen haben sich als besonders günstig erwiesen:

Spätwinter- und Frühjahrsschnitt zwischen Mitte Januar und Anfang April: Dieser bietet wie der Winterschnitt den Vorteil, dass die Kronen noch unbelaubt und damit besonders übersichtlich sind. Je später man in dieser Zeitspanne schneidet, desto schneller verheilen die Wunden und desto weniger droht ein nachträgliches Erfrieren von Trieben. Andererseits: Je früher man schneidet, desto stärker wird das Triebwachstum angeregt

Sommerschnitt zwischen Mitte Juli und Mitte September: Die Wunden heilen beim Sommerschnitt rasch, und das Triebwachstum wird gebremst. Außerdem kann man dabei gleich erkrankte Triebe, etwa mit Mehltaubefall, frühzeitig entfernen. Beson-

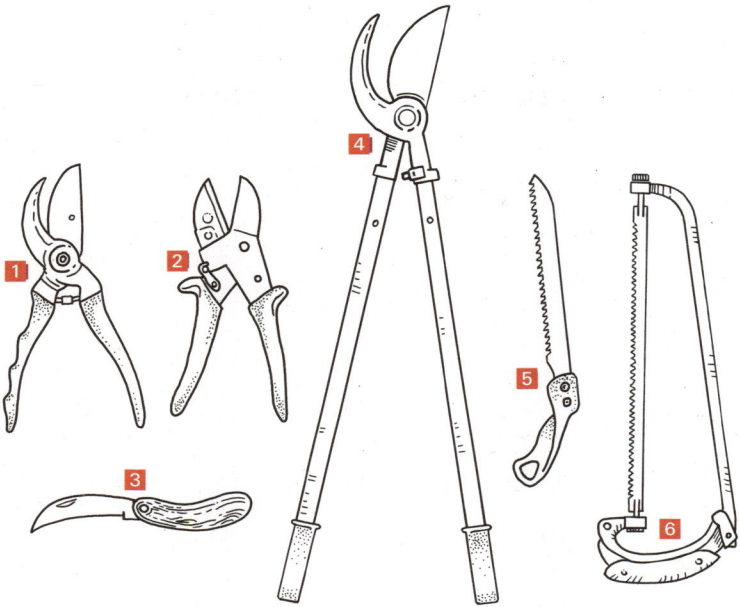

**Nützliche Schnittwerkzeuge für die Gartenarbeit**
**1** Bypassschere **2** Ambossschere **3** Hippe **4** Astschere **5** Astsäge **6** Baum- oder Bügelsäge

ders Süß- und Sauerkirsche lichtet man vorwiegend im Spätsommer nach der Ernte aus. Der Termin eignet sich aber auch gut für andere starkwüchsige Bäume jeder Art, ebenso für solche, die zu Gummifluss oder „Bluten" neigen (Steinobst, Walnuss).

**Schnitt- und Formierungstechniken**
Jeder Schnitt ist nicht nur eine „Technik", sondern stellt eine Verletzung des Baums oder Strauchs dar. In die offenen Wunden können leicht Krankheitserreger wie holzzerstörende Pilze eindringen.

Zum Glück vermögen die Gehölze ihre Wunden selbst effektiv zu heilen, indem sie ein Gewebe (Kallus) bilden, das von den Schnitträndern her die Wunde überwallt und verschließt. Voraussetzung dafür ist aber ein möglichst glatter, richtig geführter Schnitt, der den Ast nicht quetscht und die Rinde nicht einreißt.

Unsaubere Schnitt- und Sägestellen sowie zerfranste Ränder sollten Sie mit einem scharfen Messer oder einer Hippe glätten und Schnittwunden ab etwa 3 cm Durchmesser mit einem Wundverschlussmittel verstreichen. Dabei müssen auch die Ränder großzügig bestrichen werden. Wichtig ist außerdem, dass Sie die Klingen und Schneiden regelmäßig und gründlich säubern, damit beim Schneiden keine Krankheitserreger übertragen werden.

In der Regel lässt man beim Schneiden keine Zapfen, Stummel oder „Huthaken" stehen, die die Wundverheilung verzögern und Eintrittspforten für Infektionen bieten. Allerdings gibt auch Ausnahmen (siehe „Zapfen erwünscht", Seite 209).

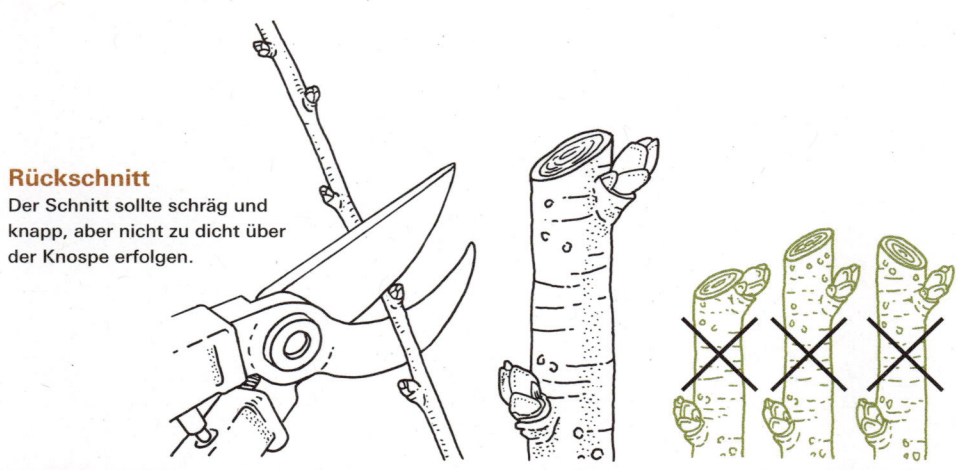

**Rückschnitt**
Der Schnitt sollte schräg und knapp, aber nicht zu dicht über der Knospe erfolgen.

Grundsätzlich lassen sich vier verschiedene Schnitttechniken unterscheiden:

▶ **Rückschnitt:** Das Einkürzen von Trieben dient vor allem dem Regulieren des Längenwachstums und dem Anregen von Neuaustrieb aus den Seitenknospen, teils auch der besseren Versorgung von Früchten am verbleibenden Triebstück. Dabei setzt man die Schere wenige Millimeter über einer Knospe an, aus der ein neuer Seitentrieb wachsen soll. Diese Knospe soll nach außen weisen beziehungsweise so, dass der Neutrieb in günstiger Richtung wächst. Führen Sie den Schnitt leicht schräg, sodass die Schnittfläche von der Knospe zur gegenüber liegenden Seite nach unten weist.

Dabei darf über der Knospe kein Stummel stehen bleiben; andererseits kann ein Schnitt zu nah an der Knospe dazu führen, dass diese austrocknet.

▶ **Wegschnitt:** Zum Auslichten und Entfernen überalterter Partien schneidet oder sägt man Triebe, Zweige und Äste oft komplett weg, direkt an ihrer An-

satzstelle. Dabei sollte aber noch eine wenige Millimeter dicke Scheibe am Haupttrieb oder Stamm verbleiben. Dieser Astring bildet dann reichlich Wundverheilungsgewebe.

Bei dickeren Ästen geht man am besten „stückweise" vor, damit diese nach dem Ansägen nicht abbrechen: Zunächst sägt man den Ast nah beim Stamm von unten bis zur Hälfte seines Durchmessers hin ein. Dann setzt man die Säge etwa 10 cm zur Astspitze hin versetzt von oben an und sägt den Ast komplett. Dann wird der Stummel direkt am Stamm entfernt und die Wunde mit Verschlussmittel überstrichen.

▶ **Ab- oder Umleiten:** Das ist ein Rück- und Wegschnitt, der hauptsächlich Triebe in eine günstigere Richtung bringen soll. Dazu schneidet man zum Beispiel einen zu steil wachsenden Zweig bis zu einem flacher stehenden Seitentrieb zurück, der dann die neue Wuchsrichtung bestimmt. Somit wird der komplette Trieb „umgeleitet". Auf diese Weise lassen sich auch stark nach oben stre-

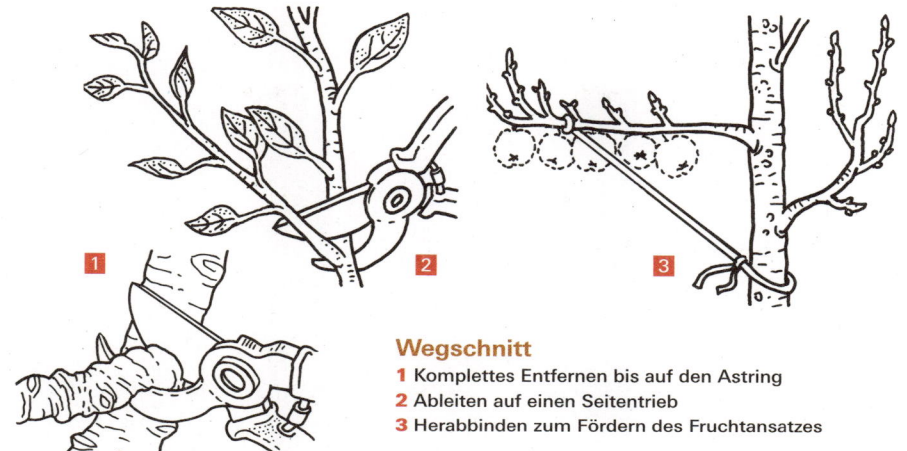

**Wegschnitt**
1 Komplettes Entfernen bis auf den Astring
2 Ableiten auf einen Seitentrieb
3 Herabbinden zum Fördern des Fruchtansatzes

bende Mitteläste bremsen, indem man ihre Spitze durch einen etwas flacher wachsenden Seitentrieb ersetzt.

▸ **Binden und Spreizen:** Mit diesen Formierungstechniken lässt sich manchmal mehr bewirken als mit dem Schnitt. Sie dienen dazu, zu steil oder zu flach wachsende Triebe in eine günstigere Lage zu bringen und damit ihren Wuchs zu bremsen beziehungsweise zu verstärken. Wenn man Triebe in die Waagerechte stellt, lässt sich außerdem der Fruchtansatz auf der Oberseite fördern. Das alles geht nur, solange die Triebe noch jung und elastisch sind, und wird am besten im Frühsommer durchgeführt. Man kann die Triebe am Stamm oder an stabilen Ästen mit kräftiger Bindeschnur, Bindebast oder speziellen Baumbindern auf- beziehungsweise herabbinden. Der Fachhandel bietet für diesen Zweck auch Astklammern an.

→ **Zapfen erwünscht**

Während man im Allgemeinen keine Zapfen oder Stummel stehen lassen sollte, gibt es beim Steinobst Ausnahmen. Das betrifft besonders Sauerkirsche und Pfirsich, die stark zu Gummifluss, das heißt, zum Austreten einer gummiartigen Flüssigkeit neigen (siehe auch S. 105). Hier lässt man beim Wegschnitt, beim Rückschnitt sowie beim Ableiten kräftiger Triebe am besten rund 20 cm lange Zapfen über der Schnittstelle stehen. Der Gummifluss entsteht dann am Zapfen, der mit der Zeit abstirbt, beschädigt aber nicht den verbleibenden Triebteil.

# Baumschnitt nach Entwicklungsstadium

Obstbäume durchlaufen eine mehr oder weniger deutliche Altersentwicklung. Je nach Stadium stehen andere Schnittmaßnahmen im Vordergrund.

**Sehr ausgeprägt** lässt sich diese Entwicklung beim Hoch- und Halbstamm beobachten, bei dem das Ertragsstadium frühestens nach sechs bis acht Jahren und das Altersstadium erst nach mehreren Jahrzehnten eintritt. Ein Apfelhochstamm kann ein Alter von gut 50 Jahren erreichen, ehe er allmählich abstirbt und innen hohl wird. Hier und da findet man sogar altehrwürdige Apfelbäume mit über 100 Jahren auf dem Buckel.

Kleine Baumformen wie Busch und Spindelbusch tragen teils schon im Jugendstadium Früchte und gehen bereits zwischen dem zweiten und vierten Jahr ins Ertragsstadium über. Werden sie kaum geschnitten, können sie schon nach rund acht Jahren „vergreisen".

### Die Lebensabschnitte des Obstbaums

Im Jugendstadium überwiegt die Bildung von kräftigen, langen Holztrieben. Die stärksten bilden das Kronengerüst (Mittelast, Leitäste). Pflanz- und Erziehungsschnitt bezwecken vor allem den Aufbau eines stabilen, optimalen Astgerüsts; später auch die Förderung der ersten Fruchttriebe.

Im Ertragsstadium bildet der Baum an den Gerüstästen und ihren Verzweigungen sowohl Holz- als auch Fruchttriebe. Die Krone wird dichter, und ältere Zweige senken sich infolge des Fruchtbehangs zunehmend ab. Nun sorgt der Erhaltungsschnitt dafür, dass der klare Gerüstaufbau bewahrt wird, Holz- und Fruchttriebbildung im Gleichgewicht bleiben, genug neue Fruchttriebe nachwachsen und die Krone luftig bleibt.

> 66 **Nach dem Schnitt muss man einen Hut durch die Krone werfen können, ohne dass er sich verfängt.**
>
> Alte Gärtnerweisheit

Im Altersstadium trägt der Baum zunehmend überhängende Äste und Zweige und bildet fast nur noch kurze, schwache Triebe, die kleine Früchte hervorbringen. Teils verkahlt auch das Innere der Krone. Oft lässt sich dem schon durch einen guten Erhaltungsschnitt gegensteuern. Andernfalls baut man nach einem kräftigen Verjüngungsschnitt (starker Rückschnitt aller Äste) die Krone neu auf. Hat der Baum allerdings sein natürliches Lebensalter erreicht, lässt er sich nicht mehr „verjüngen".

## Obstbäume mit „klassischer" Rundkrone

Hoch-, Halb- und Niederstamm, Buschbaum sowie Zwergbaum entsprechen dem natürlichen Wuchsbild mit einer rundlichen Krone, die auf einem Stamm sitzt. Die häufigste Rundkrone ist die Pyramidenkrone mit der Stammverlängerung als Mittelast und drei bis vier Leitästen.

Wachsen die Triebe in der Krone recht dicht, stark und/oder steil, kann man den Mittelast wegschneiden, sodass eine Hohlkrone entsteht. Kandidaten dafür sind vor allem Pfirsich und Nektarine sowie Pflaume und Sauerkirsche. Da der Wuchs auch von der Sorte abhängt, lässt man sich am besten beim Kauf in der Baumschule beraten, ob eine Erziehung ohne Mittelast vorteilhaft ist. Besonders bei Sauerkirschen sägt man den Mittelast oft erst nach vier oder fünf Jahren heraus, wenn es in der Krone zunehmend enger wird.

Den grundsätzlichen Aufbau leitet man mit dem Pflanzschnitt in die Wege. An Ballen- und an Containerpflanzen wurde dieser meist schon in der Baumschule erledigt. Auch wurzelnackte Bäume können Sie dort oft beim Kauf schneiden lassen. Führen Sie andernfalls den Schnitt bei Herbstpflanzung im Spätwinter oder zeitigen Frühjahr durch, ansonsten direkt nach dem Pflanzen.

Die drei oder vier späteren Leitäste müssen möglichst gleichmäßig um den Mitteltrieb verteilt sein. Sie setzen auf unterschiedlicher Höhe am Stamm an, sollten aber nicht allzu weit auseinander stehen und in einem Winkel von etwa 45 Grad vom Stamm abzweigen. Meist kauft man die Jungbäume als zweijährige Veredlungen, die schon einen entsprechenden Kronenansatz aufweisen. Dann gibt es Folgendes zu tun, sofern noch nicht in der Gärtnerei erledigt:

▶ **In Form bringen:** Die drei oder vier Leittriebe werden, wenn nötig, in eine optimale Stellung (45-Grad-Winkel) gebunden oder gespreizt, alle weiteren Triebe am Stamm entfernt.

▶ **Leittriebe schneiden:** Die Leittriebe kürzt man um etwa ein Drittel ein, bei schwachwüchsigen Arten und Sorten bis zur Hälfte. Dabei schneidet man alle auf nach außen weisende Knospen, und zwar so, dass sie etwa auf derselben Höhe enden: Ihre Spitzen stehen dann in der sogenannten Saftwaage, damit kein Trieb im Wuchs stärker gefördert wird als die anderen.

▶ **Mitteltrieb einkürzen:** Nur der Mitteltrieb soll die anderen etwa um Scherenlänge überragen und wird so weit eingekürzt, dass sich ein „Dachwinkel" von 90–120 Grad ergibt.

**Entwicklungsstadien**

**1** Mit dem Pflanzschnitt wird der grundsätzliche Aufbau der späteren Krone festgelegt.

**2** Der Erziehungsschnitt soll die weitere Entwicklung zu einem stabilen, gut belichteten Astgerüst gewährleisten.

**3** Der Erhaltungsschnitt soll die Fruchtbildung und das Triebwachstum im Gleichgewicht halten.

Der Erziehungsschnitt ist bei Buschbäumen meist schon nach zwei oder drei Jahren abgeschlossen, bei größeren Bäumen wird er bis zum vierten oder fünften Jahr fortgeführt, bis regelmäßig blütentragende Triebe erscheinen. Die jährlich durchzuführenden Maßnahmen im Einzelnen:

▸ Im Spitzenbereich Konkurrenztriebe zum Mitteltrieb ganz herausschneiden, ebenso Triebe, die mit Leittrieben konkurrieren.

▸ Unterhalb der Krone aus dem Stamm wachsende Triebe wegschneiden.

▸ Steil stehende Leittriebe herunterbinden oder abspreizen, zu flach stehende aufbinden.

▸ Die Leittriebe um ungefähr ein Drittel ihres Neuzuwachses einkürzen, dies wiederum auf nach außen weisende Knospen und auf ähnlich hohem Niveau (Saftwaage).

▸ Den Mitteltrieb einkürzen (unter Beachtung des genannten Dachwinkels); im Folgejahr jeweils auf eine Knospe in entgegengesetzter Richtung zurückschneiden, damit der Trieb gerade wächst.

▸ Senkrecht wachsende Seitentriebe an den Leitästen und kräftige, nach innen wachsende Triebe entfernen.

▸ Flache, nach außen weisende Seitentriebe ungeschnitten lassen, da sich an ihnen die ersten Fruchttriebe bilden; nur etwas auslichten, wenn sie zu dicht stehen.

Beim Erhaltungsschnitt werden Mittelast und Leitäste nicht mehr eingekürzt. Man kann sie aber gelegentlich auf flacher stehende Seitentriebe ableiten. Nun stehen folgende Maßnahmen im Vordergrund:

▸ Die fruchttragenden Triebe je nach Obstart entsprechend zu schneiden (siehe „Das Fruchtholz im Blickpunkt", Seite 213).

▸ Weiterhin steile Spitzentriebe und kräftige Triebe, die mit Mittelast und Leittrieben konkurrieren, ganz entfernen, ebenso Stammtriebe unterhalb der Krone.

▸ Abgestorbene Triebe wegschneiden, ebenso kräftige Zweige, die ins Kroneninnere wachsen.

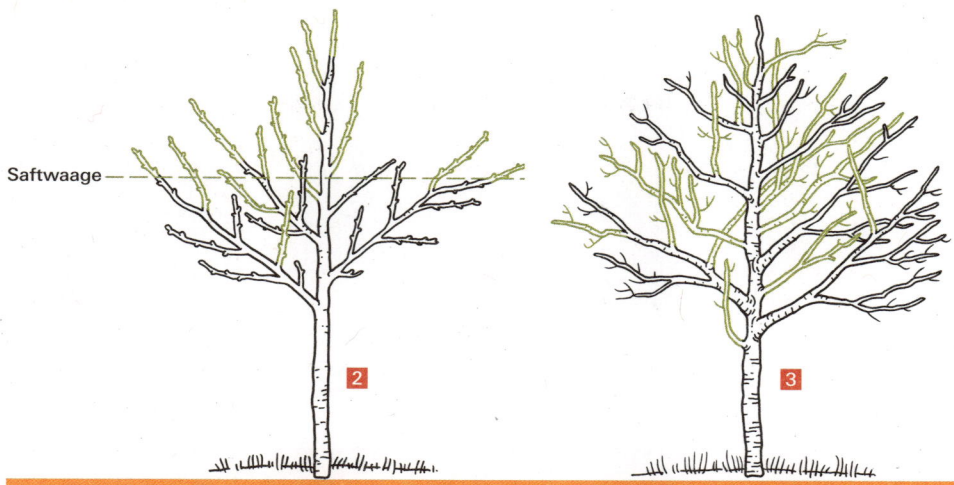

Saftwaage

2

3

- ▶ Jüngere wie ältere Triebe, die eindeutig zu dicht stehen oder sich überkreuzen, entfernen; auch sehr eng nebeneinander stehende Fruchttriebe etwas auslichten.
- ▶ Steil wachsende Triebe ganz abschneiden oder auf flachere Seitentriebe umleiten. Senkrechte Reitertriebe auf Zweigoberseiten im Sommer entfernen.
- ▶ Günstig stehende, recht steil wachsende Seitentriebe annähernd waagerecht binden, um den Blütenansatz zu fördern.
- ▶ Mehrjährige Fruchttriebe, die kaum noch Blüten ansetzen, auf jüngere Seitentriebe zurückschneiden oder ganz entfernen.
- ▶ Stark hängende Äste und Zweige bis zum Scheitelpunkt oder zu einer basisnahen Verzweigung zurückschneiden.
- ▶ Starke Verzweigungen an den Astspitzen etwas ausdünnen.

### → Zwergbäume

sind in der Regel beim Kauf schon hinreichend erzogen. Ist ihr Klein- und Schwachwuchs tatsächlich ge-

netisch bedingt, wie die Anbieter oft versprechen, genügt es, gelegentlich die ältesten Zweige herauszuschneiden oder auf jüngere Seitentriebe abzuleiten sowie überlange Triebe einzukürzen. Entpuppen sie sich mit der Zeit als Buschbäume, die doch etwas größer werden, führt man den beschriebenen Erhaltungsschnitt durch.

## 66 Überflüss'ge Äste haun wir hinweg, damit der Fruchtzweig lebe.

Gärtner in „König Richard II." von William Shakespeare

### Das Fruchtholz im Blickpunkt

Beim Fruchtholz sprechen Obstgärtner gern von der „Garnierung" der Krone. Grundsätzlich erkennen Sie die Fruchttriebe am Besatz mit rundlichen Blütenknospen. Bei den meisten Arten finden Sie diese hauptsächlich an kurzen, zwei- und mehrjährigen

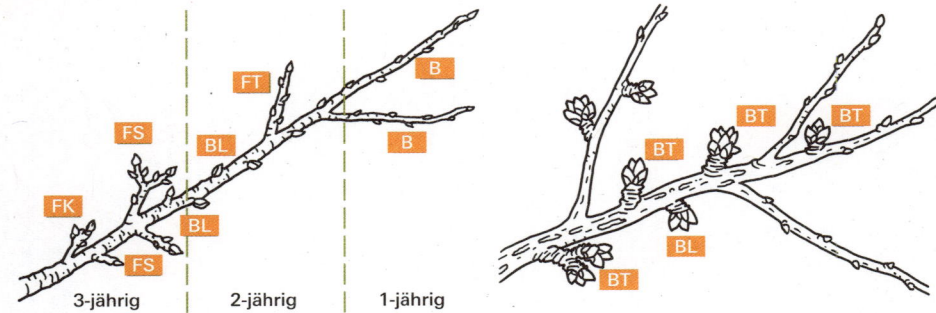

**Fruchtholz beim Kernobst**
**(FK)** Fruchtkuchen; **(FS)** Fruchtspieß; **(FT)** Fruchttrieb; **(BL)** Blütenknospe; **(B)** Blattknospe

**Fruchtholz bei der Süßkirsche**
**(BT)** Bukettriebe an zwei- und mehrjährigen,
oft sehr kurzen Seitentrieben

Seitentrieben, also im älteren Bereich der
Zweige.

Bei Apfel, Birne und Quitte sitzen an den
einjährigen Langtrieben, die den Gerüstästen und ihren Nebenästen entspringen, fast
nur Blatt- und Holzknospen. Nur kurze, bis
etwa 20 cm lange einjährige Triebe können
an der Spitze schon eine Blütenknospe tragen. Bei den vorherrschenden Langtrieben
bildet sich aus der Spitzenknospe im Folgejahr die Triebverlängerung; in diesem Bereich des Neuzuwachses werden wiederum
nur Blatt- und Holzknospen angelegt. Aber
im älteren, nun zweijährigen Abschnitt bilden sich jetzt Blüten beziehungsweise sehr
kurze, oft nur zentimeterlange Sprosse, die
an der Spitze eine Blütenknospe tragen.

Das junge Fruchtholz besteht hauptsäch-
lich aus solchen Fruchtsprossen, aus deren
Seitenknospen wieder neue blütentragende
Kurztriebe entstehen. Teils verdicken die
Triebenden zu sogenannten Fruchtkuchen.
Daneben finden sich etwas längere Frucht-
spieße. Die älteren Fruchtholzabschnitte
verdichten sich mit der Zeit quirlartig.

Besonders an Birnen treten auch längere
Fruchtruten auf, die mit der Zeit bogenartig
überhängen. Fruchtholzpartien, die älter als
drei bis vier Jahre sind, sollten kräftig ausgelichtet und auf jüngere Verzweigungen zurückgeschnitten oder ganz entfernt werden.

Auch die Pflaume (samt Zwetsche, Mirabelle und Reneklode) bildet ihre Blüten und
Früchte überwiegend an zwei- und dreijäh-
rigen Kurztrieben. Es gibt aber auch Sorten,
die hauptsächlich an den einjährigen Langtrieben tragen, sodass diese nicht zurückgeschnitten werden sollten. Fruchtholz, das
dreimal getragen hat, wird auf jüngere Verzweigungen zurückgeschnitten oder entfernt.

Die Süßkirsche trägt wie das Kernobst
fast nur an zwei- und mehrjährigen, oft sehr
kurzen Seitentrieben, den sogenannten Bu-
ketttrieben. Bei diesen umgeben mehrere,
dicht gedrängte Blütenknospen eine Trieb-
knospe. Gelegentlich bilden sich auch Blütenknospen an der Basis kurzer einjähriger
Triebe. Die Partien mit den Bukettknospen
bleiben lange vital, selbst wenn die Verzweigungen nicht mehr wachsen. Für das Auslichten des Fruchtholzes ist deshalb eher
der Grad der Verdichtung maßgeblich als
das Triebalter.

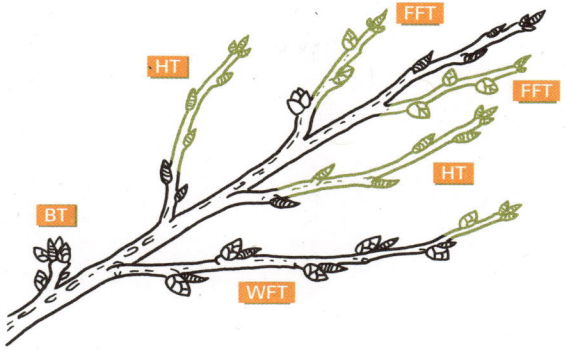

**Fruchttriebe beim Pfirsich und ihr Schnitt**
**(HT)** Holztrieb;
**(FFT)** Falscher Fruchttrieb;
**(WFT)** Wahrer Fruchttrieb;
**(BT)** Buketttrieb

Bei der Sauerkirsche muss man zwei Sortengruppen unterscheiden. Jene vom Typ 'Schattenmorelle' (zum Beispiel 'Morellenfeuer', 'Gerema') neigen zu hängendem Wuchs und tragen fast nur an den einjährigen, im Vorjahr gebildeten Trieben. Diese wachsen nach dem Fruchten weiter, verkahlen von der Basis her zunehmend und bilden dann lange, dünne, überhängende „Peitschen". Sie sollten deshalb regelmäßig auf Knospen nahe ihrer Ansatzstelle zurückgeschnitten werden, aus denen sich dann fruchttragende Neutriebe bilden können.

Andere verbreitete Sorten wie 'Heimanns Rubin', 'Köröser Weichsel', 'Morina' und 'Safir' wachsen aufrecht und fruchten auch am älteren Holz. Hier muss man nur etwas auslichten; zu starker Rückschnitt der zwei- und mehrjährigen Triebe würde zu vielen steilen Neutrieben führen.

Pfirsich und Nektarine fruchten ebenfalls vor allem an einjährigen Langtrieben. Davon gibt es allerdings drei Typen mit unterschiedlichem „Nutzwert":

▶ Wahre Fruchttriebe tragen überwiegend gemischte Knospen aus ein bis zwei Blütenknospen und einer Blattknospe.

▶ Falsche Fruchttriebe wachsen meist schwächer und tragen im mittleren Bereich nur einzeln stehende Blütenknospen. Da ihnen die Blätter zur Ernährung fehlen, entwickeln sich daraus keine guten Früchte.

▶ Holztriebe sind nur mit spitzen Blattknospen besetzt.

Schneiden Sie im Frühjahr die Holztriebe und die falschen Fruchttriebe auf ein bis zwei Knospen zurück, oder entfernen Sie letztere komplett, wenn sie ungünstig stehen. Kürzen Sie dann die wahren Fruchttriebe auf vier bis sechs Knospen ein. Am mehrjährigen Holz können sich zudem kurze Buketttriebe wie bei der Süßkirsche bilden. Diese dürfen nicht geschnitten werden.

Die Aprikose trägt an einjährigen Langtrieben, aber auch gut an zwei- und mehrjährigen Kurztrieben. So genügt es, ältere Partien zu entfernen oder auf jüngere Seitentriebe zurückzuschneiden. Besonders bei Birne, Pflaume samt nahen Verwandten, Sauerkirsche und Aprikose lohnt es sich oft, die recht steilen Triebe zum Fördern des Blütenansatzes herunterzubinden.

# Spindelbusch und Säulenbaum

Beim Spindelbusch verzichtet man ganz auf Leitäste: Die Fruchtzweige beziehungsweise -äste entspringen direkt dem Stamm. Säulenbäume bilden praktisch nur Kurztriebe.

**Die Fruchtzweige** des schwach wachsenden Spindelbuschs stehen idealerweise fast waagerecht und werden nach oben hin kürzer, sodass die Baumsilhouette an einen Tannenbaum erinnert. Streng genommen ist davon die noch schmalere schlanke Spindel zu unterscheiden. Von da aus ging die Entwicklung über die „Superspindel", auch Schnurbaum oder Pillar genannt, zu den Säulenobstbäumen, bei denen sich die fruchttragenden Kurztriebe unmittelbar am Stamm bilden – beim Apfel auch als „Ballerinabäume" bekannt.

### Schnitt beim Spindelbusch

Den Spindelbusch erhält man heute von fast allen Obstarten, schon fertig vorgezogen, meist als zweijährige Veredlung. Beim Pflanzschnitt gehen Sie so vor:

▸ Wählen Sie vier bis fünf kräftige, möglichst nicht zu steil wachsende Triebe, die sich ab etwa 50 cm Höhe gut um den Stamm verteilen. Entfernen Sie darunter stehende Triebe an der Stammbasis.

▸ Schneiden Sie nicht benötigte Triebe im oberen Stammbereich weg. Mit der Mitteltriebspitze darf kein darunter stehender, spitzwinklig stehender Trieb konkurrieren.

▸ Binden oder spreizen Sie die seitlichen Triebe in die Waagerechte, sofern sie nicht schon entsprechend flach stehen; lassen Sie aber die beiden untersten etwas steiler verlaufen, damit sie am stärksten wachsen. All diese Seitentriebe bleiben ungeschnitten.

▸ Kürzen Sie zum Schluss die Stammverlängerung auf 40–50 cm über dem höchsten Seitentrieb ein.

Da sich im Folgejahr an den Seitentrieben der ausgewählten Haupttriebe meist schon reichlich Früchte bilden, gehen Erziehungs- und Erhaltungsschnitt sozusagen fließend ineinander über:

▸ Wenn stärkerer Wuchs und mehr Verzweigung gewünscht sind, können Sie den Mittelast im Jahr nach dem Pflanzschnitt noch einmal 30–40 cm über der obersten Verzweigung anschneiden.

▸ Soll danach die Spitze wieder gekürzt werden, leiten Sie diese auf einen etwas flacheren Seitentrieb um. Ansonsten sollten Konkurrenztriebe unterhalb der Mittelastspitze entfernt werden, sodass

## Die wichtigsten Schnittmaßnahmen

**1** Erziehungsschnitt beim Spindelbusch  **2** Erhaltungsschnitt am Spindelbusch  **3** Längere Seitentriebe sind bei Säulenkirsche, -birne, -pflaume und -pfirsich im Sommer zurückzuschneiden.

etwa die obersten 40–50 cm weitgehend unverzweigt bleiben.

- Was darunter und zwischen den bereits fruchtenden Trieben am Stamm austreibt und günstig steht, kann die ersten Fruchtäste ergänzen und später ersetzen. Diese Triebe werden wieder, wenn nötig, waagerecht gebunden und nicht eingekürzt.
- Schneiden Sie aber am Stamm alle sehr steil oder zu dicht stehenden Neutriebe weg, ebenso Triebe, die eventuell noch am Stammfuß erscheinen.
- Stark verzweigte Fruchtastspitzen werden etwas ausgedünnt. Überalterte, abgetragene Fruchtäste schneidet man komplett heraus oder leitet sie auf jüngere, flache Seitenzweige um.

Bei ständig reichem Ertrag oder auch unter kritischen Standort- und Pflegebedingungen kann die Fruchtbildung schon nach rund 15 Jahren deutlich nachlassen. Dann bleibt nur noch, den Busch auszutauschen.

## Schnitt bei Säulenbäumen

Ein Pflanzschnitt entfällt. Bei den Säulenäpfeln handelt es sich in aller Regel um Züchtungen, die praktisch nur Kurztriebe bilden. Ab und zu kann ein etwas längerer Seitentrieb erscheinen, den man direkt am Stamm wegschneidet – das war's dann schon. Beim Säulenobst führt man alle Schnittmaßnahmen am besten im Juni/Juli durch.

Etwa ab dem achten Jahr können Sie den Höhenwuchs reduzieren, indem Sie die Spitze auf einen schwächeren Seitentrieb ableiten. Bilden sich danach verstärkt Neutriebe, müssen Sie diese bis auf eine neue Spitzenverlängerung wegschneiden.

Bei Säulenbirne, -kirsche, -pflaume und -pfirsich erscheinen dagegen öfter etwas längere Seitentriebe, teils auch steile Konkurrenztriebe an der Spitze. Letztere sind komplett wegzuschneiden. Lange Seitentriebe kürzt man auf 10–15 cm ein oder entfernt sie ganz, wenn sie sehr stören. Der Mitteltrieb kann ab dem sechsten Jahr wie beim Säulenapfel durch Ableiten gekürzt werden.

# Hilfe

**1 Adressen**
Beratung und Bezugsquellen

**2 Stichwortverzeichnis**
Wenn die Querverweise im Buch nicht weiterhelfen, schauen Sie ins Register.

# Adressen

## Amtliche Pflanzenschutzberatung

**Bundesamt für Verbraucherschutz und Lebensmittelsicherheit (BVL)**
Bundesallee 50, Gebäude 247
38116 Braunschweig
Tel. 05 31/2 14 97–0
www.bvl.bund.de

Die zentrale Behörde in allen Fragen des Pflanzenschutzes. Dort können Sie auch nachfragen, welche Behörde in Ihrem Bundesland der richtige Ansprechpartner ist. Auf der Webseite finden Sie viele interessante Informationen.

Spezielle Beratungsangebote für Hobbygärtner bieten die Gartenakademien mancher Bundesländer:

**Gartenakademie Baden-Württemberg e.V.**
Diebsweg 2, 69123 Heidelberg
Beratungstelefon: 0 90 01/04 22 90 (gebührenpflichtig)
www.gartenakademie.info

**Bayerische Gartenakademie**
An der Steige 15, 97209 Veitshöchheim
Beratungstelefon: 09 31/98 01–147
www.lwg.bayern.de/gartenakademie

## Hessische Gartenakademie
Landesbetrieb Landwirtschaft Hessen
Brentanostraße 9, 65366 Geisenheim
Beratungstelefon: 0 18 05/72 99 72 (gebührenpflichtig)
www.llh.hessen.de/gartenakademie.
html

## Niedersächsische Gartenakademie
Landwirtschaftskammer Niedersachsen
Hogen Kamp 51, 26160 Bad Zwischenahn
Beratungstelefon: 04 41/8 01–7 89
www.lwk-niedersachsen.de

## Gartenakademie Rheinland-Pfalz
Breitenweg 71, 67435 Neustadt
Tel. 0 63 21/6 71–2 62 und –2 53
Beratungstelefon: 0180/505 3 202 (gebüh-
renpflichtig)
www.gartenakademie.rlp.de

## Saarländische Gartenakademie
Dillinger Str. 67, 66822 Lebach
Tel. 0 68 81/ 9 28–1 09
www.lwk-saarland.de/pflanze.html

## Sächsische Gartenakademie
Sächsisches Landesamt für Umwelt, Land-
wirtschaft und Geologie
Söbrigener Straße 3a, 01326 Dresden
Beratungstelefon: 03 51/26 12–80 80
www.landwirtschaft.sachsen.de

Unter www.isip.de finden Sie außerdem
regionale Infos für viele Bundesländer.

## Internetlinks und Infomaterial zu Pflanzenschutzmitteln
Aktuelle Verzeichnisse zugelassener Pflanzenschutzmittel siehe BVL (links).

www.pflanzenschutz-hausgarten.de
Beim Pflanzenschutz-Informationssystem
des Dienstleistungszentrums Ländlicher
Raum Rheinpfalz (DLR) kann man für jeden Schaderreger nachsehen, welche Pflanzenschutzmittel derzeit zugelassen sind.

## Bezugsquellen (Auswahl)
Pflanzenschutzmittel und Fallen:

## ingadi GmbH/Pflanzotheke
Schäferkoppel 3, 25560 Schenefeld
Tel. 0 48 92 /89 93 – 1 30
www.pflanzotheke.de

## Keller GmbH & Co. KG
Konradstraße 17, 79100 Freiburg
Tel. 07 61/70 63 13
www.biokeller.de (auch Quassia u. a.)

## W. Neudorff GmbH KG
An der Mühle 3, 31860 Emmerthal
Tel. 0 51 55/62 40
www.neudorff.de

## prime factory GmbH & Co. KG
Itzehoer Straße 10, 25581 Hennstedt
Tel. 0 48 77/9 90 17 90
www.schneckenprofi.de

**F. Schacht GmbH & Co. KG**
Bültenweg 48, 38106 Braunschweig
05 31/2 38 03–0
www.schacht.de

**Nützlinge:**

**AMW Nützlinge GmbH**
Außerhalb 54, 64319 Pfungstadt
Tel. 0 61 57/99 05 95
www.amw-nuetzlinge.de

**Katz Biotech AG**
An der Birkenpfuhlheide 10, 15837 Baruth
Tel. 03 37 04/6 75–10
www.katzbiotech.de

**re-natur GmbH**
Charles-Ross-Weg 24, 24601 Ruhwinkel
Tel. 0 43 23/90 10–0
www.re-natur.de

**Sautter & Stepper GmbH**
Rosenstraße 19, 72119 Ammerbuch
Tel. 0 70 32/95 78–30
www.nuetzlinge.de

**Nützlingshilfen, Nisthilfen usw.:**

**Schwegler Vogel- und Naturschutz-produkte GmbH**
Heinkelstraße 35, 73614 Schorndorf
Tel. 0 71 81/9 77 45–0
www.schwegler-natur.de

# Stichwortverzeichnis

© 2016 Stiftung Warentest, Berlin

Stiftung Warentest
Lützowplatz 11–13
10785 Berlin
Telefon 0 30/26 31–0
Fax 0 30/26 31–25 25
www.test.de
email@stiftung-warentest.de

USt-IdNr.: DE136725570

**Vorstand:** Hubertus Primus
**Weitere Mitglieder der Geschäftsleitung:**
Dr. Holger Brackemann, Daniel Gläser

**Programmleitung:** Niclas Dewitz

**Autor:** Joachim Mayer
**Projektleitung/Lektorat:** Uwe Meilahn
**Mitarbeit:** Florian Ringwald, Berlin
**Korrektorat:** Thomas Wieke, Berlin
**Titelentwurf:** Josephine Rank, Berlin
**Layout:** Büro Brendel, Berlin
**Grafik und Satz:** Sylvia Heisler
**Illustrationen Farbe:** Horst Lünser, Berlin
**Illustrationen Schwarz/Weiß:** Ingo Neumann,
Berlin
**Bildredaktion:** Sylvia Heisler
**Bildnachweis:** Fotolia (Titel, S. 10); avenue
images (S. 17); istock (S. 5); shutterstock
(Rückseite Umschlag, S. 5, 30, 70, 126, 200);
thinkstock (S. 39, 168)

**Produktion:** Vera Göring
**Verlagsherstellung:** Rita Brosius (Ltg.),
Susanne Beeh
**Litho:** Sylvia Heisler; tiff.any, Berlin
**Druck:** Rasch Druckerei und Verlag GmbH & Co.
KG, Bramsche

**ISBN: 978-3-86851-420-9**